中国工程院重大咨询研究项目
海上风电支撑我国能源转型发展战略研究丛书

海上风电支撑我国能源转型发展战略研究

（综合卷）

刘吉臻　汤广福　高　丹　王庆华　著

U0223545

科学出版社

北　京

内 容 简 介

本书是中国工程院重大咨询研究项目"海上风电支撑我国能源转型发展战略研究"的研究成果。发展海洋经济，保护海洋生态环境，加快建设海洋强国是党的二十大报告的明确要求，发展海上风电等海洋战略新兴产业是经略海洋的重要抓手。2019 年 9 月，中国工程院启动了"海上风电支撑我国能源转型发展战略研究"重大咨询研究项目。项目系统研究我国海上风电的发展方向、战略布局、战略步骤、外部条件、基础支撑等重大问题，重点分析发展海上风电的重要性和必要性，剖析推动海上风电大规模发展必须解决的重大问题，形成海上风电支撑我国能源转型发展的战略思路，提出重大举措，以期为国家能源转型提供决策支撑。本书是在项目研究成果的基础上完成的，是在项目层面对课题研究成果的系统梳理与深化研究，是各课题研究成果的集中体现。

本书可供海上风电相关领域的行业管理人员、科研人员、大专院校师生阅读，也可为政府部门决策提供参考。

图书在版编目（CIP）数据

海上风电支撑我国能源转型发展战略研究. 综合卷 / 刘吉臻等著.
北京：科学出版社, 2025. 3. — ISBN 978-7-03-081557-6

Ⅰ. TM614；F426.2

中国国家版本馆 CIP 数据核字第 2025AY0057 号

责任编辑：范运年　王楠楠 / 责任校对：王萌萌
责任印制：师艳茹 / 封面设计：陈　敬

科 学 出 版 社 出版
北京东黄城根北街 16 号
邮政编码：100717
http://www.sciencep.com

北京中石油彩色印刷有限责任公司印刷
科学出版社发行　各地新华书店经销
*

2025 年 3 月第 一 版　开本：720×1000　1/16
2025 年 3 月第一次印刷　印张：18 1/4
字数：367 000

定价：138.00 元

（如有印装质量问题，我社负责调换）

"海上风电支撑我国能源转型发展战略研究"
丛书编委会

主　任　刘吉臻

副主任（按姓氏笔画排序）

汤广福　李立浧　周绪红　郑健超　饶　宏

郭剑波　黄其励　舒印彪

成　员（按姓氏笔画排序）

马士聪　马若涵　马明媛　王伟胜　王庆华

王宇航　王　辰　王　昕　王　姝　邓卫华

石文辉　龙　勇　卢斯煜　田瑞航　白　宏

吕　杰　朱彦恺　刘　杉　刘静静　孙　峰

李苏宁　李庚达　李洁亮　李雄威　李　强

杨云霞　杨雨凡　杨　柳　张占奎　张　利

张国庆　张效宁　张　悦　张博晗　张雯程

张　颢　罗　魁　周　利　周保荣　庞　辉

房　方　屈姬贤　赵　岩　赵建光　赵艳玲

胡　靓　柯　珂　侯玮琳　洪　潮　宫鹏举

徐家豪　高　丹　郭晓雅　黄小刚　黄炎荣

崔　磊　康佳垚　梁亚勋　彭　琢　程　超

童富春　谢平平　解鸿斌　褚景春　蔡万通

谭　磊

"海上风电支撑我国能源转型发展战略研究"丛书序

　　2019 年 9 月，中国工程院启动了"海上风电支撑我国能源转型发展战略研究"重大咨询研究项目，旨在对我国正在起步阶段的海上风电这一新兴领域，开展技术和产业发展趋势、存在的问题、国内外发展情况比较及产业政策制定等重大问题的研究。项目由刘吉臻院士牵头，杜祥琬院士、谢克昌院士、赵宪庚院士、李阳院士等担任顾问。项目设置七个课题，分别由刘吉臻院士、李立浧院士、郭剑波院士、汤广福院士、周绪红院士、黄其励院士、郑健超院士担任课题负责人。另外，韩英铎院士、陈勇院士、岳光溪院士、顾大钊院士、舒印彪院士、饶宏院士等以及来自中国工程院、大学院校、科研机构和重点企业等单位的上百位专家参加了本项目的研究工作。

　　七个课题的任务分工如下。

　　课题一"我国海上风电发展战略与综合规划研究"，负责项目总体协调、综合集成，制定海上风电发展的总体战略。

　　课题二"大规模海上风电开发对我国电网格局影响研究"，重点研究海上风电发展对我国电网格局特别是"西电东送"战略实施的影响。

　　课题三"大规模海上风电组网规划及消纳方式研究"，重点研究海上电网的发展趋势及未来形态，以保障海上风电的可靠、高效并网与送出。

　　课题四"海上风电装备技术发展战略研究"，重点研究提出待解决和突破的关键技术装备发展路线和战略，支撑海上风电发展。

课题五"海上风电工程技术发展战略研究"，重点研究提出待解决和突破的海上工程建设关键技术和装备发展战略，为海上风电工程实施提供技术支撑。

课题六"海上风电与新兴产业协调发展战略研究"，重点研究海上风电产业发展趋势、规模及其对其他行业的带动能力。

课题七"海上风电发展的技术经济性研究"，重点研究海上风电发展的技术经济性以及政策支持作用。

项目研究历时三年。其间，我国海上风电发展迅速，取得了历史性成就与重大突破。2019 年我国海上风电装机总量仅 593 万 kW；2021 年达到 2639 万 kW，超过英国跃居海上风电总装机世界第一；2023 年达到 3729 万 kW，占世界海上风电总装机半壁江山。目前我国已经批量生产 16MW 以上的海上风电机组，风电机组叶片最大长度超过 130m，为全球领先；我国海上风电研发已具备全球竞争力，装备制造全球领先，叶片、齿轮箱、发电机、固定式基础设施等的产能占全球市场比重均超过 60%。我国沿海 11 省市均提出了"十四五"期间海上风电发展计划，开工或规划的海上风电总规模已接近 1.1 亿 kW。

项目组在研究工作期间，收集了大量国内外海上风电相关资料，召开了多次专题研讨会，组织了一系列实地考察，特别是深入到江苏、福建海上施工现场、海上升压站和运行控制中心进行考察调研，与一线工程技术人员进行座谈交流，掌握第一手资料，通过分析提炼，得出了理论联系实际的研究结果。

本丛书是在项目研究成果的基础上编撰完成的，共分成四卷。

《海上风电支撑我国能源转型发展战略研究（综合卷）》是项目综合组（课题一）在项目层面对课题研究成果的系统梳理与深化研究，是各课题研究成果的集中体现，重点分析发展海上风电的重要性和必要性，分析推动海上风电大规模发展必须解决的重大问题，形成了海上风电支撑我国能源转型发展的战略思路，提出了重大举措。

《大规模海上风电开发影响及其并网消纳》是在课题二和课题三研究成果的基础上编撰而成的，重点分析大规模海上风电开发对我国未来电网格局的影响，梳理未来我国海上风电典型场景、组网送出技术和消纳情况，并提出了相关政策建议。

《海上风电工程技术发展战略研究》是在课题五研究成果的基础上编撰而成的，从勘察工程、结构工程、岩土工程、施工建造、运营维护五个维度刻画我国海上风电工程关键技术体系框架，系统地总结我国海上风电工程技术领域的战略目标、技术需求和发展路径，提出适用于我国未来海上风电工程发展的政策体系。

《大规模海上风电工程应用技术》是在课题四、课题六和课题七等研究基础上，系统梳理了海上风电资源评估、关键部件、支撑结构设计方法、电气系统、运行与控制、智慧运维、生产管理等方面关键技术，并结合典型海上风电工程案例，提出了有针对性的措施与建议。

海上风电作为新型电力系统的重要组成部分，具有资源储量大、不占用陆地资源、与负荷中心距离短以及便于消纳等特点，适合大规模开发，有望成为沿海地区未来主力电源之一，为我国东部沿海发达地区能源结构转型和能源安全保障提供重要的战略性支撑。

当前海上风电行业仍处于商业化发展前期，针对海上风电发展的研究还处于起步阶段。本丛书是一次大胆的探索与尝试，希望能起到抛砖引玉的作用。丛书的编辑出版过程历时近三年，编委会多次研讨，数易其稿，但限于作者水平，难免存在不妥之处，真诚希望专家和读者对丛书提出批评和指正。

2024 年 7 月

前　　言

　　面对能源短缺、环境污染、气候变化等人类共同的难题，一场以大力开发利用可再生能源为主题的能源革命在世界范围内兴起。党的二十大报告指出，要推动能源清洁低碳高效利用，加快规划建设新型能源体系。2020 年 9 月，国家主席习近平在第七十五届联合国大会一般性辩论上提出，"中国将提高国家自主贡献力度，采取更加有力的政策和措施，二氧化碳排放力争于 2030 年前达到峰值，努力争取 2060 年前实现碳中和"[①]。同年 12 月在气候雄心峰会上宣布，"到 2030 年，中国单位国内生产总值二氧化碳排放将比 2005 年下降 65% 以上，非化石能源占一次能源消费比重将达到 25% 左右"[②]。这一系列措施进一步明确了新时代我国能源发展的方向。

　　我国能源供应和能源需求呈逆向分布，在资源（包括新能源资源）上"西富东贫、北多南少"，在需求上恰恰相反。我国海上风电资源丰富，同时具有运行效率高、输电距离短、就地消纳方便、不占用土地、适宜大规模开发等特点，因此海上风电将成为我国大力发展可再生能源的必然选择。"十三五"时期我国海上风电虽然得到快速发展，但是相比海上风电已进入规模化阶段的英国、德国等欧洲国家，我国仍处于商业化发展初期阶段，在"十四五"时期面临着诸多挑战。

[①] 新华社. 习近平在第七十五届联合国大会一般性辩论上发表重要讲话.（2020-09-22）[2023-10-20]. https://www.gov.cn/xinwen/2020-09/22/content_5546168.htm.

[②] 中国政府网. 继往开来，开启全球应对气候变化新征程——在气候雄心峰会上的讲话.（2020-12-12）[2023-10-20]. https://www.gov.cn/gongbao/content/2020/content_5570055.htm.

　　为推动我国海上风电高质量发展，支撑我国能源转型发展，2019 年 9 月，中国工程院正式启动"海上风电支撑我国能源转型发展战略研究"重大咨询研究项目，旨在从战略高度上明确我国海上风电的发展，从实践层面策划我国海上风电的发展路径，为海上风电的高质量发展提供咨询建议。

　　"海上风电支撑我国能源转型发展战略研究"项目组对我国海上风电这一新兴重大技术和产业的战略发展方向进行系统性的分析和研究。在分析我国能源发展现状、趋势及面临的挑战的基础上，研判海上风电在我国能源转型中的前景和地位，并梳理影响海上风电发展的重点技术领域，最后针对目前海上风电发展存在的问题，提出相关对策建议，为我国经济建设和能源转型提供坚强、绿色、持续的支撑。

作　者

2024 年 9 月 25 日

目　　录

第 1 章

我国海上风电发展战略

1.1　海上风电是支撑我国能源转型发展的重要举措

1.1.1　我国能源革命的紧迫性

随着改革开放以来经济社会的高速发展，我国经济总量已跃居世界前列。与之相对应的是能源消耗总量也持续大幅增长，目前我国已成为世界上最大的能源生产国和消费国。2021 年我国能源生产总量达到 43.3 亿 t 标准煤，发电量达到 8.5 万亿 kW·h，可再生能源发电装机达到 10.6 亿 kW，均居世界首位。2021 年我国一次能源消费总量达到 52.4 亿 t 标准煤，其中煤炭占比为 56.0%。在我国能源电力事业取得举世瞩目的成就的同时，能源资源约束日益加剧，生态环境问题突出，调整结构、提高能效和保障能源安全的压力进一步加大，能源发展面临一系列严峻挑战。

1.1.1.1　能源消费总量持续增加，能源利用效率较低

进入 21 世纪以来，我国一次能源消费总量持续增长，年均增长近 2 亿 t 标准煤，有力支撑了我国经济社会的快速发展。我国单位国内生产总值（GDP）能耗从 1978 年的 15.66t 标准煤/万元降到了 2021 年的 0.46t 标准煤/万元，但仍高于世界平均水平 50%。多年来，我国 GDP 增长过多依靠投资和出口拉动，高能耗产业发展过快。我国能源转化和利用效率偏低，先进高效能源技术普及率仍然较低，煤炭等化石能源清洁高效利用技术发展不平衡，部分行业开发应用滞后，能源优质化利用程度不高，与发达国家差距明显，节能潜力巨大。

1.1.1.2　用能结构不够绿色，碳减排压力大

我国"富煤、贫油、少气"的能源资源禀赋，使煤炭一直在我国一次能源生产和消费结构中占据主导地位。我国非化石能源近年来有所增长，2021 年占比为 16.5%，与世界平均水平相当。2020 年全球能源相关 CO_2 排放总量为 322 亿 t，我国 CO_2 排放量位于全球第一，排放量为 98 亿 t，是美国的 2 倍、欧盟的 3 倍。2020 年 12 月，国家主席习近平在气候雄心峰会上宣布"到 2030 年，中国单位国内生产总值二氧化碳排放将比 2005 年下降 65% 以上"[①]。由于我国是最大的发展中国家，

[①] 中国政府网. 继往开来，开启全球应对气候变化新征程——在气候雄心峰会上的讲话.（2020-12-12）[2023-10-20]. https://www.gov.cn/gongbao/content/2020/content_5570055.htm.

二氧化碳排放量仍在持续上升，为实现这一目标，未来温室气体减排压力巨大。

1.1.1.3 油气对外依存度持续增高，能源安全形势严峻

我国化石能源的储采比非常低，远远低于世界平均水平。2020 年我国石油、天然气、煤炭的储采比分别为 18.2 年、43.3 年和 37 年，世界石油、天然气、煤炭平均储采比为 53.5 年、48.8 年和 139 年，石油仅约为世界平均水平的 1/3，煤炭仅约为世界平均水平的 1/4。2017 年我国超过美国成为全球第一大石油进口国，2020 年原油消费量为 6.54 亿 t，产量为 1.95 亿 t，进口量为 6.13 亿 t，对外依存度达 76%。自 2018 年起我国成为最大的天然气进口国，2020 年天然气消费量为 3288 亿 m^3，产量为 1995 亿 m^3，进口量为 1397 亿 m^3，对外依存度达到 41%。随着全球地缘政治变化、国际能源需求增加和资源市场争夺加剧，我国能源安全形势严峻。

1.1.1.4 产能过剩，同质化严重，技术创新能力不足

当前能源及其相关领域，特别是煤炭、钢铁和煤电行业的投资过剩、产能过剩现象较为普遍。科技是推进经济发展和社会进步的根本动力，也是一个国家核心竞争力的重要标志。新能源产业属于战略性新兴产业和技术密集型产业，尚有大型轴承和齿轮箱、控制系统等部分核心设备和工具软件还严重依赖进口，需要攻克其中的"卡脖子"关键技术难题。高比例新能源并网系统受到新能源波动性、间歇性和不确定性等的影响，供电可靠性不高，且容易受极端天气等影响，亟须从电力系统基础理论、规划方法、调度运行技术等角度研究解决高比例新能源接入电网从而影响其安全运行与可靠供电等问题。此外，对于新能源，国家和行业标准尚不完善，技术研发缺乏大型测试平台。

1.1.2 海上风电在能源转型发展中的地位和前景

1.1.2.1 海上风能资源丰富，风机容量大、效率高

我国幅员辽阔，海上风能资源丰富，开发潜力较大。共拥有长度约 1.8 万 km 的大陆海岸线、200 多万平方千米的大陆架和 6500 多个岛屿，管辖海域面积为 300 多万平方千米。近海风能资源储量较大，大部分近海海域 90m 高度年平均风速为 7～8.5m/s，具备较好的风能资源条件，适合大规模开发建设海上风电场。海上风速高，风机单机容量大，年运行小时数最高可达 4000h 以上，风电效率

高、品质好；海上风电场远离陆地，不受城市规划影响，也不必担心噪声、电磁波等对居民的影响。

1.1.2.2　海上风电有利于提高能源自给能力，符合我国能源安全战略

目前，我国能源对外依存度达到 21%，原油和天然气更是分别突破 70%、45%，同时国内化石能源增产空间有限，是我国能源安全必须面对的核心问题，不仅会带来政治风险，也危及经济安全。海上风能清洁低碳、资源储量大，适合大规模开发，有望成为沿海地区未来主力电源之一，可以有效提高我国的能源供给安全系数，在改善能源结构的同时保障能源供应安全。

1.1.2.3　海上风电将成为我国能源结构转型、实现碳达峰碳中和目标的重要战略支撑

我国绝大部分陆地风能、太阳能资源分布在西北部、北部，西北部煤炭资源占全国的 76%，西南部水能资源占全国的 80%，而中东部负荷需求则占全国的 70% 以上，能源基地大多远离负荷中心。海上风电潜力巨大，且靠近东部负荷中心，能够减轻西电东送通道建设压力；沿海岸线分布、分区开发，各海上风电场可就近接入陆上电网，就地消纳方便，且输电距离相对更短，并网输电成本更低；可以弥补我国能源分布与经济发展地区不平衡的缺陷，为沿海地区提供充足的、低成本的清洁能源，是加快推动我国能源结构转型，实现碳达峰碳中和目标的重要战略支撑。

1.1.2.4　带动沿海地区经济发展，为我国实施海洋强国战略提供技术支撑

党的十九大报告中明确要求坚持陆海统筹，加快建设海洋强国。发展海上风电，与大力发展海洋经济、建设海洋强国战略高度吻合。据估算，目前沿海地区海上风电项目储备总投资约为 1.6 万亿元，能够有效地拉动沿海地区经济发展，并可有效带动就业；我国沿海省份经济发达，总耗能约占全国的一半，发展海上风电可直接降低能源成本；有利于地区经济结构升级，广东阳江、江苏如东等地都在建设专业化、规模化的融合制造、安装和运维一体化的海上风电基地，将形成多个千亿级产业集群；具有前瞻性的海洋测风、海洋基础、海洋施工和专业船舶设施研究等工作伴随海上风电技术的开发而开展，也会带动我国相关海洋产业协调发展，为我国实施海洋强国战略提供技术支撑。

1.1.2.5　有利于促进我国环境保护，节约土地资源

海上风电的开发有利于增加我国清洁能源比重，有效缓解我国尤其是东部地区环境污染问题，按照 2035 年海上风电装机 1.3 亿 kW 估计，年节约标准煤将达到约 1.1 亿 t，年减少二氧化碳排放约 3 亿 t。同时，海上风电场的建设对陆上土地资源占用较少，可以避免西电东送对沿线土地的占用，有利于为我国城市发展和工农业生产节约土地资源。

1.1.3　我国海上风电发展状况

1.1.3.1　我国海上风电规模迅速增长，区域相对集中

2015 年底，中国海上风电累计装机容量为 1.03GW，距《风电发展"十三五"规划》的发展目标 5GW 尚有较大差距。2019 年，中国海上风电累计装机容量已达 5.93GW，保持快速发展势头，超预期完成海上风电目标。2020 年，尽管受到新冠疫情的影响，中国海上风电仍新增装机 3.56GW，累计装机容量约为 9GW，已成为仅次于英国的世界第二大海上风电国家。此外，海上风电累计在建容量超 10GW，2021 年海上风电累计装机容量超过英国，跃居世界第一。2014～2022 年中国海上风电装机容量及增长率如图 1.1 所示。

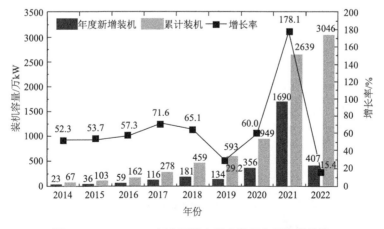

图 1.1　2014～2022 年中国海上风电装机容量及增长率

我国海上风电项目区域相对集中，沿海经济发达的几个省份如江苏省、浙江省、广东省、福建省是海上风电发展的核心区域，这些发达地区旺盛的用电需求为海上风电的发展提供了不可比拟的内生动力。截至 2022 年底，江苏省和广东省海上风电并网装机规模分别达到 1179.5 万 kW 和 791 万 kW，占全国海上风电装机容量的 38.7% 和 26.0%，优势明显。

全国 11 个沿海省份均开展了海上风电规划研究工作，江苏、福建、山东、广东、浙江、上海、河北、海南和辽宁九个省份编制了海上风电发展规划并获得了国家能源局的批复。根据各省规划，广东、江苏、山东、福建是未来海上风电发展的重点区域。

1.1.3.2　装备技术与工程技术不断突破，但与国际仍有差距

与陆上风电成熟的产业链相比，海上风电产业链尚未真正形成。海上风电产业链包括风电整机和零部件、标准规范、安装施工等，虽然中国电力能源投资企业在国内已经开发建设了一些海上风电项目，但海上风电施工经验丰富的企业屈指可数。

对于海上发电装备，中国很多风电厂商已完全掌握陆上风机设计技术，相关技术达到了国际水平，一些低风速的机组技术甚至世界领先，但是在海上风电机组方面，特别是叶片和轴承的设计上，国内厂商不管是零部件研发还是整机设计都比较落后，与世界先进水平仍有差距；此外，目前使用的风电专用核心设计软件，基本都来自美、德等几个国家，也属于风电发展的"卡脖子"点；而且，对于大型部件与整机试验技术，国内风电试验平台测试功能单一，覆盖风能资源评估、风电机组现场测试、传动链平台测试、风电并网仿真等的多领域综合试验能力不足。我国海上风电应用环境具有气候环境恶劣、高盐雾、高温、高湿等特点，尚未形成专业检测技术能力，亟须加强相关专用测试设备与检测能力建设。另外，针对海上风电场建设和运行期间的水文、电网、气象、生物等系统性影响研究处于起步阶段。

对于海上变电装备，国外海上风电场建设已有较大规模，海上升压站设计、建造的技术相对成熟，基于 66kV 集电电压的海上风电场升压平台已进入工程应用。国内海上升压站从设计到加工制造都处于探索的阶段，相关样机虽已研制成功，但是无工程应用经验。

对于海上换流技术装备，换流平台重量达上万吨级，使用直流气体绝缘变电站（gas insulated substation, GIS）降低直流场设备的占地是进一步实现海上换流平台空间及成本上的缩减的最有效手段。西门子 550kV 直流 GIS 目前已通过型式试验，国内尚处于技术开发阶段，与国外相比存在差距。

对于海缆及附件，国外主要海缆生产厂家具有连续生产超高压、大截面海缆的能力，并拥有海缆软接头技术，我国海缆的生产、敷设、运行水平与国外企业差距不大。然而，动态海缆依然是制约全球深远海浮式风电发展的关键装备。

对于海上风电装备的技术发展，应发挥我国新型举国体制优势，联合国内研发力量，组建包含企业、高校、研究所的"产学研用"团队，打造风电机组叶片制造中心、风电机组塔筒及附属设备制造基地、新建风电机组变流器、变桨系统研发中心，以推动叶片、升压变等海上风电核心装备的国产化，继而促进海上风电全产业链的健康发展，追赶国际领先水平并支撑我国海上风电"十四五"建设。

1.1.3.3　成本不断降低，但仍有较大降本任务

即使增量市场巨大、前景乐观，海上风电平价还是当务之急。欧洲近几年相关产业快速发展和技术不断进步，自 2013 年以来欧洲海上风电的上网电价下降明显。英国海上风电的招标电价已经下降至 0.35 元/kW，德国也已经实现零补贴。2009～2025 年欧洲海上风电度电成本历史及预测数据见图 1.2。

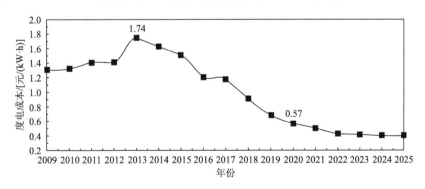

图 1.2　2009～2025 年欧洲海上风电度电成本

受益于产业链国有化及成本优势，并随着勘探设计、设备研发制造和工程建

设运营经验的逐步积累，我国海上风电平均单位容量造价逐步下降，从 2010 年的 23700 元/kW 左右降至 2022 年的 15700 元/kW 左右，降幅达到 33.76%。海上风电 0.75～0.85 元/（kW·h）的单位电价对标 15000 元/kW 的造价，比起陆上风电 0.3 元/（kW·h）的电价对标 7000 元/kW 的造价仍有一定差距，海缆以及海上升压站等电气设备价格均比陆上风电场高出较多，风机基础、风机安装等费用也远超陆上风电场费用，海上风电产业链仍有较大的降本任务。

据《中国"十四五"电力发展规划研究》预测，海上风电初始投资将下降至 2025 年的 1.37 万元/kW，海上风电度电成本将下降至 2025 年的 0.74 元/（kW·h）。可以预见，未来随着成本进一步降低，经济性有望进一步凸显，而这对于风电行业竞争力的提升，将会起到极大的推动作用。

1.1.4　我国海上风电政策导向

我国海上风电政策的发展历程可以划分为四个阶段：一是 2007～2011 年，起步阶段的海上风电政策。这一阶段开始逐步关注到风能等可再生能源的利用，并由陆地走向海洋，正式启动了我国沿海地区海上风电的规划工作，颁布了一系列行业标准，为我国海上风电的发展创造了良好的条件。二是 2012～2017 年，示范工程阶段的海上风电政策。这一阶段海上风电被作为我国风电发展的重点任务，国家和地方出台多项政策鼓励发展海上风电，发布了一系列开发建设方案，我国海上风电开发进一步提速，并建成了数个规模化的海上风电场。三是 2018～2022 年，规模化加速发展阶段的海上风电政策。这一阶段我国海上风电加快从近海向远海迈进的脚步，并提出逐步取消海上风电的上网电价补贴，标志着风电平价/竞争性上网的序幕已经拉开。四是 2022 年后的转型升级阶段。从 2022 年开始，我国海上风电的补贴全面取消，我国海上风电行业将进入低成本、规模化的发展阶段。

国家和地区有关部门颁布了一系列相关政策和规划，为我国海上风电的快速发展创造了良好条件。

1.1.4.1　宏观环境为海上风电发展带来更大机遇

2020 年 9 月 22 日，第七十五届联合国大会一般性辩论上，国家主席习近平提出"二氧化碳排放力争于 2030 年前达到峰值，努力争取 2060 年前实现碳中和"。

2020 年 10 月，《风能北京宣言》提出综合考虑资源潜力、技术进步趋势、并网消纳条件等现实可行性，为达到与碳中和目标实现起步衔接的目的，在"十四五"期间，须保证风电年均新增装机 5000 万 kW 以上，2025 年后中国风电年均新增装机容量应不低于 6000 万 kW，到 2030 年至少达到 8 亿 kW，到 2060 年至少达到 30 亿 kW。

2020 年 12 月，在气候雄心峰会上，国家主席习近平强调，"到 2030 年，中国单位国内生产总值二氧化碳排放将比 2005 年下降 65%以上，非化石能源占一次能源消费比重将达到 25%左右，森林蓄积量将比 2005 年增加 60 亿立方米，风电、太阳能发电总装机容量将达到 12 亿千瓦以上"。

由此可以看出，在政策基调明确、风电行业的长期趋势明朗的背景下，碳中和的发展路径将给风电行业带来更多的发展机遇。

1.1.4.2 国家陆续出台多项政策支持海上风电发展

2019 年 5 月 21 日，国家发展改革委下发《关于完善风电上网电价政策的通知》，再次调低风电上网电价，并首次明确陆上风电平价上网的时间表，规定 2018 年底之前核准的陆上风电项目，2020 年底前仍未完成并网的，国家不再补贴；2019 年 1 月 1 日至 2020 年底前核准的陆上风电项目，2021 年底前仍未完成并网的，国家不再补贴。自 2021 年 1 月 1 日开始，新核准的陆上风电项目全面实现平价上网，国家不再补贴。对于海上风电，2019 年符合规划、纳入财政补贴年度规模管理的新核准近海风电指导价调整为 0.8 元/（kW·h），2020 年调整为 0.75 元/（kW·h）。

2020 年 3 月 5 日，国家能源局发布《关于 2020 年风电、光伏发电项目建设有关事项的通知》，对于风电，明确了关于积极推进平价上网项目建设等七方面内容，旨在规范市场、为风电发展营造良好环境。

2021 年 3 月 30 日，国家能源局表示，"十四五"期间，我国可再生能源发展将进入大规模、高比例、市场化、高质量的新阶段。可再生能源年均装机规模将大幅提升，到"十四五"末，可再生能源发电装机占我国电力总装机的比例将超过 50%。2021 年后，风电光伏发展将进入平价阶段，摆脱对财政补贴的依赖，实现市场化、竞争化发展。"十四五"期间我国将通过加快构建以新能源为主体的新型电力系统提升新能源消纳和存储能力，既实现可再生能源大规模开发，也实现高水平消纳利用。

近年来，为降低弃风弃光率，促进可再生能源消纳及能源结构调整，国家有关部门出台了一系列相关政策。能源消纳措施及能源结构将会越发合理。可再生能源消纳和能源结构调整政策见表 1.1。

表 1.1　可再生能源消纳和能源结构调整政策

发布时间	文件名称	发布部门	文件内容
2019 年 3 月 5 日	《关于进一步推进电力现货市场建设试点工作的意见》（征求意见稿）	国家能源局综合司	要求合理设计现货市场建设方案、建立健全电力现货市场运行机制、强化提升电力现货市场运营能力、完善电力现货市场配套机制等
2019 年 5 月 10 日	《关于建立健全可再生能源电力消纳保障机制的通知》	国家发展改革委、国家能源局	规定了各省级行政区域必须达到的最低消纳责任权重和激励性消纳责任权重
2020 年 3 月 2 日	《省级可再生能源电力消纳保障实施方案编制大纲》	国家发展改革委办公厅、国家能源局综合司	要求各省（区、市）能源主管部门对本行政区域内承担消纳责任的各市场主体明确最低可再生能源电力消纳责任权重，并按责任权重对市场主体完成情况进行考核，对未完成的市场主体进行督促落实，并依法依规予以处理。消纳主要履行方式为购买或自发自用可再生能源电力，购买其他市场主体超额完成的消纳量或可再生能源绿色电力证书为补充履行方式
2020 年 3 月 11 日	《关于加快建立绿色生产和消费法规政策体系的意见》	国家发展改革委、司法部	到 2025 年，绿色生产和消费相关的法规、标准、政策进一步健全，激励约束到位的制度框架基本建立
2020 年 4 月 9 日	《关于做好可再生能源发展"十四五"规划编制工作有关事项的通知》	国家能源局综合司	明确了可再生能源发展"十四五"规划重点。优先开发当地分散式和分布式可再生能源资源，大力推进分布式可再生电力、热力、燃气等在用户侧直接就近利用，结合储能、氢能等新技术，提升可再生能源在区域能源供应中的比重

1.1.4.3　沿海各省相继出台多项规划政策

2020 年以来，沿海各省相继出台"十四五"关于海上风电的规划和政策，积极促进本地区海上风电的降本增效和平价开发。沿海各省海上风电"十四五"相关政策见表 1.2。

表 1.2　沿海各省海上风电"十四五"相关政策

省份	相关政策
广东	2021 年 6 月下发《促进海上风电有序开发和相关产业可持续发展的实施方案》，2022 年起对省管海域未能享受国家补贴的项目进行投资补贴。2025 年底力争达到 1800 万 kW。在全国率先实现平价并网
江苏	江苏省公布《江苏省"十四五"海上风电规划环境影响评价第二次公示》，规划海上风电项目场址共 28 个，规模为 909 万 kW，规划总面积为 1444km²，对应年均装机约 180 万 kW。到 2025 年，江苏省海上风电累计装机达到 1500 万 kW 以上
浙江	2021 年 6 月印发《浙江省能源发展"十四五"规划》，提出重点推进海上风电发展，"十四五"期间，海上风电力争新增装机容量 455 万 kW 以上，力争达到 500 万 kW 以上，对应年均装机 90 万 kW 以上
福建	目前尚无明确的"十四五"期间海上风电整体规划，但福建作为国内海上风电资源储备最为丰富和已并网规模前三的装机大省，目前已储备了福清兴化湾、长乐外海、漳浦六鳌、莆田平海湾、平潭外海等多个海上风电产业园项目，预计"十四五"期间福建海上风电并网规模有望达 500 万 kW，年均装机约 100 万 kW
山东	根据《山东省能源发展"十四五"规划》，到 2025 年风电装机规模达到 2500 万 kW。2021 年 7 月发布《关于促进全省可再生能源高质量发展的意见》，提出将在 2021 年实现省内海上风电"零突破"，并初步规划"十四五"期间争取启动海上风电项目 1000 万 kW。预计山东"十四五"期间投运海上风电项目规划有望达 500 万 kW，对应年均装机规模约 100 万 kW
辽宁	2020 年发布《辽宁省风电项目建设方案》，提出 2025 年前可新增投产风电 330 万 kW
广西	广西明确将海上风电作为"十四五"能源和产业发展的重点方向，规划海上风电场址 25 个，总装机容量为 2250 万 kW。其中，"十四五"期间将力争核准海上风电 750 万 kW 以上，装机 300 万 kW，对应年均装机约 60 万 kW
海南	中国南方电网海南电网有限责任公司 2021 年发布的海南碳达峰碳中和工作方案，明确"十四五"期间推动实现光伏、海上风电等新增装机 520 万 kW，清洁能源装机占比由 2020 年的 67%提升至 80%以上，清洁能源发电量占比由 2020 年的 50%提升至 70%以上

1.1.5　海上风电发展面临的挑战

1.1.5.1　对海上风电在我国能源转型中的战略性全局性的意义还缺乏认识

我国东部地区陆上可再生能源的开发潜力有限，要想进一步提高可再生能源占比、加快能源结构转型，需要实现可再生能源的本地化开发和就地消纳，必须大力发展海上风电，特别是资源和储量更好的远海风电，而此前对于海上风电发展的作用和意义尚存在不同认识。

1.1.5.2　涉及行业部门众多，国家层面的宏观统筹与整体规划缺乏

此前的海上风电开发大部分都由地方政府或单一企业主导，与其他行业和部门之间缺乏协同，缺乏国家层面的宏观统筹与整体规划，不利于全国统一调配资源，未来可能会导致弃风、无序发展等现象的出现；还易造成全国各区域单向规划、发展，技术标准差异大，不利于海上风电行业形成标准体系；缺乏行业主管和科技主管部门的统一规划和统一指导，缺乏完整的关键工程技术体系，需重点突破的技术领域不明确，一定程度上造成资源和资本的浪费；同时我国现行《中华人民共和国海域使用管理法》针对内水和领海，对深远海区域没有明确的海上风电政策。

1.1.5.3　海上风电资源禀赋的认识不足，资源评估体系尚未建立

我国的风能资源基础资料主要来自于气象部门，海上观测覆盖区域较小，不能全面系统地反映我国的海洋风能资源状况，考虑高程、水深、离岸距离、气象、海洋利用属性等因素，在不同技术条件和经济性指标前提下的可开发资源量难以判断，由于缺乏完整详细的资源勘察数据资料和系统的评估体系，难以做出全国海上风电场的完整规划。

近海风能资源普查和详查工作还比较薄弱，尚缺乏高分辨率的近海风能资源图谱，增加了风电场的选址、机位布局、风电机组选型等系列工作的难度；50km 以外海域数据还不全面，难以为中远期规划提供数据支撑；海上风能资源测量的全面性不足，缺乏海洋水文测量和海洋地质勘察等评估。基于此，我国海上风电资源测量的全面性和精确度还难以支撑国家的开发布局以及风电产业的指导。

1.1.5.4　海上风电对电网格局和电力流的影响缺乏系统研究

我国大规模海上风电接入主要集中在东南沿海及其附近岛屿，其是我国的经济发展中心、电力负荷中心，电网密集，电网通道走廊紧张，同时也是西电东送多直流落点中心、分布式光伏聚集中心、台风高频登陆中心，漫长的台风登陆线、复杂的地质条件、多中心的耦合叠加，使我国沿海大规模海上风电组网规划与消纳环境更为复杂。

目前海上风电还都位于近海，后续随着规模增大和向远海发展，将涉及海上

风电组网和送出等问题，而这些由于海上风电的分散式、独立式发展，接入大电网的地点、容量、性能的选择缺乏统一规划，未来可能会给东部地区电网安全、可再生能源消纳带来严重影响，与西电东送战略和电力流变化之间的关系也缺乏系统深入的研究，可能导致调频、调峰、调压与安全问题。

1.1.5.5 属新兴技术密集型产业，装备研发能力和工程技术力量不足

海上风电对可靠性和智能化等性能的要求较高，同时台风等极端恶劣天气及常规近海高风速阵风对海上风电机组在材料、结构设计以及制造工艺等方面均提出了相比于陆地风电更高的要求，一些主要部件设备还主要依赖进口，面临"卡脖子"风险。

海上作业运输设备与运输技术要求高，同时现有的技术多针对近、浅海领域风电的发展，远海风电使用的大容量风机、直流换流平台、海上施工运输等方面的技术与国外领先水平差距较大。受各种不确定因素的影响，设备运行故障率较高，而海上维护作业效率较低；运维管理处于初级阶段，缺乏运维经验和技术管理经验，特别是适应大规模深远海工程的技术实践经验不足。同时，海上风电工程技术还面临规范缺乏、行业标准不清晰的问题。

1.1.5.6 开发的时间有限，管理规范及人才支撑不足

由于海上风电开发的时间有限，还没有建立健全的管理监督体制，缺乏有针对性的管理系统。传统的陆上建筑工程的监理制度发展至今无法满足现有的管理需求，监理公司无力在海上风电行业中扮演其行业监督者和保障者的角色，使得在运营初期，质量问题频繁发生；海上风电大规模接入将给系统运行带来大量的业务和新业态，目前专业人才的数量及质量还不足以满足需求。

海上风电并网、验收及运行尚无标准可依，电网的智能化升级改造及技术标准制定需要一定周期，因此将在一段时间内无法满足业务发展需求，可能造成海上风电的无序并网及运行风险；海上风电机组退役后处理产业链不完善，缺少国家层面的政策引领与相应标准，机组延寿评估、退役后的回收处理无规可依。

1.1.5.7 缺乏全寿命周期的技术经济性评价体系

对于海上风电产业发展的经济性和全寿命周期技术经济评价缺乏深入研究，

一般的投资回报率仅仅涉及对发电和输电成本的考虑，缺乏从整个产业发展的角度对海上风电的技术经济性进行总体评价的体系。

1.1.5.8　挤占传统海上产业空间，与新兴产业协调发展不足

海上风电场规模的日益扩大，挤占了传统海上水产养殖、渔业捕捞的生存空间，带来产业发展矛盾。同时，海上风电与海洋牧场融合发展、风储系统联合运行与风电制氢等新型产业模式尚处于前期探索阶段，还面临缺乏统一的政策引领、供应链不完善、缺乏成型的商业运营模式等一系列问题。

1.2　推动海上风电大规模发展的重大问题分析

1.2.1　海上风能资源评估问题

1.2.1.1　数值模拟是海上风能资源评估的重要方法

风能资源评估从利用数据角度，可划分为观测资料法和数值模拟法两种方法，由于海上观测数据较少，本书采用数值模拟法进行海上风能资源评估。海上风能资源与陆上风能资源有较大的差异，如海浪波动引起大气下垫层粗糙度变化及风速变化，洋流运动影响上方大气温度、风速、风向等特性。因此单纯的大气预报模式难以模拟海洋与大气运动的相互作用对风速、风向的影响，所以利用海-气-浪耦合模式对海上风能资源进行模拟。

通过敏感试验选取的海-气-浪耦合模式适合我国海域的物理参数化组合，模式垂直划分为 38 层，为模拟海表风速和风廓线，海表 100m 以内设置 5 层加密网格；水平模拟网格方面，划分 3km×3km 分辨率网格，模拟区域涵盖我国四大海域，并进行适当扩展。

1.2.1.2　海上风能资源评估模拟精度可靠

基于以上海-气-浪耦合模式，实现了我国近海四大海域、1981～2010 年共30 年、100m 高度的风能资源时空分布模拟。与对站点观测数据的对比表明，模拟风速、温度等数据具有较可靠的精度，其中风速的平均相关系数为 0.88，均方

根误差为 0.893m/s，可以用于海上风能资源评估。我国海上风电装机容量可达 30 亿 kW。

1.2.1.3 我国不同海域风能资源有较大差异

不同海域风功率密度和满发风速频率不同，也造成了各海域风能资源差异较大。渤海地区风功率密度为 300～560W/m²，满发风速频率为 3%～11%，风能资源弱于其他海域。黄海地区风功率密度为 320～600W/m²，满发风速频率为 3%～14%，风能资源较好。东海地区风功率密度为 500～1200W/m²，满发风速频率为 11%～20%，风能资源非常丰富。南海地区风功率密度为 300～700W/m²，满发风速频率为 0%～18%，风能资源较好。

由于切出风速频率和破坏性风速频率的不同，各海域的风能开发条件也有一定差异。渤海地区、黄海地区、东海地区北部切出风速频率为 0%～0.4%，破坏性风速频率接近 0%，且海底地形平坦，开发条件较好。东海地区南部，即台湾海峡风功率密度达 1000W/m²以上，但切出风速频率可达 5%，破坏性风速频率接近 0.1%，加之近海海底坡度较大，海深较大，因此开发条件较差。南海地区切出风速频率在 2%以下，破坏性风速频率在 0.04%以下，海底较为平坦，开发条件优良。

1.2.2 大规模海上风电开发对我国电网格局影响问题

1.2.2.1 大规模海上风电开发将影响我国自西向东、自北向南的电网基本格局

我国能源电力总体呈现自西向东、自北向南的基本格局。其中，东北基本自平衡，蒙东主送黑吉辽，兼顾外送；华北是我国主要的能源基地，在保障京津冀鲁用电的基础上，主送华中、华东地区，兼顾南方地区；西北是我国主要的综合能源基地，是未来能源开发外送的一个重点地区，能源主送华中，兼顾华东、南方地区；华东属缺能地区，具备一定的建设沿海核电的条件，并可通过海运进口部分能源，其余由华北、西北送入；华中是严重的缺能地区，中长期主要依靠区外送入能源；南方属缺能地区，广东、广西具备建设沿海核电的条件，并可通过海运进口部分能源，其余能源主要由区外补充。

大规模海上风电将对电网格局产生一定影响，主要有以下两个方面：一是随着海上风电渗透率的提高，由于调峰、调频的需求进一步提高，电网内部东西分区、南北分区之间的电力交换需求进一步增加，因此，各分区之间的联系需进一步加强，需要提高联络线传输能力，甚至新建联络线。二是随着海上风电渗透率的提高，电网的频率稳定和电压稳定调节能力要求提高，造成电网分区的时间延缓和推后，同时需要进一步加强网架，新建更多的储能、线路、动态无功补偿装置和电厂。

1.2.2.2 海上风电将成为我国东部沿海地区未来不可忽视的主力电源

海上风电风能资源的能量效益比陆上风电高 20%～40%，具有资源丰富、效率高、品质好、靠近负荷中心等优点，相对于陆上风电，海上风电的综合优势显著。海上风电大规模开发可显著提升东部地区电力供需自平衡能力，降低对远距离跨区送电的需求。

以广东为例，根据广东电网"十四五"及中长期已明确的电源规划，在不考虑蒙西综合能源基地送电的情况下，"十四五"末期，广东电网将存在 450 万～550 万 kW 的电力缺口，广东电网中长期电力供需形势严峻。海上风电建成投产将为广东缓解煤电、水电等的建设压力，解决中长期电力缺口问题，随着海上风电装机容量的增加，其将逐步成为粤港澳大湾区不可忽视的主力电源。

1.2.2.3 海上风电的汇集与并网应从系统整体角度进行规划

相对于陆上风电而言，海上风电具有三大劣势：一是技术更复杂、建设成本更高，一般来说海上风电场总投资成本要比陆上风电场总投资成本高出 2 倍以上。二是需要造价高昂的专用设备及安装船，运维成本高，当前海上风电机组运维费用是陆上风电机组运维费用的 1.5～3 倍。三是海上风电对电网调峰裕度要求更高，当大规模风电接入电网时，将极大地提高电网调度、运行与控制的难度。

因此，需要从系统整体角度进行海上风电的汇集与并网规划。近海浅水区和离岸较近深水区优先考虑交流陆上汇集方式；离岸距离适中的近海深水区且具备多场站集群效益的，可考虑交流海上汇集；离岸距离较远的近海深水区和远海风电考虑采用柔性直流输电。

1.2.3　大规模海上风电组网规划及消纳问题

1.2.3.1　"十四五"期间消纳问题不是海上风电发展的限制性因素，东南沿海应优先发展海上风电

在江苏、福建等东南沿海海上风电大省，目前风电和光伏等波动性新能源装机占比相对"三北"（东北、西北、华北北部）地区还较低，基于规划仿真算例的研究表明，在负荷持续增长、电源结构没有颠覆性变化的情况下，"十四五"期间消纳问题不是海上风电发展的限制性因素。

东南沿海海上风电靠近大型负荷中心，平衡空间大，在国家补贴退出的政策背景下，在确保技术成熟、设备可靠、经济可承受的条件下，可以考虑适度优先发展海上风电。

1.2.3.2　未来应主要采用高压交流输电技术、柔性直流输电技术来实现海上风电并网送出

从技术成熟度、方案经济性、工程实用性等方面进行比对分析，我国在"十四五"乃至更长时期内，将主要采用高压交流输电技术、柔性直流输电技术来实现海上风电并网送出。

在输送功率相等、可靠性相当的可比条件下，直流输电的换流站投资高于交流输电的变电站投资，而直流输电线路投资低于交流输电线路投资；随着输电距离的增加，交/直流输电存在等价距离。随着电力电子技术的发展、换流装置价格的下降，交/直流输电的等价距离还会进一步缩短。

1.2.3.3　海上风电并网应采用统一发展理念，综合考虑技术经济和可靠性，差异化制定送出方案

我国海上风能资源主要分布在东南沿海经济发达地区。海洋活动频繁，用海需求多样，可用于海上风电开发及并网送出的通道资源趋于紧张。建议用统一发展的理念指导海上风电的规模化开发和利用，及早对风电场建设、并网进行规划引导，从场址资源分配方面进行源头把控；统一调配输电通道走廊资源，最大限度地降低海上风电开发对自然环境的影响；优化海上风电并网送出成本，避免低效和重复投资。

综合考虑技术经济和可靠性，建议我国海上风电场单场送出采取如下方案：①风电场装机容量在 200MW 以内、离岸距离小于 50km 时，建议采用高压交流（HVAC）送出方式；②风电场装机容量为 400~600MW，处于深远海区域时，建议采用电压源高压直流（VSC-HVDC）输电方式；③风电场装机容量为 200~400MW 时，建议根据离岸距离进行技术经济对比分析，再选择适用的并网方式。

海上风电场集群送出情景下，对于总装机容量在 1GW 左右的风电场群，如果离岸较近，建议采用高压交流并网送出方案。考虑到 35kV 场内电缆的送电距离、220kV 海缆的送电容量，建议将单个风电场容量控制在 300~400MW；每个风电场设置 1 座海上升压站，采用多回 220kV 海缆送入电网。鉴于 500kV 海缆的输送容量可达吉瓦级，在 500kV 海缆技术成熟后，也可考虑采用单回 500kV 海缆送入电网；同时关注线路无功补偿和谐振问题。如果风电场群离岸较远（大于 100km），建议采用柔性直流并网送出方案。对于总装机容量在 1GW 左右的风电场群，考虑经济性，可以在多个升压站汇集后接入 1 座公共海上换流站，采用 1 回高压柔性直流海缆接入陆上主网。

1.2.4　海上风电装备技术发展问题

1.2.4.1　相比陆上风电，海上风电装备技术需突破盐雾腐蚀及环境荷载等影响

海上风电面临台风、盐雾、高温、高湿等恶劣环境，目前缺乏风电场建设过程和运行期间对水文、电网、气象、生物等影响的认识，专业检测技术仍旧不完备，亟须加强专用测试设备研发与检测能力建设。

海风、海浪、海震等荷载都容易导致海上风电装备基础出现较大的累积倾斜角，超过规定的安全稳定运行范围。因此，复杂荷载及荷载耦合条件下的海上风电装备基础大变形问题是目前亟待解决的另一难点问题。

海上风电装备有从浅水区走向具有更佳的风能资源的深水区的趋势，在风大、浪高、水急的深水区，运输和安装大型风电装备是世界级难题，集装载运输、自航自升、重型起重、动力定位、海上作业等多功能于一体的自航自升式超大型安装平台将会是海上风电建设的关键装备。

海洋气候、水文条件、海水侵蚀、零部件运输、设备安装、日常管理等对海

上风力平台的运行和维护提出了更高的要求。而在当前环境下，我国海上风电的运维管理仍处于初级阶段，缺乏运维经验和技术，迫切需要引进或创新更实用、更有效的海上风能运维技术，建立一个有机全面的运维协调机制，以促进自身运行维护能力的提高。

1.2.4.2　我国海上风电装备技术与发达地区相比仍有一定差距

我国海上风电起步较晚，但凭借政策支持和产业链的不断完善，近年来发展迅速并蕴藏着巨大的潜力，总体来看，我国在建设规划的合理性、施工装备的专业化和效率等方面与发达地区相比还存在一些差距。

在海上发电装备方面：目前，已经生产并通过认证的全球最长风电叶片为 112m（西门子歌美飒 SG14-222DD 样机），国内最长的风力发电机组叶片为 91m（东方电气风电股份有限公司）。超长叶片面临大型化与轻量化平衡的设计矛盾，叶片超长使得叶片增厚及重量增加，导致气动效率降低，从而影响发电效率，叶片是发展面临的第一大技术瓶颈。主轴承必须承受巨大的冲击负荷，大兆瓦风机更加要求其具备更好的抗疲劳性和载荷能力，主轴承是发展面临的第二大技术瓶颈。此外，风电专用核心设计软件在设计研发中起着至关重要的作用，但基本都来自美、德等几个国家，属于风电发展的"卡脖子"点。对于大型部件与整机试验技术，国内风电试验平台测试功能单一，覆盖风能资源评估、风电机组现场测试、12～18MW 传动链平台测试、超长叶片平台测试、风电并网仿真等多领域的综合测试能力不足。

在海上变电装备方面：国外海上风电场建设已有较大规模，海上升压站设计、建造的技术相对成熟，基于 66kV 集电电压的海上风电场升压平台已工程应用。国内海上升压站样机已研制成功，但无工程应用经验，仍处于探索阶段。目前国内所使用的 33kV 集电电压升压平台（容量为 200～400MW）基本由阿西布朗勃法瑞（ABB）公司和西门子股份公司垄断。

在海上换流技术装备方面：换流平台重量达上万吨级，使用直流 GIS 降低直流场设备的占地面积（约 15%），是进一步实现海上换流平台空间及成本上的缩减的最有效手段。目前国内外暂无投运的直流 320kV 及以上电压等级的直流 GIS 应用业绩。西门子股份公司与阿西布朗勃法瑞公司的 320kV 直流 GIS 已经具备市场应用条件，550kV 直流 GIS 已通过型式试验，国内尚处于技术开发阶段，与国外相比存在差距。

在海缆及附件方面：我国海缆的生产、敷设、运行水平虽然与国外企业差距不大，目前已投运的浙江舟山 500kV 联网北通道工程应用了国产 500kV 交联聚乙烯绝缘光纤复合海缆，电压等级创世界之最，但动态海缆依然是制约全球深远海浮式风电发展的关键装备。

1.2.4.3　我国海上风电装备应依托技术创新，在重点环节实现突破

作为技术密集型产业，海上风电的产业链覆盖面广、带动力强，海上风电有望带动我国形成万亿级规模的海洋高端装备制造产业集群，推动整个产业链的协同发展。因此，应发挥我国新型举国体制优势，针对重点环节制定相关战略政策，实现突破。

在原材料方面，采用碳纤维将是未来的趋势，未来应依托国内已经建成的万吨级碳纤维生产基地，掌握高性能低成本大丝束碳纤维技术，继而实现碳纤维的国产化。在叶片方面，应组建包含风机叶片开发、空气动力学和气象学等跨学科的联合攻关团队，瞄准拉挤梁片等新技术、新工艺，推进大型碳纤维叶片的设计、材料、工艺、测试的闭环验证，以实现全供应链的高度协同发展。

高端轴承研发涉及接触力学、润滑理论、摩擦学、疲劳与破坏、热处理与材料组织等基础研究和交叉学科。必须从国家层面在产业发展政策、技术发展规划等方面做出重点布局，重点突破风机轴承长寿命所需要的密封结构和润滑脂、特殊的滚道加工方法和热处理技术、专用保持架结构设计和加工制造方法。

风电专业软件包括整机载荷仿真、风能资源分析、翼型气动设计、叶片设计（结构建模、流场分析）、齿轮箱设计等核心软件，而多种软件的综合运用才能实现整体优化。因此，设计软件的自主化必须打通整个设计环节。此外，还要充分考虑我国风能资源和电网接纳方式的特殊性，深度总结前期陆上风电发展所积累的经验和教训，充分运用风电机组现场的实时运行数据以实现闭环验证。

在动态电缆方面，应重点突破海缆的复杂工况动力分析、动态电缆附件设计与水下湿式连接等关键技术，并开展浮式风电用动态电缆系统的设计、制造、测试及示范应用等基础研究，以建立具有自主知识产权的技术体系，继而推进我国远海浮式风电的发展。

对于海上风电新技术，应大力支持远海风电机组的紧凑型轻量化设计，突破先进传感的叶片与载荷一体化降载优化技术，以及风电系统智能诊断、故障自恢

复免维护等技术研发。另外，积极探索海上风电全直流输电、海上风电制氢等新技术将有助于提升远海风电的风能利用率。

1.2.5　海上风电工程技术发展问题

1.2.5.1　我国海上风电工程技术尚不能满足海上风电的大规模中长期发展的需求

我国已形成了较为完整的海上风电产业链，具备生产 10MW 等级风电机组、大型变压器、各种电压等级海缆的能力以及 400MW 海上风电场的设计、施工经验。通过分析我国海上风电工程技术发展现状，对比国际海上风电工程技术发展水平发现：我国海上风电工程技术经过近些年的快速发展，技术水平总体位于中等偏上，但与国际领先水平尚有明显差距。

本书课题组经深入研究，根据技术属性将海上风电工程技术细分为勘察工程、岩土工程、结构工程、施工建造、运营维护 5 个维度；并从总体和分维度两个方面对我国海上风电工程技术发展状况进行了系统的研究。相关研究结果概括如下。

一是勘察工程技术，勘察工程技术主要包括深远海气象数据观测与预报技术、深远海海洋水文环境数据观测与分析预测技术、高性能勘探设备的开发与研发技术、复杂水动力环境和复杂地质条件下的勘探技术等。其中，我国高性能勘探设备的开发与研发技术发展水平相对落后。欧美等发达国家的海底静力触探试验（CPT）技术已经比较成熟，并已开发出适合于不同水深的海床式和钻孔式海上 CPT 系列产品，而我国海底 CPT 技术起步较晚，现所研发出的 CPT 系统未得到大规模的推广应用；对于水下声学定位技术，国外已有一系列成熟的产品投入到军方和民用，而国内均未推向市场。

二是岩土工程技术，岩土工程技术主要包括原状土高保真取样技术、工程地质评价技术、海洋土室内土工试验技术、岩土分析及地基处理技术。我国海洋土室内土工试验技术和岩土分析及地基处理技术的发展水平较为领先，而工程地质评价技术，特别是原状土高保真取样技术水平需要进一步发展。国外多根据实验室数据和原位测试数据建立具体土体的相关关系；而国内缺少针对性的原位测试手段，且因为测试过程执行不到位所以相关土体参数缺失或相对保守。

三是结构工程技术，结构工程技术主要包括机组支撑结构（基础、塔筒）体系研发，塔筒结构先进设计技术，机组支撑结构防灾技术，耐久性、防冰冻、抗腐蚀、耐火性海洋材料，满足大功率风电工程的风电机组叶片，海上升压站平台结构设计技术以及其他附属工程等。其中，满足大功率风电工程的风电机组叶片和耐久性、防冰冻、抗腐蚀、耐火性海洋材料的研发和应用需要加大投入力度。对于载荷仿真技术，国外研究机构和大学开发了多款一体化仿真软件，而国内还处于商业软件仿真阶段，在内部算法和测试验证方面仍需要进一步探索；对于支撑结构设计，国外考虑了多方面的因素（如风力机系统结构动力、空气动力及系统的稳定性和疲劳性问题等），而国内主要关注支撑结构的静动力特性研究。

四是施工建造技术，施工建造技术包括先进施工装备、先进施工技术等。国外的安装船大多具有自航、自升、起重功能，而国内的安装船一般不具备自航功能，且作业天数远低于国外；对于施工范围，欧洲 2019 年海上风电平均离岸距离达到了 59km，水深 33m，而国内已投运的海上风电机组最远离岸距离为42km，水深基本在 25m 以内。我国的施工设备在主吊吊重、主吊吊高、可变载荷等关键技术上与国外先进水平仍有较大差距，超大型液压打桩锤技术长期依赖进口。

五是运营维护技术，运营维护技术主要包括综合性、智能化运维设备，一体化智能化运维技术等。目前，我国海上风电运营维护所涉及的综合性、智能化运维设备和一体化智能化运维技术发展水平相对比较落后。国外运维的综合智能化水平较高，而国内主要限于智慧物流和服务作业体系；2019 年英国的直升机运维基地投入运营，而国内暂无直升机投入运维服务。

总体来看，本书课题组将我国海上风电工程技术划分为 5 个维度，根据我国海上风电工程技术的发展现状，结合国际先进的工程技术发展水平，从 5 个维度对海上风电大规模中长期发展需求逐一进行了分析，明确了当前我国海上风电产业工程技术的主要问题所在，并为我国的技术创新及赶超先进水平指明了方向。目前我国海上风电工程技术与欧美等发达国家存在较大的差距，主要表现在装备缺乏先进性、技术手段比较传统和智能化水平不高等方面。因此，我国应在加强风电资源、岩土、水文等数据信息资料建设的基础上，结合战略目标及国际先进的海上风电工程技术，从勘察工程、岩土工程、结构工程、施工建造和运营维护5 个维度建立起我国海上风电工程技术体系，制定关键技术实施路径，集中力量进行技术攻关，引入前沿科技，提高自主创新能力，进一步缩小与发达国家的技术差距，提升我国海上风电工程技术水平。

1.2.5.2　我国海上风电工程技术未来发展应综合考虑海上自然环境、风电机组、附属设施以及关联产业的需求

第一，自然环境对我国海上风电工程技术发展提出了复杂的要求。首先，大气环境方面，严寒季节的海冰会影响风机基础、结构安全，在我国渤海和黄海较为突出；低温还会导致风电机组中各种材料和润滑油的性能下降。其次，水文条件方面，风能资源丰富的海域，波浪条件更为恶劣，波浪荷载大，因此对海上风电工程技术的要求更为严格。最后，地质条件方面，我国沿海地质成因复杂、地质条件多变，海上风电场地质差异大，因此，需对不同地质条件的区域提出不同的技术需求。

第二，风电机组大型化和向深远海发展对工程技术提出了新需求。目前，我国海上风电机组应向大容量大叶轮直径发展。需运用云计算与大数据等手段提高风电机组制造与设计智能化水平，促进风电机组工作和管理效率的提升。我国不同海域的地质条件、海洋气候等方面差异大，适合深远海恶劣海况的风电机组和基础形式选择尚无参考，因此，需根据我国不同海域的特点设计风电机组。

第三，附属设施对我国海上风电工程技术成本和安全防护方面的要求日益突出。附属设施主要包括升压站和换流站，既可以采用优化的大型钢结构，也可以考虑采用钢-混凝土结构，以降低工程建设成本。深远海地区环境更为复杂，应提高升压站本身的防腐蚀性能、优化换流站的结构布置与安装方案，以保障升压站与换流站的安全运输、安装和运维。

第四，关联产业对我国海上风电项目选址及产业间协同的约束与需求，形成了我国海上风电工程技术发展的新要求。主要形成了两方面的约束与需求，一方面是选址问题，通过合理选址以减少风电场对关联产业的不利影响。另一方面是协同发展的问题，应进行区域经济综合规划研究，实现海上风电技术与相关产业的协调发展，如发展海上风电工程设计一体化技术以促进风电基础桩底与人工渔礁构型的有机融合，增加雷达站点、完善船舶交通管理（VTS）预警功能以减少风电场对雷达电磁波的影响。

通过梳理我国海上自然环境、海上风电机组、附属设施以及关联产业对我国海上风电工程技术未来发展的影响，将我国海上风电工程技术发展的需求按上述的 5 个维度归纳如下：①勘察工程技术方面，包括基于漂浮式激光雷达测风设备、水文分析的水动力模型和波浪模型，海底微地貌及地质结构探测技术等。

②岩土工程技术方面，包括无扰动或低扰动取样技术、地震效应评价技术（基于孔压静力触探（piezocone penetration test, CPTU）的沙土液化技术）、高灵敏度现场原位实验技术、大直径单桩的桩土相互作用曲线及相关参数的获取技术等。③结构工程技术方面，包括风电基础桩底与人工渔礁的构型有机融合技术，浮式基础结构技术，塔架基础主体连接——T 法兰技术，结构抗震设计技术，轻质、高强和大型化、模块化的风电机组叶片技术，海上升压站导管架结构焊接工艺及管节点防腐蚀疲劳技术，应对海底的"刚性短桩"改进技术等。④施工建造技术方面，包括漂浮式基础的锚固技术、漂浮式海上风电机组及漂浮风电运输安装技术等。⑤运营维护技术方面，包括基于大数据的风机故障智能诊断和预警系统、海上风电智能化运维技术等。

通过对相关内容的总结，归纳出我国海上风电工程技术的未来发展方向，不仅有利于厘清我国海上风电工程技术的关键技术体系，也为我国海上风电行业从近海走向远海、从浅海走向深海提供了一定的基础和支撑。

1.2.5.3 应系统构建我国海上风电工程技术的基础理论与关键技术体系

第一，关键技术体系的建立。以强化战略目标指引、贯彻综合协同思想、树立预防性管理观念、面向行业未来和基于前沿科技的工程技术未来的可持续性发展为指导思想，借助专家问卷和访谈，对海上风电工程技术从勘察工程、岩土工程、结构工程、施工建造、运营维护 5 个维度进行划分，初步建立了海上风电工程的关键技术体系。我国海上风电工程技术体系包括 3 个层次，第一层为勘察工程等 5 个维度，第二层在每个维度下设置工程技术大类，第三层在各个工程技术大类下细分一系列关键技术。例如，第一层勘察工程技术维度下设深远海气象数据观测与预报技术、深远海海洋水文环境数据观测与分析预测技术、高性能勘探设备的开发与研发技术、复杂水动力环境和复杂地质条件下的勘探技术 4 个工程技术大类。又如，第二层高性能勘探设备的开发与研发技术下细分第三层的关键技术，包括精度定位系统、专用室内土工试验中心等的自升式勘探平台研发技术；拥有较大反力海床 CPT 作业系统的海洋综合勘察船开发技术；具有海浪补偿、自动升降和智能调压的海洋钻机研发技术；配备无人艇等载体，3D 声呐等自动海洋调查设备研发技术等。我国海上风电工程关键技术体系框架见图 1.3。

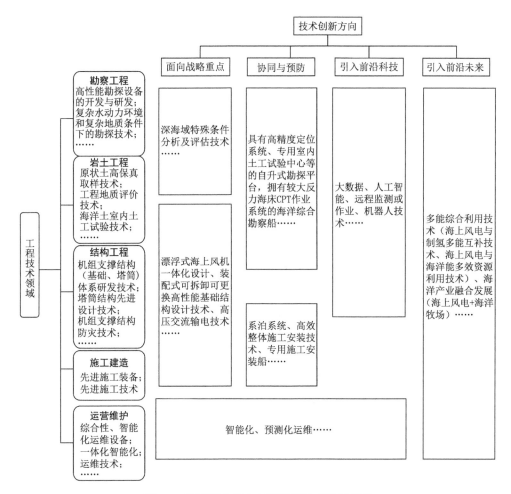

图 1.3　我国海上风电工程关键技术体系框架

第二，我国海上风电工程亟待突破的基础理论和关键技术。依据专家对我国海上风电关键技术的成熟度打分情况，并结合我国海上风电工程技术发展的现状、与国际领先水平的对比结果以及我国海上风电向深远海、大规模的发展目标，总结得出了目前亟待突破的基础理论与关键技术。

基础理论主要包括三个方面：第一，海上风电结构设计基本理论、方法及分析工具，涉及机组-支撑结构-地基基础多物理场耦合机理、支撑结构及基础阻尼计算、海冰与支撑结构的冰激振动机理等，其中海上风电机组地基基础结构设计中涉及波浪理论、工程环境与荷载、设计工况与组合、桩基设计与结构布置、模态与动力分析、疲劳分析、冲刷与腐蚀等；第二，海上风电场岩土工程基础理论和分析方法，主要为海上风电机组特殊受力状态下海洋岩土强度和变形理论；第三，海上风电控制理论，我国海上风电控制理论急需加强风电机组控制算法研究、验证、优化与仿真测试。

在需要重点突破的关键技术具体内容方面，通过发放格式性问卷的方式邀请专家对关键技术的成熟度进行打分。打分的标准如下：非常领先（5分）——该技术或设备通过国内海上风电的实际应用，能填补国际空白；领先（4分）——该技术或设备通过国内海上风电的使用环境验证和试用，并超过国际水平；水平相当（3分）——国内外技术在海上风电上的应用相当；落后（2分）——技术概念和应用设想还处于可行性论证或实验室验证等阶段，落后于国际已有样机验证；非常落后（1分）——该技术或设备还处于基本原理、技术概念和应用设想方面，落后于国际上提出的技术方案或实验室研究等。分数越高，代表成熟度越高，该项技术越先进。专家对我国海上风电工程关键技术成熟度的评分均值是：勘察工程为2.92分，岩土工程为2.98分，结构工程为3.06分，施工建造为2.92分，运营维护为2.54分；因此，总体上，我国海上风电工程技术5个维度的技术成熟度呈现一定差异，但平均水平相差不显著，均处于需要突破创新的发展阶段，在重点突破领域选择上没有突出的差异性，需要深化到5个维度的二级或更细致的指标层级上。

深化研究后发现，在勘察工程关键技术方面，深远海气象数据观测与预报技术的平均分为2.92分，深远海海洋水文环境数据观测与分析预测技术的平均分为2.83分，高性能勘探设备的开发与研发的平均分为2.92分，复杂水动力环境和复杂地质条件下的勘探技术的平均分为3.00分，由此可知，我国深远海海洋水文环境数据观测与分析预测技术发展水平相对落后一些。在岩土工程关键技术方面，原状土高保真取样技术的平均分是2.75分，工程地质评价技术的平均分是2.92分，海洋土室内土工试验技术的平均分是3.08，岩土分析及地基处理技术的平均分是3.17分，因此我国海上风电岩土工程技术所涉及的关键技术中的海洋土室内土工试验技术和岩土分析及地基处理技术的发展水平较为领先，而工程地质评价技术，特别是原状土高保真取样技术需要进一步发展。在结构工程关键技术方面，机组支撑结构（基础、塔筒）体系研发技术的平均分是3.08分，塔筒结构先进设计技术的平均分是3.08分，机组支撑结构防灾技术的平均分是3.33分，耐久性、防冰冻、抗腐蚀、耐火性海洋材料的平均分是2.92分，满足大功率风电工程的风电机组叶片的平均分是2.83分，海上升压站平台结构设计技术的平均分是 3.17 分，其他附属工程的平均分是 3.00 分。所以我国对满足大功率风电工程的风电机组叶片和耐久性、防冰冻、抗腐蚀、耐火性海洋材料的研发和应用需要加大投入力度。在施工建造关键技术方面，先进施工技术的平均分是 2.67 分，先进施工装备的平均分是 3.17 分，我国先进施工技术发展落后。在运营维护技术方面，一体化智能化运维技术的平均分是 2.58 分，综合性、智能化运维设备的平均分是 2.5 分，可见，我国海上风电运营维护所涉及的综合性、智能化运维设备和一体化智能化运维技术发展水平相对比较落后。

综上所述，借助专家问卷和访谈，并结合工程技术属性，本书课题组初步建立了我国海上风电工程的关键技术体系。通过对我国海上风电工程技术成熟度的评分，发现目前我国海上风电工程技术成熟度由低到高依次为运营维护、勘察工程、施工建造（施工建造与勘察工程并列）、岩土工程、结构工程。通过对知名海上风电工程专家的调研及相关企业前沿技术研发与实际应用，得到了我国海上风电工程关键技术体系，同时明确了我国海上风电工程目前亟待突破的基础理论与关键技术具体内容。

1.2.6　海上风电与新兴产业协调发展问题

1.2.6.1　大规模海上风电发展可拉动相关产业升级，带动海洋经济发展

通过海上风电项目建设，拉动相关产业升级，带动海洋经济发展，打造海洋强国；同时，促进国家层面的能源战略转型，保障沿海经济带供电安全，缓解西电东送压力，促进国家能源安全。

海上风电涉及众多高端装备制造的尖端技术，将带动我国在高端轴承、齿轮箱、超长叶片和大功率发电机等方面取得突破。同时，具有前瞻性的海洋测风、海洋基础、海洋施工和专业船舶设施研究等工作也会伴随海上风电技术的研发而开展。此外，海上风电创新发展的过程中还可面向全球吸纳高端人才，推动大功率海上风电整机技术、深海漂浮式技术等前沿技术创新与研发。

发展海上风电与我国建设海洋经济的国家战略高度契合，海上风电可以与海洋牧场等融合发展，还能够为海工装备制造业培育新的增长点，为我国实施海洋强国战略提供技术支撑。

1.2.6.2　海上风电将直接推动我国高端装备制造业、海上建安行业和海上风电运行行业快速发展

推进海上风电集中连片规模开发，不仅对于构建清洁低碳、安全高效的能源体系具有重要支撑作用，而且有望带动形成万亿级规模的海洋高端装备制造、建安和运维产业集群；同时，有利于核心部件的研发和批量生产，降低整机生产成本、机组安装和运维成本。

海上风电持续规模化发展将推动风机、交直流电缆、直流输电、电工材料、海水淡化、海上平台、海洋运输、海上安装施工和检修等产业快速发展。

1.2.6.3　海上风电将与储能、氢能、海水淡化等新兴行业协调发展

随着我国可再生能源发电装机规模快速增长，电力系统调峰能力不足、调度运行和调峰成本补偿机制不健全等问题日益突出。提升电力系统调峰能力和消纳可再生能源能力将是未来一段时期内补齐电力发展短板的重要任务，储能成为实现这一目标的关键技术手段。推动储能系统和新能源系统协调优化运行、加强电力系统调峰能力建设，布局建设储能示范工程以及开展风光水火储互补系统一体化运行示范，将成为未来中国电网侧储能应用的主要方向。

氢能是践行生态文明思想的重要举措，将成为我国优化能源消费结构、保障国家能源供应安全的战略选择。目前，在氢能发展的初级阶段，应紧跟世界前沿，关注可再生能源制氢，将海上风电产业与氢能产业相互促进并协调发展作为能源转型的战略之一。

海洋牧场和海上风电产业作为海洋经济的重要组成部分近年来发展迅速。海洋牧场与海上风电融合发展作为现代高效渔业和新能源产业跨界融合发展的典型代表，在提供优质蛋白和清洁能源、改善国民膳食结构和促进能源结构调整、推动供给侧结构性改革和新旧动能转换等方面具有重要意义。

从我国国情出发，结合考虑风电局部消纳后为适应不稳定电源并网而进行电网建设、改造的巨额成本及调峰备用成本等进行区域经济综合规划，在某些局部区域将风电与海水淡化产业相结合，对降低社会经济发展成本、推进我国跨行业部门间的区域资源综合规划与开发、实现我国能源与资源的可持续发展具有重大意义。

1.2.7　海上风电发展的技术经济性问题

1.2.7.1　海上风电整机技术进步是降低成本的关键

海上风电场成本主要由以下五部分构成：一是设备购置费用，包括风力发电机组、塔架、电气系统等；二是建筑安装费用，包括安装调试、支撑结构等；三是运维费用；四是其他费用，包括工程管理费用等；五是建设期利息等。各部分占总成本的比例不同，对总成本的影响也不同。

以江苏、广东、福建的三个典型海上风电场为案例，得出的度电成本分别为 0.564 元/（kW·h）、0.588 元/（kW·h）和 0.609 元/（kW·h）。投资收益率分别为 14.17%、12.82% 和 11.71%，项目投资具备一定的收益。但此时上网电价为 0.75 元/（kW·h），超过我国现行标杆电价 0.45 元/（kW·h）。通过海上风电项目收益回报率对上网电价和单位千瓦造价的敏感度分析发现，只有提高我国海上风电技术水平、降低海上风电成本，才能在现行海上风电平价政策下，保障海上风电场收益。

风电机组是海上风电最为核心的设备，其性能和可靠性在很大程度上决定了风电场的投资收益。电价固定后，发电量就成为影响投资收益最敏感的因素，因此风电机组的技术进步也成为降低海上风电成本的核心和关键所在。其主要体现在提高风能利用效率、降低基础造价、更易于安装和维护、运行更加稳定可靠、运行维护更加智能化。这些都是赋予整机供应商的任务和使命。

1.2.7.2　远海风电经济性受多因素影响

我国海上风能资源丰富，随着我国海上风电规划建设的实施，未来将迎来海上风电的迅速发展时期。结合我国建设及规划的海上风电场送出方案，提出了海上风电场典型交流及柔性直流送出方案，并对交流、柔性直流方案的技术经济性进行比较，并且计算了交流与柔性直流送出方案的等价距离，主要结论如下。

对于额定输送容量为 900MW 的风电场，当输送距离大于 80km 时，直流输电方案的经济性超过交流输电方案。

当额定输送容量提升至 1200MW 时，±320kV 柔性直流输电方案利用率进一步提高，其相比于交流方案的经济性也进一步提升。这表明在现有柔性直流器件水平下，充分利用器件能力可以大大提高柔性直流输电的经济性。

对于额定输送容量为 1500MW 的风电场，宜采用±400kV 电压等级，当输送距离大于 90km 时其经济性超过交流输电方案。

对于额定输送容量为 1800MW 的风电场，采用±500kV 电压等级，其经济性相比于交流输电方案优势不明显，原因在于随着电压等级提高，海上换流站尺寸增加，其结构费用大大提升，抬高了直流输电方案的整体造价。目前国内外尚无±500kV 电压等级的海上柔性直流工程，其可行性、可靠性及适用性还需进一步研究。

近期钢材、铜材价格变化剧烈，导致部分设备价格不确定性增加，对投资测算有较大影响。

由于海上风电送出工程造价与风机年利用小时数、海况、上网电价、征地费用、折现率等相关，本书仅选取典型参数对造价进行测算，结论仅供参考。实际情况下的交、直流方案经济性对比还需根据实际参数进一步测算。

1.2.7.3　海上风电成本仍有很大下降空间，对沿海经济发展具有强劲拉动作用

海上风电规模化发展和产业技术进步将使得硬件成本明显降低，单机容量提升以及建安、运维等配套产业的发展则将使得非硬件成本快速下探。因此，加大科研攻关力度，培养相关技术人才，提升中高端产能，建设健全配套产业，充分发挥海上风电产业的聚集效应和规模效应，将会使海上风电成本大幅下降，早日实现海上风电去补贴、风火同价等降本目标。

海上风电对我国经济，特别是沿海地区经济具有重要价值。一是直接降低能源成本。我国沿海省份经济发达，总耗能约占全国的一半，海上风电可以在东部经济中心就近消纳，对加快能源转型进程，保证能源供给安全，降低能源经济成本具有重大意义。二是有利于地区经济结构的升级。广东阳江、江苏如东等地都在打造世界级海上风电基地，将形成多个千亿级产业集群。三是可以加快产业升级。海上风电涉及众多装备制造的尖端技术，产品和技术的进步既可以创造经济收益，又将促进海上风电乃至技术相关的其他行业的发展，形成良性循环。四是能够为实施海洋强国战略提供支撑。发展海上风电与我国建设海洋经济的国家战略高度契合，海上风电与海洋牧场等可以融合发展，还可以为海工装备业培育新的增长点。

1.3 海上风电支撑我国能源转型发展的战略思路、目标与举措

1.3.1 战略思路

全面贯彻落实党的二十大及各届全会精神，以习近平新时代中国特色社会主义思想为指导，坚持"五位一体"总体布局和"四个全面"战略布局，坚持创新引领、绿色低碳、美丽生态发展理念，构建清洁低碳、安全高效的能源体系，推进能源生产和消费革命。坚持把碳达峰碳中和作为目标导向，坚持把科技创新作为引领海上风电发展的第一动力，以产业链构建和升级为主线，推进海上风电健康有序发展，促进能源低碳转型与海洋强国建设。

1.3.2 战略目标

"十四五"时期是海上风电的关键培育期。到 2025 年，初步建立 10MW 级风电装备产业链，完成海上风电设计、关键设备、基础支撑、运输安装、运行维护等关键技术研发，开展深海风电场开发成套关键技术研究及示范，通过技术进步和产业协同逐步实现平价上网，步入良性循环。到"十四五"末，全国海上风电累计装机容量预计超过 6000 万 kW，其中广东 1500 万 kW、江苏 1500 万 kW、山东 1000 万 kW。各省"十四五"时期海上风电装机规划见表 1.3。

表 1.3 各省"十四五"时期海上风电装机规划

省份	"十四五"时期新增海上风电/万 kW	到 2025 年累计海上风电/万 kW
辽宁	50（预计）	290
山东	1000	1000
江苏	909	1500
浙江	450	640
上海	30	60
福建	500（预计）	600

续表

省份	"十四五"时期新增海上风电/万 kW	到 2025 年累计海上风电/万 kW
广东	1400	1800
广西	300	300
海南	120	120
合计	超过 5000	超过 6000

2026～2035 年是海上风电的产业成熟期。到 2035 年，10MW 级海上风电装备产业链完全成熟，15MW 级风电机组实现样机试运行，实现小规模应用，海上风电实现全面平价。2035 年中国海上风电总装机规模预计达到 1.3 亿 kW，其中广东、江苏、山东、福建是未来海上风电发展的重点区域。部分沿海省份海上风电装机长期规划如表 1.4 所示。

表 1.4 部分沿海省份海上风电装机长期规划

省份	核准装机/万 kW	规划装机/万 kW
山东	120	2200
江苏	770	1500
浙江	225	647
福建	380	1330
广东	3600	6685

1.3.3 战略举措

1.3.3.1 摸清家底，统筹开发

加大海上风电资源勘察力度，准确掌握近海风电的资源储量、分布特性，尽早掌握深远海的风能资源储量、分布情况。根据中国地理、气候特点，采用地理信息系统分析技术，建立资源评估体系，针对我国海岸线长，各地海洋/地质环境差异大、开发条件各异的特点，随着开发技术的快速迭代确定最新的技术经济可开发量。

强化中央层面的统筹与监管，进一步推进集约化开发。在落实"放管服"的同时，调控海上风电发展节奏，支持东部沿海地区加快形成海上风电统一规划、

集中连片、规模化滚动开发态势；借鉴欧洲经验，同一基地归由一个开发主体开发，由电网统一负责外送电力设施的规划和建设，减少不必要的重复投资。

1.3.3.2 源网协同，有序建设

根据海上风电发展趋势和政策要求，结合负荷发展和大型电源基地规划，根据电源规划关键点，合理安排海上风电建设时序，推动电网建设匹配电源开发，解决电源送出"卡脖子"问题。同步配套建设相应容量的调峰调频电源，解决大规模海上风电接入给电网带来的调峰调频问题，确保电网安全稳定运行。

开展海上风电集中送出模式研究，探索推动吉瓦级示范项目建设，统一项目资源、电网规划，形成集中连片远距离送出的新态势。开展海上风电大规模接入出力对系统供应及安全运行影响的风险研究，深入研究风电机组涉网参数对系统运行特性的影响，推动风电机组涉网参数并网检测试验的抽检工作。

1.3.3.3 多措并举，高效消纳

"源-网-荷"齐发力，深挖海上风电消纳的技术潜力。在电源环节加大技术改造力度，充分挖掘现有电源调节能力；加快调峰电源建设，提高灵活调节电源比例；控制海上风电建设节奏，优化电源布局。在电网环节加快跨省跨区通道建设，扩大海上风电消纳市场；加强电网统一调度，发挥大电网综合平衡能力。在用户环节推进电能替代，增加海上风电消纳空间；引导用户参与需方响应，改善负荷特性。

政策引导和市场机制配合，多措并举、综合施策，促进海上风电消纳。着力打破省间壁垒，构建全国电力市场体系，建立有利于海上风电消纳的市场机制。

1.3.3.4 科技创新，规范标准

加强自主科技创新，在交/直流并网技术经济分析、并网关键技术研发、运行控制优化、新型技术运用等方面开展深入而系统的研究；构建海上风电并网技术研发体系，形成兼具引领性和创新性的综合应用示范平台，突破部分关键技术装备"卡脖子"问题。

加快海上风电并网及各环节标准、规范研制，推动国家级海上风电检测认证基地建设；加强大功率海上风电机组、关键部件、基础支撑结构等关键装备的检测和认证，提升设备可靠性和海上风电利用率，保障海上风电高质量发展。组织

建立统一的海上风电并网验收规范、调度评价机制和调度运行规范，制定风电场调度管理考核指标体系，实现海上风电调度管理全链条制度标准全覆盖，保证海上风电安全、规范入网。

1.4　政　策　建　议

1.4.1　科学规划，尽快制定海上风电有序开发行动方案与产业发展政策

在"十四五"及中长期能源及相关规划编制过程中，突出海上风电开发的重要性，制定有针对性的政策法规。在推进落实碳达峰碳中和目标大背景下，尽快明确和制定海上风电有序开发行动方案，大力培育支持海上风电全产业链一体化发展，加快推进海上风电重大装备和关键零部件全面国产化，打造"中国制造"新名片，推进海洋强国建设。

国家部委牵头，制定相应的产业发展政策，推行海上风电领域项目认证和发证检验监督机制，引导多行业积极参与，培育保险与再保险、第三方担保、托管服务等实施跨行业合作，逐步建立和完善我国海上风电领域测试认证技术规范和标准体系、风险评估以及监督机制。

1.4.2　因地制宜，建设"海上风电母港"

"海上风电母港"是指海上风电开发建设和运行维护所依托的专业港口，具有制造、物流、存储、组装、海上出运等功能，母港可在最大限度上减少海上作业的工作量，减少船机等待时间，大大提高海上作业效率。建议由政府部门牵头做短期、中期及长期的清晰规划。在政府、开发商等海上风电产业相关利益方共同努力下，减少重复投资，逐步建立工程母港的聚集效应，对项目成本降低发挥不可替代的作用，为新技术的研发起到引领作用。

1.4.3　财税支持，优化完善海上风电补贴机制

建立阶段性退坡补贴机制，中央财政补贴逐年下降 0.1 元/（kW·h），直至

2024 年底；调动地方财政补贴积极性，通过补贴实现海上风电产业链延伸和推动地方经济转型升级的良性循环；探索财政补贴模式，改度电固定补贴为项目定额补贴，提高财政使用效率；借鉴英国经验，在刚刚付诸实施的可再生能源消纳保障机制中，加大海上风电消纳电量的折算系数。

1.4.4 创新引领，大力支持海上风电全产业链科技体系构建

利用"十四五"窗口期，聚焦海上风电全产业链"卡脖子"问题，设立海上风电国家重点研发计划专项，加大科技攻关力度，提高装备国产化率，推动前沿技术实现突破；开展全寿命周期多维度技术经济评价，建立引导海上风电科技创新的差异化政策扶持机制；在科研体制方面，探索面向国家需求的新型创新合作机制、激励机制。

1.4.5 以人为本，加快海上风电创新型人才培育

加快形成务实管用、相互衔接的人才制度政策，完善人才引进、使用和保障机制，减少中间环节，推动人才智力转化为创新成果。大力吸引和保护高层次顶尖人才，聚焦"高精尖缺"，着眼人才引进培养使用全链条、着眼长远发展，解决根本问题，全面加强人才教育和培养。加快创新型人才培养，搭建有利于人才创新发展的良好平台，促进引才、育才与用才有机结合，形成广开进贤之路与培育自身人才队伍齐头并进的生动局面。

1.4.6 接轨交流，促进海上风电产业国际合作

推进海上风电技术在产业、管理模式上与国际接轨，也有助于加强和国际市场的沟通和联系，使之认可我国海上风电的风险管控能力，利于防范保险市场的风险，消化富余产能，参与国际竞争。加强对外的行业性交流，探讨并借鉴欧洲海上风电项目竞争配置办法，明晰我国的中长期竞争性发展思路、技术发展路线。借鉴英国、德国、丹麦等成熟市场发展经验，探索产业高质量、可持续发展道路，有利于产业平稳健康发展。

第 2 章

海上风能资源初步评估

2.1　海上风能资源评估方法

2.1.1　基于数值模拟的海上风能资源评估技术

观测资料法和数值模拟法是最常用于风能资源评估的方法，在海上观测数据较少的情况下，通常采用数值模拟法。海上风能资源与陆上风能资源具有明显的差异性，如洋流运动影响上方大气温度、风速、风向等，单纯的大气预报模式难反映洋流运动对大气风速、风向的影响，因此本书利用海-气-浪耦合模式对海上风能资源进行模拟。基于数值模拟的海上风能资源评估主要步骤如图 2.1 所示。

（1）下载海岛地形资料、海温资料、再分析资料、气象观测资料等。

（2）安装调试海-气-浪数值耦合模式，设置适合我国海域的模拟参数，输入各类数据，模拟得到长期的气候资源数据。

（3）结合地质、地貌等开发条件和资源开发技术等，统计分析气候模拟数据，对风能资源进行评估。

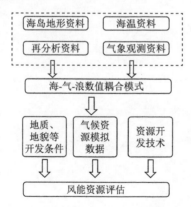

图 2.1　基于数值模拟的海上风能资源评估

2.1.2　海-气-浪模式耦合技术

海-气-浪耦合模式的子模块分量包括新一代中尺度大气模式 WRF（weather research and forecast）、第三代海浪模式 WaveWatch-Ⅲ 和普林斯顿大学发展的海洋数值计算模式 POM（Princeton ocean model），逐一介绍如下。

1. 中尺度大气模式 WRF

WRF 是美国国家大气研究中心主导开发的，用于天气模拟和预测的数值模式，本书项目利用 WRF 作为资源模拟与预报的大气模式。

2. 海洋数值计算模式 POM

POM 是由美国普林斯顿大学的 Blumberg 和 Mellor 于 1977 年共同建立起来的一个三维斜压原始方程数值海洋模式，后经过多次修改成为今天的样本，是在当今国内外应用较为广泛的河口、近岸海洋模式。该模式现已被成功应用于国内外的许多区域。20 世纪 80 年代该模式就被相继应用于墨西哥湾、哈得孙河口和北冰洋，进入 20 世纪 90 年代后，该模式又被应用于地中海。POM 对于中国海洋的数值模拟研究也有巨大贡献。

3. 第三代海浪模式 WaveWatch-Ⅲ

WaveWatch-Ⅲ 是 Toiman 在 WAM（wave model）的基础上发展起来的全新的第三代海浪模式，是美国国家海洋环境预报中心的业务化海浪预报模式，本书项目所用版本是 2.22。它提供了同化模块接口，但没有发布可用的同化模块。

海气相互作用是通过海-气界面的动力过程和热力过程等物理过程来实现的。在海-气界面的动力过程中，大气主要通过动量通量来影响海洋，动量通量主要指风应力，大气通过风应力驱动海水流动形成海流，并促进海水的垂直交换，同时风应力驱动海洋并产生海浪，而海浪的充分成长将改变海面粗糙度并影响大气的状态。在海-气界面的热力过程中，大气主要通过感热通量、潜热通量、长波辐射和短波辐射等热通量来影响海洋，海洋则通过海表面温度的改变来影响大气，海-气界面温差的改变常常影响海-气之间的热交换，从而影响大气的运动。

海洋模式与气象模式的耦合方法中，既有直接耦合的方式，又有基于"耦合器"建立的海气耦合模式，所选的耦合器多为发展较为成熟的法国 OASIS（ocean atmosphere sea ice soil）耦合器。采用了耦合器后，用户只需了解耦合器的接口而不必深究其内核，就可以方便地把自己的子模式连接到耦合器上，从而与其他部分一起构成一个完整的海气耦合模式。采用耦合器技术，便于海气耦合模式各子模式的发展和维护，代表了海气耦合模式的主流技术发展方向。基于耦合器且非通量订正的海气耦合模式是区域海气耦合模式发展的主流方向。区域海气耦合模式多采用"非通量订正"的耦合方式，但在部分区域针对有明显偏差的通量，亦采用了"通量订正"技术。需要注意的是，"非通量订正"的耦合方式能够保证海-气界面通量的守恒，"通量订正"后则破坏了该守恒性。因此，本书课题组开展了基于耦合器且无通量订正的海气模式耦合方法研究。

耦合模式采取信息双向交换的方式，如图 2.2 所示，交换的信息主要包括大气模式、海洋模式和海浪模式的有关物理参量，这些参量包括 WRF 每时步计算的海面风场、动量通量、热量通量、海面粗糙度等；POM 每时步计算的海表面温度（sea surface temperature, SST）、海洋流场等；WaveWatch-Ⅲ 计算的海浪诱导应力、海面粗糙度等。由于 WRF、POM 和 WaveWatch-Ⅲ 是 3 个独立的模式，在耦合过程中进行信息交换时，涉及各物理量的单位/符号转换、信息交换频率（使能捕捉中尺度过程）、海陆标志匹配、格点内插与平滑以及参量守恒性保证等，两个模式中叉点和逗点经纬度、海陆标志、时间步长以及维数等参数在耦合模式积分开始前需要从大气模式传递到海洋（海浪）模式或者反之。海洋模式上边界由当前时次大气模式预报的海面风应力、感热通量、潜热通量、净长波辐射通量和吸收的太阳净短波辐射通量强迫。大气模式底边界如果为陆面，则由地面能量平衡预报的地面温度强迫，如果为海洋且位于耦合区域内，由上一时次海洋模式预报的 SST 强迫。位于耦合区域外的其他区域则由周平均 SST 强迫。

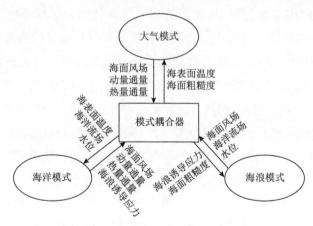

图 2.2　海-气-浪作用过程示意图

本书利用 Linux 下进程间通信中的共享内存及信号量技术作为各子模式之间数据传递的通道，并以大气、海洋、海浪之间的相互作用为物理基础，建立起高分辨率的耦合模式系统。各子模式同步运行，每 15min 交换一次数据。

2.1.3 模式设置及模拟结果验证

本书通过敏感试验选取海-气-浪耦合模式以适合我国海域的物理参数化组合，模式垂直划分为 38 层，为模拟海表风速和风廓线，海表 100m 以内设置 5 层加密网格；水平模拟网格方面，划分 3km×3km 分辨率网格，模拟区域涵盖我国四大海域，并进行适当扩展。

本书采用海-气-浪耦合模式，对我国四大海域 1981～2010 年 100m 高度的风能资源时空分布进行了模拟。通过与海边两个气象观测站点的观测数据及大气模式模拟结果对比表明，模拟风速、温度数据具有较可靠的精度，如图 2.3 所示，其中风速的平均相关系数为 0.88，均方根误差为 0.893m/s，可以用于海上风能资源评估。

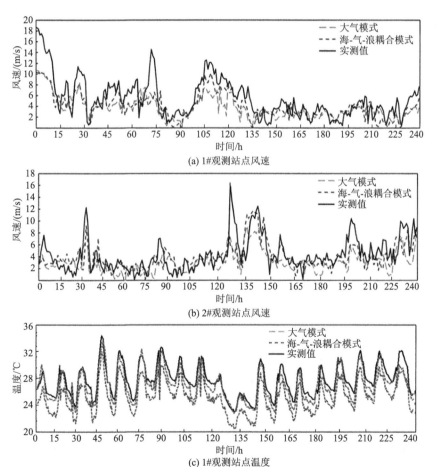

(a) 1#观测站点风速

(b) 2#观测站点风速

(c) 1#观测站点温度

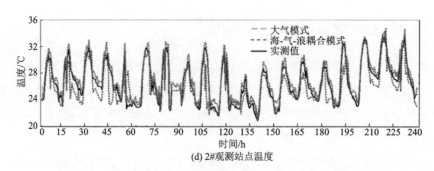

(d) 2#观测站点温度

图 2.3　海-气-浪耦合模式对海边两个气象观测站点的风速和温度的模拟结果与大气模式和实测值对比

2.2　海上风能资源评估

2.2.1　海上风能资源概况

我国海上风能资源丰富，且不受地形影响，风能资源分布相对均匀。随着从海岸线向海面延伸，风能资源迅速增加，100m 高度平均风速在海岸线附近约为 6m/s，平均风功率密度为 350W/m^2，到离岸 25km 时平均风速达到 8m/s 以上，平均风功率密度可达 400W/m^2，而在风能资源最丰富的台湾海峡附近，离岸 25km 时平均风速可达到 10m/s 以上，平均风功率密度可达 1000W/m^2。不同海域风能资源有较大差异，风能资源最丰富地区位于东海的台湾海峡地区，向南和向北逐步减少。台湾海峡平均风速和平均风功率密度均为最大，分别为 12m/s 和 1200W/m^2；其次为黄海，近海平均风速和平均风功率密度分别为 8m/s 和 500W/m^2；南海风能资源分布不均衡，自东向西呈逐步减少趋势；渤海区域风能资源最少。

在不考虑海面规划应用（如养殖、航道等）的情况下，仅考虑 0～50m 海深、平均风功率密度大于 300W/m^2 区域的开发面积，我国四大海域的开发总面积达到 37.6 万 km^2，按照平均装机密度 8MW/km^2 计算，海上风电装机容量可达到 3008GW，如表 2.1 所示。其中黄海开发面积最大，达到 17.6 万 km^2，装机容量达 1408GW；其次为东海，开发面积约 7.7 万 km^2，风电装机容量约 616GW；渤海开发面积约 6.9 万 km^2，风电装机容量约 552GW；南海开发面积约 5.4 万 km^2，风电装机容量约 432GW。

表 2.1　我国不同海域开发面积与装机容量

海域	海深小于 50m 开发面积/万 km^2	可装机容量/GW
渤海	6.9	552
黄海	17.6	1408
东海	7.7	616
南海	5.4	432
合计	37.6	3008

　　为评估不同海域的风能质量和开发条件，对满发风速、切出风速和破坏性风速的频率进行统计。满发风速、切出风速和破坏性风速的定义见表 2.2，满发风速为 15～25m/s，切出风速为 25～35m/s，破坏性风速为 35m/s 以上。

表 2.2　不同风力等级定义　　　　　　　（单位：m/s）

定义	满发风速	切出风速	破坏性风速
风速范围	15～25	25～35	35 以上

　　东海地区的满发风速频率最高，可达 20%；黄海、渤海和南海的部分地区的满发风速频率小于 5%。渤海、黄海的切出风速和破坏性风速频率接近 0%；东海的切出风速频率最高，可达 5%，破坏性风速频率接近 0.1%。

2.2.2　不同海域风能资源评估

1. 东海

　　东海地区风功率密度为 500～1200W/m^2，满发风速频率为 11%～20%，风能资源非常丰富。台湾海峡风功率密度高于 1000W/m^2，属于风功率密度最大的地区，但切出风速频率也较大，最大可达 5%，破坏性风速频率接近 0.1%。需要注意的是，台湾海峡近海海底坡度较大，海深较大，因此开发条件较差。东海北部地区风能资源相对较弱，但开发条件优于台湾海峡。

2. 黄海

　　黄海地区风功率密度为 320～600W/m^2，满发风速频率为 3%～14%，北部风能资源优于南部，北部切出风速和破坏性风速的频率接近 0%，南部切出风速频率为 0.1%～0.4%，破坏性风速频率小于 0.03%，且海底地形平坦，开发条件较好。

3. 渤海

渤海地区风功率密度为 300～560W/m²，满发风速频率为 3%～11%，风能资源相对较弱。但渤海地区海底地形平坦，具有较好的开发条件，并且切出风速频率低于 0.2%，几乎不含破坏性风速。

4. 南海

南海地区风能资源较好，风功率密度为 300～700W/m²，满发风速频率范围较大，为 0%～18%。切出风速频率相对较大，小于 2%，破坏性风速频率低于 0.04%。海底地貌较为平坦，开发条件优良。

2.3　总结与展望

本书利用海-气-浪数值模拟对我国海域风能资源进行模拟，得到时长 30 年、水平分辨率为 3km × 3km 的网格化风能资源数据。对我国 0～50m 海深、平均风功率密度大于 300W/m² 的开发面积和装机容量进行估算，并对影响风能资源开发的特征进行评估。但是在开发面积和装机容量计算过程中，考虑的条件较为简单，没有考虑海域地质活动区域，已规划或规划中的航道、港口、盐场、养殖区和军事活动区等，所得开发面积和装机容量远比实际大，这将成为下一步主要工作内容。

第 3 章

大规模海上风电开发对我国电网格局的影响

3.1　我国电力流及电网格局现状

我国能源资源总体呈现"富煤、贫油、少气、可再生能源丰富"的特征，各分区资源禀赋与经济社会发展存在较大差异，能源资源主要分布在西部和北部地区，能源需求主要在中东部地区，呈现能源资源逆向分布的特点，这种布局决定了我国"由西向东、自北向南"的总体能源流向，各区域间能源交换以煤炭、电力为主。

从全国各区域的能源定位看，西北及内蒙古等地区建设化石能源和可再生能源大型综合能源基地，保障全国能源平衡。西南地区建设金沙江等大型水电基地，同时大力发展川渝天然气，随着水能资源开发逐步饱和，未来能源输出逐步减少。东北地区能源消费增长乏力，大力发展新能源和可再生能源，实现供需平衡。华北京津冀、华中东四省及华东地区均为缺能地区，主要依靠区外送入能源，区内发展分布式可再生能源，沿海地区发展核电并可以通过海运进口部分能源。南方地区为缺能地区，云南随着水电开发逐步饱和，外送能力逐步达顶，广东、广西具备建设沿海核电的条件，并可通过海运进口部分能源，其余能源主要靠区外补充。

当前，我国已经形成了东北、华北、华中、华东、西北、南方六个大型区域电网。其中，西北电网以 750kV 交流为主网架；华北电网和华东电网已经建有 1000kV 交流特高压工程，主要发挥作用的仍然是 500kV 网架；其他区域均以 500kV 为主网架。我国中长期能源格局将呈现如下趋势：西北作为我国主要的综合能源基地，是未来能源开发外送的重点地区，主送华中、华东和南方；华中属于能源匮乏地区，主要依靠区外送入；东北能源基本可实现自平衡，蒙东主送黑吉辽、兼顾外送；华北是我国主要的能源基地，在保障京津冀鲁用电基础上，主送华中、华东和南方；华东同属缺能地区，具备建设沿海核电条件，但其余能源主要由区外补充；南方属于缺能地区，广东、广西具备建设沿海核电条件，其余能源主要由区外补充。

3.2　海上风电并网基本模式及典型场景

3.2.1　我国海上风电并网的基本模式

并网模式 1：各海上风电场分别通过 220kV 交流输电海缆送出后在陆上汇集，如图 3.1 所示。

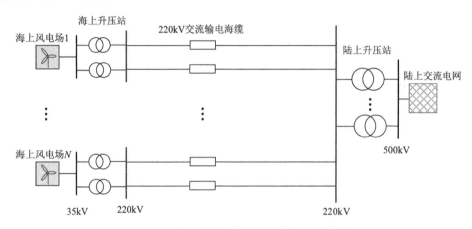

图 3.1　海上风电场集群并网模式 1 示意图

并网模式 2：各海上风电场分别通过 220kV 交流海缆在海上汇集补偿后，再通过 220kV 交流集中送出，如图 3.2 所示。

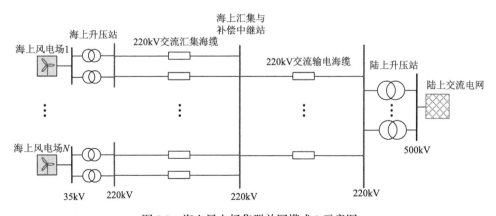

图 3.2　海上风电场集群并网模式 2 示意图

并网模式 3：各海上风电场分别通过 220kV 交流海缆在海上汇集补偿后，再通过±320kV 柔性直流集中送出，如图 3.3 所示。

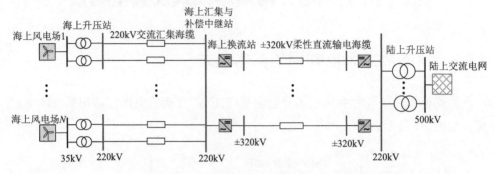

图 3.3　海上风电场集群并网模式 3 示意图

并网模式 4：各海上风电场分别通过 220kV 交流海缆在海上汇集补偿后，再通过±320kV 柔性直流和 220kV 交流并联方式集中送出[1,2]，如图 3.4 所示。

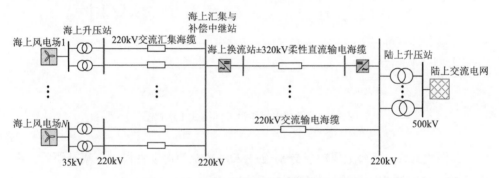

图 3.4　海上风电场集群并网模式 4 示意图

3.2.2　基于能源枢纽岛的粤港澳大湾区海上风电并网模式研究

3.2.2.1　欧洲北海海上风电枢纽计划简介

为实现《巴黎协定》的 2050 年温室气体净零排放的目标，受北海能源合作组织长期战略计划推进的影响，2023～2040 年，北海海上风电装机容量将从 2020 年的年增长 2GW 提升至年增长 7GW。为达到这一目标，欧洲规划了北海海上风电枢纽计划，其核心内容是利用枢纽-辐射（hub and spoke）的概念来协调海上风电场的互联和大规模输送风电，并将电能和氢能的转化与输电相结合，以此优化枢纽与海岸的连接，最大限度地发挥海上风电与沿海和内陆负荷中心的协同作用。

该计划将海上风电传输和汇集基础设施结合以发挥协同作用来提高资产利用率，降低其相对成本，通过模块化设计分阶段实施项目，合理考虑其规模、开发时间以及投资之间的平衡。该计划以 10～15GW 的中型海上风电枢纽岛为目标，将电能传输至岸上，在实现之后（约 2030 年），进一步开发更大规模的大型枢纽站，并且增加海上制氢项目。

3.2.2.2　粤港澳大湾区海上风电能源枢纽化并网方案研究

1. 粤东潜在能源枢纽岛研究

对粤东深水场址附近进行自然岛搜索：采用高程地图栅格计算器将陆地部分筛选，再搜索粤东海域可能存在的自然岛。搜索结果表明粤东深水场址附近无合适自然岛。

人工岛范围优选：采用高程地图对粤东海域水深进行测量（排除水深大于 40m 的海域），并结合广东省自然资源厅发布的海域功能区划（排除渔业、航运、生态红线、海洋内波、地震带等限制海域），初步优选人工岛范围。如图 3.5 所示，黑色椭圆虚线范围内为初步优选人工岛的范围。黑色实线为领海线，此线外为专属经济区，在此区域内沿海国拥有以勘探、开发、养护和管理海床和底土及其上覆水域的自然资源为目的的主权。

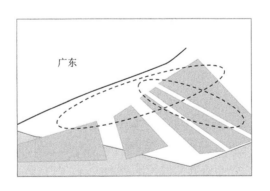

图 3.5　粤东人工岛位置优选范围

2. 粤东深水场址海上风电枢纽化接入初步优化

本节基于人工岛优选范围，选取粤东深水场址，开展不同汇集规模下的并网经济性研究，设置方案如图 3.6 和表 3.1 所示。

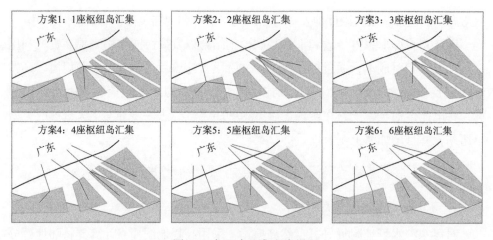

图 3.6　枢纽岛汇集方案设置

表 3.1　汇集方案设置

方案	汇集规模/MW	枢纽岛数量/座	平均汇集距离/km	平均输电距离/km
方案 1	47500	1	61.91	60.30
方案 2	21500+26000	2	45.92	53.84
方案 3	14000×2+19500	3	42.25	57.46
方案 4	14000×2+12000+7500	4	39.97	58.81
方案 5	7000×4+19500	5	26.83	63.59
方案 6	7000×4+12000+7500	6	27.69	62.42

　　根据地图估算出平均汇集距离与平均输电距离，计算得到并网成本，结果如图 3.7 所示。

　　可以看出，在所有并网方式下，方案 1 的并网成本都是最高的，这是由于汇集规模过大时，平均汇集距离增加导致并网成本增加。另外，从方案 1 与方案 2 的 500kV 交流与 220kV 交流并网方式的成本来看，规模效应给 500kV 并网方案带来的成本降低比较显著，同样的结论在方案 5、方案 6 中也能得到体现。

　　在所有并网方式中，方案 5、方案 6 成本相对较低，其中，220kV 交流并网方式下是方案 6 最优，500kV 交流与±320kV 直流并网方式下最优方案均为方案 5。

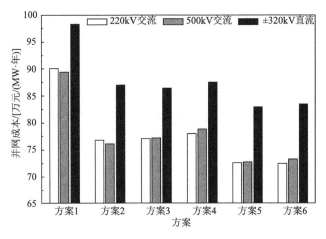

图 3.7　不同方案的并网成本

3. 方案敏感性分析

为明确输电距离、汇集距离以及人工岛建设成本对并网成本的影响，对本节涉及的方案进行敏感性分析，结果如表 3.2 所示。

表 3.2　敏感性分析　　　　　　（单位：%）

对比项	并网方式	方案 1	方案 2	方案 3	方案 4	方案 5	方案 6
人工岛成本±10%	220kV 交流	0.59	0.90	1.08	1.19	1.33	1.46
	500kV 交流	0.59	0.91	1.07	1.17	1.32	1.44
	±320kV 直流	1.18	1.69	2.00	2.18	2.40	2.60
输电距离±10%	220kV 交流	3.62	3.86	4.09	4.13	4.68	4.69
	500kV 交流	3.58	3.80	4.10	4.20	4.70	4.76
	±320kV 直流	1.92	2.20	2.43	2.56	2.89	3.01
汇集距离±10%	220kV 交流	5.27	4.63	4.23	4.08	3.34	3.19
	500kV 交流	5.30	4.68	4.22	4.04	3.33	3.15
	±320kV 直流	5.49	5.00	4.83	4.78	4.17	4.12

220kV 与 500kV 交流并网方式对输电距离的变化更加敏感，±320kV 直流并网方式对汇集距离更加敏感，且汇集规模越大，汇集距离影响越大，汇集规模越小，输电距离影响越大[3,4]。此外，无论是哪一种并网方式，人工岛成本在汇集规模较小时影响均较大。

值得注意的是，方案 5 的 220kV 交流并网方式与 500kV 交流并网方式相差不大，考虑存在地图估算精度问题，可对此方案作进一步的优化，如优化汇集路径、输电路径以达到更低的并网成本。

综上，结论如下。

（1）粤东深水场址可考虑采用 220kV 交流并网方式与 500kV 交流并网方式。

（2）宜采用 5～6 座枢纽岛，单座枢纽岛汇集规模宜在 7000～12000MW。

（3）粤东深水场址平均输电距离在 50～65km，±320kV 直流并网方式在此输电距离上不具备经济性。

（4）在汇集规模较小时，输电距离对并网成本的影响较大，汇集距离对并网成本的影响较小；汇集规模较大时，输电距离对并网成本的影响较小，汇集距离对并网成本的影响较大。

（5）220kV、500kV 并网方式对输电距离的变化更加敏感，而±320kV 对汇集距离的变化更加敏感。

其他条件不变，人工岛成本变化时，最优方案的边界条件分析结果如图 3.8～图 3.10 与表 3.3 所示。

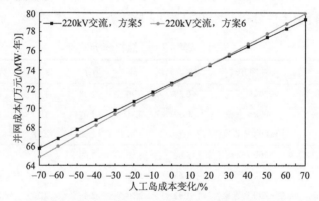

图 3.8　220kV 交流并网方式敏感度分析

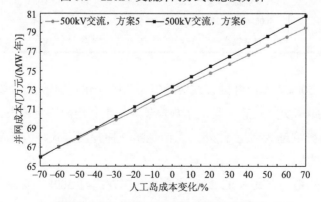

图 3.9　500kV 交流并网方式敏感度分析

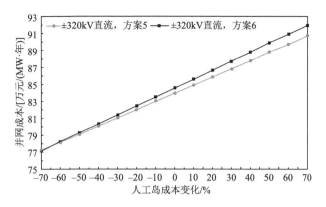

图 3.10　±320kV 直流并网方式敏感度分析

表 3.3　最优方案边界条件分析

并网方式	人工岛成本			
	降低超过 65.13%	降低 61.97%～65.13%	升高不超过 10.50% 降低不超过 61.97%	升高超过 10.50%
220kV 交流并网	方案 6	方案 6	方案 6	方案 5
500kV 交流并网	方案 6	方案 6	方案 5	方案 5
±320kV 直流并网	方案 6	方案 5	方案 5	方案 5

结论如下。

（1）人工岛成本升高超过 10.50%时，三种并网方式下，方案 5 均为最优方案。

（2）人工岛成本升高不超过 10.50%、降低不超过 61.97%时，500kV 交流并网、±320kV 直流并网方式下方案 5 为最优方案，220kV 交流并网方式下方案 6 为最优方案。

（3）人工岛成本降低 61.97%～65.13%时，220kV、500kV 交流并网方式下，方案 6 为最优方案，±320kV 直流并网方式下方案 5 为最优方案。

（4）人工岛成本降低超过 65.13%时，三种并网方式下，方案 6 均为最优方案。

3.3　未来电力需求/电源/电力流趋势 及海上风电发展定位

3.3.1　我国未来电力需求/电源/电力流总体趋势

3.3.1.1　电力需求发展趋势

一是全社会用电量将稳步增长，增速前高后低，2035 年后增速放缓，东部发达地区将率先趋于饱和。二是终端能源消费"新型电气化"进程加快，大力实施电能替代，电能占终端能源消费比重大幅提升。三是以节能为先，广泛应用节能设备，践行绿色用能举措。四是产业结构持续优化，高附加值低能耗产业占比不断提升，单位 GDP 能耗水平持续下降。

终端用能电气化水平大幅提升，推动用电需求大幅增长。当前，工业、建筑领域电气化水平不足 30%，交通领域电气化水平仅 5%左右。随着"新型电气化"进程加快，工业、建筑、交通三大领域终端用能电气化水平将大幅提升，远景 2060 年工业、交通领域有望提升至 50%左右，建筑领域提升至 75%左右，新增用电潜力超过 7 万亿 kW·h。随着电制氢技术及产业发展，将新增用电潜力 2 万亿 kW·h 左右。预计 2030 年我国全社会用电量达 11 万亿 kW·h，电能占终端能源消费比重达 33%，相比 2020 年提升 6 个百分点。初步估计 2060 年我国全社会用电量达到 17 万亿 kW·h，相比 2030 年增长 50%以上，电能占终端能源消费比重提升至 60%以上。

单一供用电模式向源网荷储互动、电热冷气多元融合模式转变，满足用户多样化互动用能需求，提升能源综合利用效率。在机制激励、能量存储与转换技术和信息技术的支撑下，电网与天然气管网、绿氢传输网、热力网、交通运输网、信息通信网将高度融合，实现传统"源随荷动"、各能源品种独立供应的低能效模式逐步向"源荷互动"、多能源互补融合与协同优化的高能效模式转变，负荷侧的各能源品种将共同为新能源提供灵活调节资源，提升多能源协同优化和综合梯级利用水平。

负荷特性更加复杂。随着产业结构加快转型，分布式电源、储能、虚拟电厂的逐步推广，电动汽车反向放电技术应用规模越来越大，部分负荷将从无源负荷变为有源负荷，负荷特性愈加复杂。

全社会用电总成本进一步提高。新能源大规模接入及跨区调剂需要加大电网投资，同时系统还需投资配套相当规模的抽水蓄能、气电、储能等调节性电源。由于风电、光伏发电容量替代率低，需要一定规模的兜底保障电源为其提供容量备用，电源装机总规模将超出用电负荷数倍，增加系统冗余，提升总体成本。在电力商品属性逐渐还原的大趋势下，相关环节成本上升最终将传导至终端用户，推高全社会用电成本。

从南方区域看，目前南方区域全社会用电量占全国的比重达 17.2%，电能占终端能源消费的比重达 32%，高于全国平均水平约 5 个百分点。考虑近年来南方区域用电增长高于全国的实际，预计 2030 年，南方区域全社会用电量达 2 万亿 kW·h 左右，占全国比重超过 18%，电能占终端能源消费的比重提升至 38%以上。2060 年南方区域全社会用电量达 3.2 万亿～3.4 万亿 kW·h，占全国的比重进一步提升。

3.3.1.2　电源发展趋势

一是电源结构发生重大调整，新能源加快开发，装机及发电量占比大幅提升，成为主体电源。二是间歇性、波动性、反调峰性的新能源大规模接入，增大电源容量不确定性。三是新能源开发向集中式与分布式相结合的模式转变，风光水火储一体化、源网荷一体化等多元协调开发模式不断涌现。四是风电、光伏发电并网将大量电力电子设备带入电力系统，电力电子化特征日趋明显。

主要电源发展定位及特征将发生改变。水电和核电是保障新型电力系统电力电量供应的基础性电源，水电将充分发挥库容调节作用，与风电、光伏等新能源发电形成有效互补，核电应具备一定的调峰能力。煤电将从提供电力电量保障的基础性电源转为主要提供电力支撑的调节性电源，年利用小时数大幅下降，为系统提供灵活性服务，促进新能源大规模消纳。气电主要作为调节性和保安电源。抽水蓄能是目前最成熟、最经济的规模化储能方式，主要用于电力系统削峰填谷、紧急事故备用等。储能主要用于平抑新能源出力波动性及间歇性，提升系统调相、调频等性能，通过"新能源+储能"实现有效电力装机替代，提供可信的电力支撑。

大力推动核聚变、天然气水合物（可燃冰）、氢能等其他新能源品种的开发利用。未来仅依靠大规模发展风电、光伏，难以保障电力供需实时平衡和系统安全稳定运行，需要加快推动核聚变、可燃冰发电、分布式氢能发电等重大新型发电技术突破，弥补煤电、气电等化石能源发电大规模退出后的电力缺口。

"电从远方来"+"电从身边来"，多元化解决未来电力增量需求，促进新能源本地化安全高效消纳。从全国范围来看，我国近70%的用电需求集中在中东部和南方地区，但70%的水力资源分布在西南的四川、云南、西藏等地区，80%以上的陆上风能和太阳能资源分布在"三北"地区，能源逆向分布的格局决定了我国"由西向东、自北向南"的总体能源流向，"电从远方来"是保障中东部和南方地区未来电力供应安全和实现我国碳达峰碳中和目标的重要手段。此外，风电、光伏等新能源开发成本下降和利用效率提升，先进储能、小型先进反应堆、分布式氢能发电、氢燃料电池等技术进步，以及各环节价格形成和成本疏导机制健全，为"电从身边来"创造了有利条件，中东部和南方地区通过大力发展分布式电源和推广储能、核能、氢能利用，可逐步实现新能源自发自用、就地消纳。

新能源发电将逐步成为主体电源，电力供给实现绿色低碳发展，助力电力行业在碳达峰碳中和进程中发挥重要作用。我国水力资源技术可开发容量约6.8亿kW，预计到2030年装机规模达到4.5亿kW，按照年发电4000h计，可提供电量1.8万亿kW·h左右。已开展前期工作的核电站可支撑装机约3.6亿kW，其中沿海站址约2.0亿kW，预计到2030年装机规模达1亿kW，按照年发电7500h计，可提供电量7500亿kW·h左右。风光等新能源资源丰富，沙漠荒地光伏、建筑光伏、渔光互补等开发潜力超过70亿kW，陆地100m高度风能资源技术可开发量约110亿kW，海深0~50m海上风能资源潜在技术可开发量约30亿kW，预计到2030年风电、光伏发电等新能源装机达到15亿~17亿kW，提供电量2.7万亿kW·h以上。煤电、气电等化石能源装机达到14亿~15亿kW，提供电量5.3万亿kW·h左右。到2030年，我国水电、核电及新能源等非化石能源发电量占比将超过50%。

远景2060年考虑开发水力资源技术可开发容量的80%，装机规模约5.4亿kW，可提供电量2.2万亿kW·h左右。沿海核电站考虑全部开发，内陆核电在保障安全的前提下有序开发，预计到2060年核电总装机2.5亿kW，可提供电量1.9万亿kW·h左右。风光等新能源加快开发，预计到2060年装机达到65亿kW左右，占全部电源装机的70%以上，提供电量11万亿kW·h，约占全部电源发电量的 65%，成为主体电源。此外，为支撑间歇性、波动性、反调峰性的风光新能源大规模接入，保障电力系统安全稳定运行，应留存部分清洁灵活煤电机组，并适当发展一定规模的气电作为调节性兜底电源，未来煤电留存容量很大程度上将取决于碳捕集与封存（CCS）技术、生物质能-碳捕集与封存（bio-energy with carbon capture and storage, BECCS）技术以及核聚变、可燃冰、氢能等其他新能源技术的发展水平，初步预计 2060 年我国煤电、气电装机仍将保留8 亿~10 亿 kW，提供电量 1 万亿 kW·h 左右。综上，到 2060 年，我国水电、核电及新能源等非化石能源发电量占比将达到 90%以上，电力供给实现绿色低碳发展。

南方区域新能源资源富集程度不高，未来需依托全国及周边地区能源资源的优化配置大平台补充电力缺额。我国陆上风能资源主要分布在"三北"地区，具备建设大规模集中式光伏的荒漠荒地也主要分布在光照资源丰富的西北地区，南方区域风光等资源禀赋一般，可开发装机容量仅占全国的 3%左右。从清洁能源开发条件来看，南方区域水力资源技术可开发容量约 1.7 亿 kW，不考虑尚未明确开发的怒江流域梯级电站及已明确送区域外的电源后，预计 2030 年装机达到1.4 亿 kW，提供电量 5400 亿 kW·h。沿海核电站可支撑装机约 1 亿 kW，预计2030 年装机达到 3700 万 kW，提供电量 2700 亿 kW·h。风电、光伏发电开发潜力约 3.9 亿 kW，预计 2030 年装机达到 2.5 亿 kW，提供电量 4100 亿 kW·h。到2030 年，南方区域非化石能源装机占比提升至 65%，相比 2020 年提升 9 个百分点，发电量占比提升至 61%，相比 2020 年提升 8 个百分点。

远景 2060 年水电开发装机 1.5 亿 kW，提供电量 6000 亿 kW·h 左右。沿海核电站考虑全部开发，提供电量 7500 亿 kW·h。风电、光伏发电考虑全部开发，提供电量 7500 亿 kW·h。综上，远景 2060 年南方区域非化石能源发电量潜力合计约 2.2 万亿 kW·h，仅占电力消费需求的 2/3 左右，即使考虑保留部分煤电、气电等兜底保障性电源，仍需要依靠电网大平台从区域外引入一定量电力补充缺额。

3.3.1.3　电力流发展趋势

我国电网已经形成了东北、华北、华中、华东、西北、南方六个大型区域交流同步电网。实践运行经验表明，六个区域电网格局能够满足我国能源和电力的发展需求，能够满足用电增长的要求。未来我国电力需求平稳提升，中东部仍是用电中心，大型清洁能源基地分布于西部、北部。电力需求和资源禀赋逆向分布决定了"西电东送"和"北电南供"电力流格局不变，跨省跨区电力流规模还将继续扩大。

2025 年前，加快形成"三华"（华北、华中、华东）特高压同步电网和川渝特高压交流环网，统筹推进特高压直流通道建设。到 2025 年，"三华"建成"五横四纵"特高压交流主网架。西部加快形成川渝"两横一环网"特高压交流主网架；新建 7 个西北、西南能源基地电力外送特高压直流工程，总输电容量为 5600 万 kW；建成跨国直流工程 9 回（含背靠背工程 5 回），输电容量约 2775 万 kW。

2030 年前，初步形成东、西部两大同步电网，东部、西部电网间通过多回直流异步联网。"三华"建成"七横五纵"特高压交流主网架；西部建成"三横两纵"特高压交流主网架，西北特高压交流通道与 750kV 地区主网架互联，西南-西北通过果洛—阿坝的纵向特高压交流通道联网，构成西部交流同步电网；中南部形成"两横三纵"特高压交流主网架，通过 3 条特高压通道与"三华"特高压交流电网互联。新建 14 回西北、西南能源基地电力外送特高压直流工程，输电容量 1.12 亿 kW；推动跨国电网互联互通，重点建设中韩、中缅孟、中蒙、中巴联网通道；建成跨国直流工程 15 回（含背靠背工程 9 回），输电容量约 4250 万 kW。

远期全面建成坚强可靠的东部、西部同步电网。东部特高压交流电网进一步加强，"三华"与东北、南方分别加强互联。负荷中心新建特高压负荷站，增强特高压电网的负荷潮流疏散能力，进一步增强电网安全稳定性。特高压交流网架向西向北延伸至西藏、青海、新疆清洁能源基地，满足外送需要；扩建西北-西南特高压交流通道，增强西北和西南电网间的水风光互补互济能力。建设与周边老挝、印度、越南、蒙古等国家的特高压直流输电通道。2050 年、2060 年，我国特高压直流工程输电容量分别达到 4.9 亿 kW、5.1 亿 kW，跨国直流工程输电容量分别达到 1.79 亿 kW、1.87 亿 kW。

总的来说，2025 年，跨省跨区电力流总规模达到 3.6 亿 kW，跨国电力流达到 2775 万 kW。2030 年，电力流规模进一步扩大，跨省跨区电力流总规模达到 4.6 亿 kW，跨国电力流达到 4250 万 kW。2050 年和 2060 年，跨省跨区电力流将分别达到 8.1 亿 kW 和 8.3 亿 kW，跨国电力流分别达到 1.79 亿 kW 和 1.87 亿 kW。

3.3.2　海上风电发展定位

3.3.2.1　未来主力电源之一

以广东为例，根据广东电网中长期电源发展规划，在不考虑蒙西综合能源基地送电的情况下，到"十四五"末，广东电网将存在约 500 万 kW 的电力缺口，中长期电力供需形势依然严峻。

图 3.11 为海上风电装机规模及其发电量占广东用电量比重，2020 年海上风电装机规模为 1200 万 kW，海上风电发电量占广东用电量比重为 5.0%，随着海上风电的发展，装机规模逐年增加，预计在 2035 年海上风电装机规模将达到 3500 万 kW，海上风电发电量占广东用电量比重将达到 10.4%。海上风电的大规模装机发电并网，将有效缓解粤港澳大湾区电力供需压力，降低对大规模北电南送等远距离跨区送电的需求。

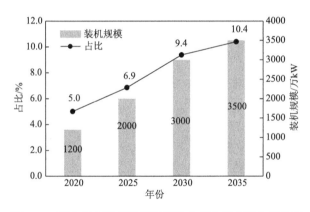

图 3.11　海上风电装机规模及其发电量占广东用电量比重

图 3.12 为广东未来电力的供需情况（不含新能源），由图可知，随着电力负荷逐年增长，从 2025 年的 16500 万 kW 增长至 2035 年的 19300 万 kW，电力缺口逐渐增大，预计至 2035 年电力缺口将达到 2500 万 kW，中长期电力缺口将进一步加大，广东电网中长期电力供需形势严峻，西电、煤电、水电无新增装机以及气电、核电、抽蓄新增装机较小的条件下，未来电力供需平衡很大程度上需要依靠新能源的大规模装机并网，根据《广东省海上风电发展规划（2017—2030 年）（修编）》，到 2030 年底，广东将建成投产海上风电装机容量约 3000 万 kW，海上风电正逐步成为粤港澳大湾区不可忽视的主力电源。

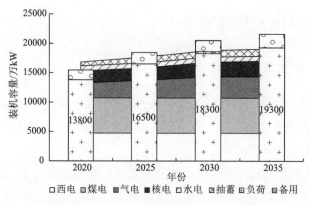

图 3.12　广东未来电力的供需情况（不含新能源）

3.3.2.2　未来能源转型的推动力

随着我国经济持续快速发展，环境保护与经济发展的矛盾日益突出，以节能减排为基础的低碳经济已成为保持社会可持续发展的战略举措。从世界范围来看，风能、太阳能、生物质能、海洋能、地热能等新能源已得到日益广泛的应用。

海上风电具有资源丰富、发电年利用小时数相对较高、技术相对高端的特点，是新能源发展的前沿领域，也是广东省可再生能源中最具规模化发展潜力的领域。发展海上风电将成为广东省优化能源结构、实现能源转型升级、促进装备制造业发展的重要举措[5]。

1. 发展海上风电是提高能源供应安全的有效措施

全球能源市场不确定性不断增加，以煤、石油、天然气为主的传统能源等供给和价格存在较大不确定性。贵州、云南等省份能源政策有所调整，远期外区送电存在回收的可能性。新一代核电技术仍需实践检验，公众对核电的安全性争议仍然较大，核电开发的压力日益增大。发展海上风电已成为广东省优化电源结构、提高能源供应安全、促进社会可持续发展的战略举措。

2. 发展海上风电可有效促进节能减排

根据《2022 全球海上风电大会倡议》内容，综合当前发展条件以及我国实现碳达峰碳中和目标的要求，到“十四五”末，我国海上风电累计装机容量需达到 1 亿 kW 以上，到 2030 年累计达 2 亿 kW 以上。届时，2 亿 kW 海上风电装机可等效节省标准煤约 1.74 亿 t，年减少二氧化碳排放约 4.628 亿 t。

3. 发展海上风电可促进海上风电装备制造骨干企业做强做大

以广东为例，上游：以整机制造带动上游零部件产业发展，在阳江建设海上风电产业基地，重点发展海上风电装备制造业。中游：依托明阳新能源投资控股集团有限公司风电产业基地，在中山建设海上风电机组研发中心。下游：在粤东建设海上风电运维、科研及整机组装基地。

3.4　海上风电开发对电网格局的影响研究

3.4.1　中长期电网格局研判

3.4.1.1　电网互联分析

1. 互联需求分析

1）东北与华北电网互联需求

东北区域与华北区域相邻的地区为河北省、辽宁省以及内蒙古自治区的蒙西、蒙东地区。河北省、辽宁省均为电力受入的省份，蒙西、蒙东地区均为电力送出的地区，相邻地区间没有通过加强电网互联来优化资源配置的需要。

2）西北与华北电网互联需求

华北区域与西北区域相邻的省份较多，山西省与陕西省相邻，内蒙古与陕西、宁夏、甘肃、新疆相邻。陕西、山西、宁夏、甘肃、新疆、内蒙古均为电力送出省份，相邻地区间没有通过加强电网互联来优化资源配置的需要。

3）西北与华中东四省电网互联需求

西北区域与华中东四省区域相邻的地区为陕西省、河南省及湖北省。陕西为电力送出省份，湖北、河南为电力受入省份，存在资源互济效益，但由于西北能源富集地区包括陕西陕北、新疆准东、青海海南海西、甘肃河西地区，距离华中东四省负荷中心在 1000km 以上，适宜利用直流方式向华中东四省地区送电。

4）西北与川渝藏电网互联需求

西北区域与川渝藏区域相邻的地区为新疆、青海、陕西、西藏、四川及重庆。除重庆外，其余省份均为电力送出省份。西北区域煤炭资源富集，有丰富的风力资源和太阳能资源，四川省水力资源极为丰富，梯级电站丰期电量效益巨大。西北区域风能资源的季节性强，其季节分布恰好与水能资源互补。四川电网与西北电网联网，既可以减少四川丰期弃水电量，又可以实现风光水互补，提高西北区域新能源消纳能力，有利于实现更大范围内的资源优化配置。

5）华中东四省与川渝藏电网互联需求

华中东四省的湖北省、湖南省与西南区域的重庆市相邻。华中东四省整体定位为电力受入地区，川渝藏电网定位为电力送出地区，"十三五"期间，华中东四省电网与川渝藏电网通过规划建设的渝鄂背靠背项目可实现电力资源互济，无再进一步加强互联的需求。

6）华中东四省与华北电网互联需求

华中东四省的河南省与华北区域的山西和河北两省相邻。华中东四省是电力受入地区，河北省也是电力受入地区，没有与河南电网联网的资源配置需要。华北能源富集地区主要位于山西省和蒙西地区，山西电力宜优先就近满足京津冀用电需求。

7）华中东四省与华东电网互联需求

华东电网西部福建、浙江、安徽地区与华中东四省电网东部河南、湖北、江西地区相邻。福建、浙江、江西均属于能源贫乏省份；安徽、河南虽具有一定煤炭资源，但已不能满足本省能源需求；湖北省水能资源丰富，但开发程度均较高，可供后续开发的资源有限。华东电网已通过多回直流输电工程从华中东四省电网接受水电电力，没有通过加强区域互联来优化资源配置的需求。

8）华中东四省与南方电网互联需求

华中东四省的湖南省与南方区域的贵州和广东省相邻。广东省、华中东四省均为电力受入地区，贵州省目前具备一定外送能力，但其外送能力将逐步萎缩。华中东四省和南方电网间没有通过加强互联来优化资源配置的需要。

9）华东与华北电网互联需求

华东区域的江苏省与华北区域的山东省相邻。两省均属于电力受入地区，没有进行电力互济的需要。

10）华东与南方电网互联需求

华东区域的福建省与南方区域的广东省相邻，两省通过直流背靠背联网有利于加强国家电网和南方电网互联互通、余缺互济和紧急事故支援能力。

2. 西电东送规模分析

2020～2035 年西电东送的地位将发生变化。在电源方面，西部水电资源的大规模开发将告一段落，新增西电东送通道将以输送新能源发电为主。由于风电和光伏发电固有的低发电年利用小时数，西电东送的平均输电成本将大幅度提高，西电的市场竞争力趋于下降。在需求方面，西部大开发将进入中程发力阶段，经济和产业布局需要向辐射性、带动性强的特色型、生态型产业升级。相应地，西部地区能源优势的利用模式应改变单纯的电力外送模式，转而依托当地电力价格洼地优势，发展低污染的能源依赖型产业，提高西部自身的电力消纳能力。在两方面因素的共同推动下，预计 2020～2030 年，我国西电东送规模和能力将继续增长，但增速逐渐放缓。西电东送规模将在 2030～2035 年达到顶峰。之后随着部分西电东送输电设施的老化退役，西电东送规模将呈现下降趋势。

3. 互联方式分析

预计全国未来互联电网整体上将延续 2020 年形成的六大区域电网经直流输电通道互联的基本框架。后期，随着各大区域电网内部源-荷自平衡能力的增强，区域电网之间的电力交换将开始趋于减少。

根据中国科学院周孝信院士的预测，未来主干输电网主要有超/特高压交直流输电网和多端高压直流输电网（超导或常规导体）两种可能的模式，后者依赖于相关先进技术的重大突破。超/特高压交直流输电网模式中：西电东送新增通道以直流输电为主，大区电网间通过直流相互联系，已有交流联络线路保持弱联系或者逐步解开，区内主干网架以交流形式进行组网，交直流相互支撑，主干电网形成超大规模超/特高压交直流混联的复杂电网。多端高压直流输电网（超导或常规导体）模式中：基于高性能电力电子设备的多端高压直流输电技术（如模块化多电平换流器-电压源换流器-多端直流（MMC-VSC-MTDC）输电）和直流输电网技术将趋于成熟，高温超导输电技术有可能取得突破，为建设基于常规导体线路和设备或基于高温超导线路和设备的超级直流输电网提供了技术条件。

考虑到高可靠性、低损耗、低成本超/特高压直流电网技术的发展和实际应用需求，未来输电网形态仍以超/特高压交直流输电网模式为主，全国六大区域电网异步互联，区域电网内部向多个交流同步电网柔性异步互联的形态发展。局部地区或因新能源基地电力汇集送出需要可能出现直流输电网，如西部地区风电、太阳能发电基地与煤电基地、水电基地打捆送出。

与此同时，常规直流柔直化改造将从结构上直接消除换相失败对电网安全的威胁。柔性直流输电和灵活交流输电技术将大量应用在新建的省间输电通道中，届时部分已有的交流联系也将逐步解开。相应在部分区域电网内部可能出现新的局部区域电网，如西南电网。或者区域交流同步电网被解耦成多个异步互联的交流子网。因此，2035年我国区域电网结构开始向多个交流同步电网柔性异步互联的形态发展，同步电网规模将呈现出下降的趋势。电网对电力传输的控制能力将显著增强，电网同步稳定的安全风险将逐步降低。

3.4.1.2　中长期电网格局研判

全国电网应维持东北、华北、西北、华中、华东、南方六大区域电网格局，区域间通过直流输电或背靠背互联的方式实现互联互通、资源互济和紧急事故支援，部分已有的交流联系应逐步弱化，甚至解开，防止大规模停电事故的发生。同时，部分区域电网内部可能出现新的局部区域电网，如西南电网，或者区域交流同步电网被解耦成多个异步互联的交流子网。

我国电网中长期发展格局如图 3.13 所示。预计 2020～2035 年，我国电网将形成清晰合理、分层分区的中小型主干网，呈现出以下特点。

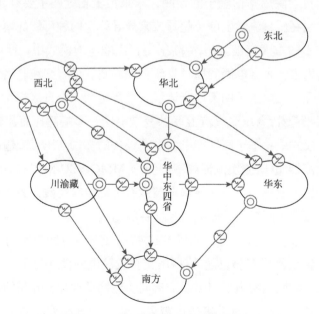

图 3.13　我国电网中长期发展格局

⊗交直流换流站；◎节点

（1）西电东送新增通道将以直流输电方式，输送西部地区可再生能源到中东部负荷中心。2035 年，随着中东部负荷需求放缓，分布式电源、储能、电动汽车的快速发展，中东部地区自平衡能力增强，西电东送规模逐渐达峰。

（2）2035 年我国电网仍将维持六大区域电网的基本格局，各大区域电网间以直流相互联系，已有交流联络线路保持弱联系或者逐步解开。区域电网内部向多个交流同步电网柔性异步互联的形态发展，逐步形成清晰合理、分层分区的中小型主干网。

（3）常规直流逐步柔直化改造，柔性直流输电逐步由超高压发展至特高压、由端对端发展为多端及联网形式，逐步替代常规直流完成远距离、大容量、多送端、多落点的电力输送，既适应西部地区多个可再生能源基地电力汇集送出，也能满足中东部地区分散受入的需求，避免单个落点直流容量过大，消除换相失败风险，保持合理的同步交流电网规模，使电网从结构上具备良好的本质安全性。

（4）输电网智能化水平大幅提高，输电网与配电网互动增强，能够适应竞争的电力市场需求，引导和控制整个系统的能量流动，实现能源资源的优化配置，提高能源的利用效率。

预计 2035～2050 年，我国电网将形成本质安全、柔性互联、智能高效的柔性主干网，呈现出以下特点。

（1）到 2050 年，各区域电网电力自平衡能力大幅提升，区域电网的作用相对减弱，区域内部进一步分解，同步电网规模缩小，输电网与配用电网络相互支撑，电网内部没有重大安全风险，具有强大的本质安全能力。

（2）柔性直流和柔性交流经济性显著提高，柔性直流将广泛应用新能源电力送出。各区域电网之间通过柔性直流和柔性交流形成灵活安全的柔性互联格局，提高输电网的灵活性和可控性。

（3）新型导体、材料应用到新一代输变电设备，提高电网输电效率、灵活性和环境友好性；数字技术与输电网深度融合，提高电网数字化、智能化水平，实现智能调度、故障自动隔离并自愈，适应竞争性电力市场需要和可再生能源大规模并网的要求。

3.4.2　大规模海上风电对西电东送主网架的影响研究

3.4.2.1　南方区域"十四五"及中长期西电东送形势分析

从全国资源开发和配置看，"三北"、西南地区的风、光资源开发潜力超过50 亿 kW，而东部、南部负荷中心的资源不足 10 亿 kW，要实现碳达峰碳中和目标，"三北"、西南地区清洁能源规模化开发并送往我国东、南部负荷中心势在必行。从南方区域自身需求看，在充分挖掘区内电源发展潜力，规划建议电源全部投产后，南方电网五省区（广东、广西、云南、贵州、海南）2030 年还存在约 2400 万 kW 的电力缺口，2035 年电力缺口进一步扩大至 4300 万 kW。

从"十四五"及中长期来看，南方区域西电东送形势如下。

1. 区内西电东送可持续发展面临较大挑战

乌东德、白鹤滩水电站投产后，云南后续较明确的大型水电站仅有旭龙、奔子栏、古水等。贵州受煤炭产能和环保空间约束，煤电可支撑装机规模约5000 万 kW，剩余煤电发展空间有限。随着云贵两省自身电力需求增长，后续省内电源将主要用于保障自身电力供应及存量西电东送规模。云贵两省"十四五"期间难以进一步新增外送规模，南方五省区内西电东送规模预计将在较长时期内保持相对稳定，区内西电东送可持续发展面临较大挑战。

2. 区内西电东送水电比例较大，易受天然来水影响

南方区域西电东送水电占比超过 80%，且一半以上为径流式，调节能力弱，供电易受来水形势影响。随着云南省内水电装机增加，丰枯水电出力差距更加显著，省内枯期电量留存需求增大，外送丰枯差距可能进一步增大。未来西电东送电量及特性受天然来水情况的影响将更为明显，参考历史情况，如遇极枯来水，2025 年云南省内水电发电量可能减少约 600 亿 kW·h，来水偏枯年份将对送受端电力供应带来较大压力。

3. 区外新增电力送入面临竞争，存在不确定性

"十四五"及中长期，南方五省区需积极争取区外电力保障电力供应及接续现有西电东送。从全国受端地区来看，京津冀、华东、华中等区域均是能源输入地区，接受区外来电意愿强烈。南方区域争取区外电力将面临其他中东部省市竞争，且送受端省份还未协商达成初步意向，新增区外电力还存在一定不确定性。

此外，区外电源基地特别是北方清洁能源基地送电南方区域输电距离长、途经省份多，需要协调的部门、单位多，前期工作较为复杂。

4. 各利益主体矛盾进一步凸显，市场化改革提出新要求

"十四五"期间，西电东送各利益主体的诉求差异较大，送受端省份政府、电网企业、电源企业对于西电东送规模、电价、市场机制的期望难以统一，各方协调难度进一步加大。随着电力市场化改革的深入推进，南方区域统一电力市场将加快建设，对西电东送的交易机制和电价机制也提出了新的要求。

3.4.2.2　南方区域大规模海上风电对西电东送主网架的影响

广东海上风电规划规模大，居全国之首；同时，南方区域西电东送规模超5800 万 kW，预计到 2030 年可达 7800 万 kW。下面以南方区域为例，分析大规模海上风电对西电东送主网架的影响。

1. 海上风电将成为缓解沿海地区电力供需压力的重要途径

预计到 2030 年，广东海上风电装机占全省最大负荷的比重达到 17.49%，年发电量占全省年负荷电量的比重将达到 10.00%，成为主力电源之一。大规模海上风电发展，将在一定程度上缓解受端广东电网电力供需压力。广东海上风电装机容量及发电量情况如图 3.14 和图 3.15 所示。

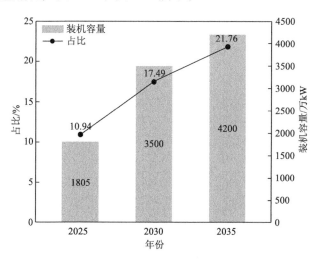

图 3.14　广东海上风电装机容量及占全省最大负荷比重

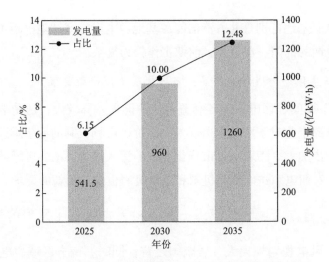

图 3.15　广东海上风电发电量及占全省年负荷电量比重

2. 海上风电与西电东送可以实现跨区域、大范围资源互补优化

海上风电出力呈现冬大夏小的特点，西电东送呈现夏大冬小的特点。海上风电出力与西电东送具有较好的互补特性。通过合理规划，将实现东部地区主电网利用率的较大提升。海上风电月最大出力与月平均出力如图 3.16 所示。

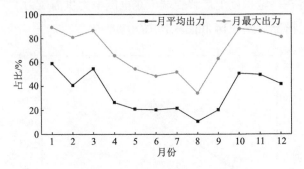

图 3.16　海上风电月最大出力与月平均出力

广东受西电曲线如图 3.17 所示。大型龙头水电站具备较强的调节能力：以楚穗直流、普侨直流的龙头电站小湾、糯扎渡为例，相比于径流式电站曲线，两库枯期出力更高，丰期出力更低，其库容调节能力可实现电能从丰期转移至枯期，起到了很好的调节作用。通过西电东送主网架，充分发挥大型水电季节性调节能力，实现西部水电与海上风电跨区互补，促进海上风电消纳。

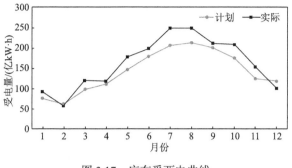

图 3.17　广东受西电曲线

3. 海上风电对西电东送的替代效应分析

1）电量替代效应分析

根据 2019～2021 年广东海上风电实际发电数据，海上风电的年利用小时数在 2500～3000h，随着利用效率提高，考虑 2030 年以后年利用小时数为 3000h；西电东送通道年利用小时数在 4500～5000h。2020～2035 年海上风电可替代西电东送电量情况见表 3.4，由表中结果可知，从电量替代来看，海上风电可替代西电东送电量占西电东送预计送电量比例逐年提升，由 2020 年的 1%提升到 2035 年的 40%。从发电量净值来看，2035 年 4200 万 kW 海上风电年发电量相当于 2500 万 kW 西电东送的送电量。

表 3.4　2020～2035 年海上风电可替代西电东送电量情况

指标	2020 年	2025 年	2030 年	2035 年
全社会用电量/（万亿 kW·h）	6926	9200	10500	11300
海上风电装机/万 kW	102	1801	3506	4200
海上风电发电量/（万亿 kW·h）	25	462	1052	1260
西电东送通道能力/万 kW	3808	4283	5993	6420
西电东送预计送电量/（万亿 kW·h）	2090	2090	2945	3159
海上风电发电量占全社会用电量比例/%	0.4	5.0	10.0	11.2
海上风电可替代西电东送电量占西电东送预计送电量比例/%	1	22	36	40

2）电力替代效应分析

根据 2018～2020 年广东海上风电实际发电数据，负荷高峰时期，海上风电参与电力平衡的可利用系数约为 0.01，即按 1%装机容量参与电力平衡；西电参与电力平衡的可利用系数约为 0.8，即按 80%通道能力参与电力平衡。2020～2035 年海上风电可替代西电东送电力情况如表 3.5 所示。

表 3.5　2020～2035 年海上风电可替代西电东送电力情况

指标	2020 年	2025 年	2030 年	2035 年
用电负荷/万 kW	12800	17300	20000	21700
海上风电装机/万 kW	102	1801	3506	4200
西电东送通道能力/万 kW	3808	4283	5993	6420
海上风电参与电力平衡能力/万 kW	1	15	35	42
西电东送参与电力平衡能力/万 kW	3046	3426	4794	5136
海上风电参占电力平衡能力与负荷比例/%	0	0.1	0.2	0.2
海上风电可替代西电东送电力占西电东送参与电力平衡能力比例/%	0.3	0.4	0.7	0.8

由表 3.5 中结果可知，从电力替代来看，海上风电可替代西电东送电力占西电东送参与电力平衡能力比例非常小，2035 年仍低于 1%。从电力平衡来看，2035 年 4200 万 kW 海上风电相当于 53 万 kW 西电东送的电力平衡能力，几乎可以忽略不计。

若考虑海上风电配置 20%电化学储能，充放电时间为 2h。在负荷高峰时期，海上风电参与电力平衡的可利用系数约为 0.21，即按 21%装机容量参与电力平衡。海上风电可替代西电东送电力情况如表 3.6 所示。

表 3.6　2020～2035 年海上风电可替代西电东送电力情况（考虑储能）

指标	2020 年	2025 年	2030 年	2035 年
用电负荷/万 kW	12800	17300	20000	21700
海上风电装机/万 kW	102	1801	3506	4200
西电东送通道能力/万 kW	3808	4283	5993	6420
海上风电参与电力平衡能力/万 kW	21	215	735	882
西电东送参与电力平衡能力/万 kW	3046	3426	4794	5136
海上风电参与电力平衡能力占负荷比例/%	0.16	1.24	3.68	4.06
海上风电可替代西电东送电力占西电东送参与电力平衡能力比例/%	0.7	6.3	15.0	17.0

由表 3.6 中结果可知，从电力替代来看，海上风电可替代西电东送电力占西

电东送参与电力平衡能力比例逐年提升，由 2020 年的 0.7%提升到 2035 年的 17.0%。从电力平衡来看，2035 年 4200 万 kW 海上风电相当于 1100 万 kW 西电东送的电力平衡能力。

因此，总的来说，考虑电量替代，2035 年 4200 万 kW 海上风电年发电量相当于 2500 万 kW 西电东送的送电量，占 2035 年西电东送预计送电量的 38.9%；考虑电力替代时，若不考虑储能，2035 年 4200 万 kW 海上风电参与电力平衡能力相当于 53 万 kW 西电东送的电力平衡能力，几乎可以忽略不计，若考虑储能，相当于 1100 万 kW 西电东送的电力平衡能力。因此，从中长期来看，广东海上风电并网可以极大地缓解沿海地区电力供需压力，减少送端天然来水不均和各利益主体矛盾给西电东送通道形势带来的不利影响。

3.4.3 大规模海上风电开发对我国沿海电网格局的影响研究

3.4.3.1 大规模海上风电对华东电网格局的影响研究

本节采用国家电网经营区系统作为算例，按照新能源装机基本场景（新能源装机比例为 20%～25%）、高比例场景（新能源装机比例为 60%～75%）分别预测国家电网区域的电网发展格局。

1. 基本场景（新能源装机比例为 20%～25%）

基本场景演化至 2030 年时，变电站和发电厂的密集程度继续大幅提升，且新增部分主要分布于几大能源基地附近，体现了我国大力发展新能源政策对电网演化的影响；特高压线路数量继续增加，火电厂的比例有明显下降，而清洁能源电厂则相应有大幅提升。这一变化说明了演化至这一时间点时，以火电为主的发电模式已被火电和清洁能源并重模式所取代，造成这一变化的驱动力则是清洁能源的发展以及环保约束。

与 2030 年结果相比，演化至 2050 年时，变电站和电厂的密集程度进一步提升，而且可以看到，大部分的电厂已转化为清洁能源电厂，这表明在环保约束下，我国的能源结构将由火电主导转型为清洁能源主导。除此以外，特高压的网架也变得更为庞大，各电压等级间有较好的协调性。

2. 高比例场景（新能源装机比例为 60%～75%）

高比例场景演化至 2030 年时，火电比例已相当小，与其余场景 2050 年相似。

相对应地，西电东送的主网架结构更加明显，线路增多；但中部和东部相连的线路减少，更多海上风电就近供应东部负荷，通过中部地区往东送的需求减少。

高比例场景演化至 2050 年，新能源装机比例高达 73.5%，其中，海上风电装机比例也达到了 9.9%。相比基本场景和中比例场景，系统的发电节点数大规模增加，以分散接纳新能源，为平抑风电的随机性和波动性，西部、中部和东部地区的联系更为紧密，在全国范围内调峰、调频。

3.4.3.2　大规模海上风电对广东电网格局的影响研究

（1）大规模海上风电接入广东电网后，由于调峰、调频的需求进一步提高，广东电网内部东西分区、南北分区之间的电力交换需求进一步增加。广东未来将向基于粤港澳大湾区 500kV 外环的东西柔性异步互联主网架形态方向发展，通过新建大容量粤港澳大湾区 500kV 外环，满足海上风电并网带来的东西分区间潮流交换需求。珠三角分区通过背靠背柔性互联，并分别与粤港澳大湾区 500kV 外环互联，提高了潮流可控性，较好地解决了短路电流超标、交直流相互影响突出、大面积停电风险防控等问题，为大规模海上风电并网提供了安全可扩展的网架基础。

（2）大规模海上风电接入广东电网后，广东东西部电网惯性水平下降，易导致严重故障后系统频率变化幅值更大，更容易触发快速切机或切负荷，降低供电可靠性；同时，初始系统频率变化率超过频率变化率相关保护定值会导致风机等电源脱网，进一步增大系统频率波动的幅值。具有惯量控制作用的储能能够提供虚拟旋转动能，减小初始频率变化率，大规模海上风电并网后，可以通过配置一定容量的储能，提高系统惯性水平。

（3）大规模海上风电接入广东电网后，风电并网点附近电压调节能力要求提高，电网发生事故后，在电网电压恢复过程中，风机需要从电网吸收无功，造成电压恢复慢甚至电压失稳，需要进一步加强风电并网点附近网架，新建更多的储能、线路、动态无功补偿装置或电厂。

3.4.4　大规模海上风电与电网协调发展研究

3.4.4.1　大规模海上风电与电网协调发展存在的主要问题

相对于陆上风电而言，海上风电具有以下劣势。

（1）技术更复杂、建设成本更高。海上条件恶劣，波浪、强风、湿气及盐蚀等自然因素可能威胁风电场等电气机械类设备的长期可靠运行。海上风电主要分布在中国东南沿海区域，而该地区常常遭受台风侵袭，在台风等极端恶劣天气下，海上风电受影响程度相比陆上风电更大。常规近海天气状况下，对风机、基础及电缆的不利影响常常来自于高风速的阵风。海上风电场的设计及认证更需确保风力机的可靠运行。虽然近海环境下没有太多的障碍物撞击叶片，但重新安装的代价巨大。所以海上风电机组在材料、结构设计以及制造工艺等方面均提出了相比于陆上风电更高的要求，其总体造价较陆上风电高出很多，一般来说海上风电场总投资成本要比陆上风电场总投资成本高出 2 倍以上。

（2）需要造价高昂的专用设备及安装船，运维成本高。海上风电场的各个组件需要从码头运到风电场，这需要专门的设备和船只。安装与维护的特制船只与钻油和装气船构造不同，需配备专用的安装船，当前海上风电机组运维费用是陆上风机运维费用的 1.5～3 倍。

（3）海上风电对电网调峰裕度要求更高。海上风电场处于较高功率输出状态的时段比陆上风电更多，在风电具有明显反调峰特性的地区，电网调峰压力无疑会增加。考虑到上述特殊性，当大规模海上风电接入电网时，将极大地提高电网调度、运行与控制的难度。

大规模海上风电与电网协调发展存在的主要问题如下。

1. 系统调频

电力系统是个实时动态平衡系统，供需必须时刻保持动态平衡。而风电出力具有随机性、间歇性和波动性，且风电出力预测难度较常规电源更大，大规模海上风电接入对所接纳的电网来说，功率时刻处于一个随机波动且很难预测的状态。现有的风电运行数据显示，海上风电同时率较高，功率波动较陆上风电更为显著。大规模海上风电接入末端薄弱电网，削弱了电网的一次调频能力，若发生大面积脱网事故，对系统频率波动的影响不容忽视。此外由于风电机组功率不可控的特性，风电机组基本不参与系统调频，调频仍由常规电源承担，且在大规模海上风电接入并运行时，需预留更多的调频备用容量，这在一定程度上挤占了其他电源的发电空间。

2. 系统调峰

调峰问题是制约我国风电大规模并网的主要矛盾之一。现有的风电运行数据显示，大部分地区的风电具有较明显的反调峰特性。大规模海上风电接入将导致电网峰谷差变大，随着海上风电装机容量的增加，风电出力的随机性、波动性客观上需要电网留足其他电源的调峰容量，这也为电网调度、运行控制、方式安排带来相当大的挑战。另外，分布式新能源出力存在不确定性，低电压分布式电源信息接入率低，大规模发展后影响负荷曲线预测精度，要求电网预留更多备用容量，加大电网运行方式安排难度。同时大规模分布式新能源和集中式新能源电站叠加，导致局部地区白天负荷低谷时段调峰难度加大。

3. 系统调压

随着风电的装机容量在发电侧的占比不断提高，其输出的不稳定性对电网的功率冲击效应也逐步增大。当风电出力较高时，线路无功损耗和风电场无功需求将增大，电网的无功不足将对电压稳定性造成影响，使得远距离的末端用户电压降低，极大地影响供电质量和电网安全。

4. 涉网安全

海上风电等新能源建设周期短、投产密集，可能存在设备质量不过关、运维缺失、安全意识薄弱等问题。由于国内试验机构少、试验周期长等，风电场涉网特性实际测试条件匮乏。另外，大量电力电子设备接入电网，系统安全运行风险增加。电力电子装置的快速响应特性，在传统同步电网以工频为基础的稳定问题之外，出现了宽频带（5～300Hz）振荡的新稳定问题。新能源机组产生的次同步谐波易引发次同步振荡，危及火电机组及主网安全。目前已在新疆、甘肃、宁夏、河北等风电富集地区出现多次风电机组引发的次同步振荡现象。

5. 管理规范及技术支撑

考虑海上风电的特殊性，其大规模接入对电网运行的稳定性和智能化提出了更高的要求。目前海上风电并网、验收及运行尚无标准可依，电网的智能化升级改造及技术标准制定客观上需要一定周期，因此将在一段时间内无法满足业务发展需求，可能造成海上风电的无序并网及运行风险。

6. 专业人才

海上风电大规模接入将给系统运行带来较大的业务量和新业态，将对专业人才的数量及质量提出更高的要求。

7. 成本收益

清洁能源装机比例越高，弃风、弃光现象也越严重，反映为建设成本的增加大大超出新能源引入带来的运行成本降低。这意味着电力系统未来规划中，若想充分发挥新能源的积极作用，需要慎重权衡新能源接入的收益及相应成本。

3.4.4.2　大规模海上风电与电网协调发展措施建议

1. 电网建设和规划方面

（1）根据海上风电发展趋势和政策要求，结合负荷发展和大型电源基地规划，根据电源规划关键点，合理安排海上风电建设时序，推动电网建设及时匹配电源开发，解决电源送出"卡脖子"问题。

（2）同步配套建设相应容量的调峰调频电源，解决大规模海上风电接入给电网带来的调峰调频问题，确保电网安全稳定运行。

2. 调度运行控制方面

（1）科学制定电网网内机组发电调度原则，有序安排煤机轮停，加大核电机组调峰力度，开展热电厂供热方案合理性评估，深挖热电联产机组调峰潜力。部分地区可以依托辅助服务市场的开展，激励电厂主动实施灵活调峰改造，释放调峰潜力，解决低谷消纳问题。

（2）开展海上风电大规模接入出力对系统供应及安全运行影响的风险研究，深入研究风电机组涉网参数对系统运行特性的影响，推动风电机组涉网参数并网监测试验抽检工作。

（3）各方高度重视新能源次同步振荡等新型稳定问题，加强新能源次同步谐波管理，深化机理研究，出台相关规定。

（4）在满足信息安全的基础上，加强中低压分布式电源信息监测，规范信息接入路径及方式，提高分布式电源信息接入率，实现分布式电源可观可测、部分可控，推广应用分布式电源"群控群调"。

3. 管理制度、技术支撑方面

（1）组织建立统一的海上风电并网验收规范、调度评价机制和调度运行规范，制定风电场调度管理考核指标体系，实现海上风电调度管理全链条制度标准全覆盖，保证海上风电安全、规范入网。

（2）制定统一规范的海上风电国标、行标，规范海上风电相关技术要求。

（3）加快海上风电功率预测方法研究及技术支持系统开发建设，积累海上风电功率预测经验，提高功率预测精度，实现海上风电的可知、可测、可控。

（4）将弃风弃光控制在合理指标内有利于提高电力系统运行的整体经济性，如果追求 100%消纳，将显著抬高系统成本，限制电力系统可承载的新能源规模，反而会制约新能源发展。新能源发展规模比较大的国家均存在不同程度的主动或被动弃风/弃光现象。针对该问题，建议研究确定合理的新能源利用率评估方法以及弃电率统计原则，一是以全社会电力供应总成本最低为原则，确定不同省份或区域电网在不同水平年的合理新能源利用率；二是新能源主动参与系统调节应视为合理"弃电"，不应计入弃电统计。

4. 人才保障

加快人才培养，加强国内外先进企业间的技术交流与合作，以满足新形势下海上风电快速发展的需要。

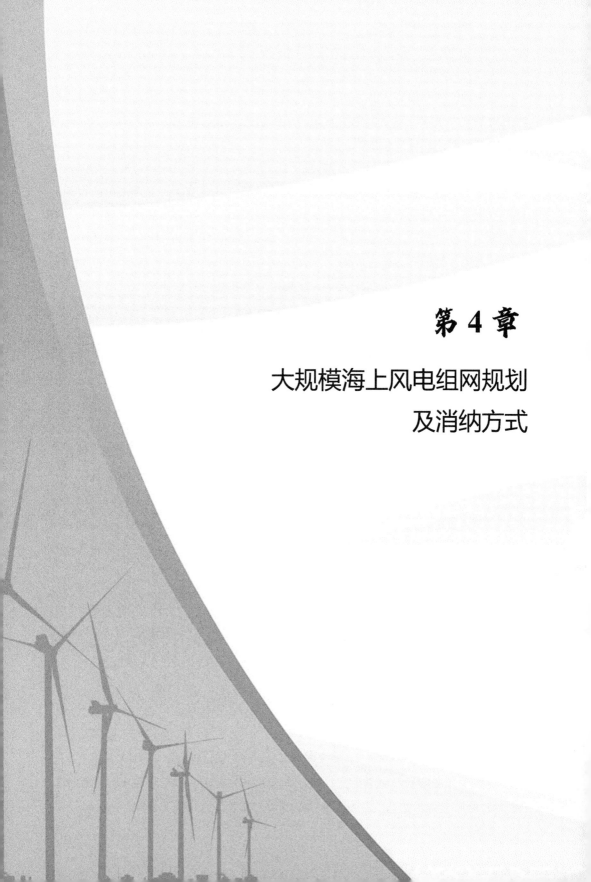

第 4 章

大规模海上风电组网规划
及消纳方式

碳达峰碳中和目标为我国新能源的发展提供了新的机遇，构建以新能源为主体的新型电力系统也对新能源的发展提出了新的要求。海上风电作为全球风电发展的重要方向，在世界范围内快速发展。

自从我国第一个近海海上风电项目——上海东海大桥风电场并网运行以来，经过 10 余年的发展，我国近海风电已进入规模化发展阶段。多个沿海省份相继公布"十四五"海上风电发展规划，其中广东规划"十四五"期间，粤东千万千瓦级海上风电基地开工建设 1200 万 kW，其中建成投产 600 万 kW；粤西千万千瓦级海上风电基地开工建设 1000 万 kW，其中建成投产 500 万 kW。江苏省"十四五"期间将加快建设近海千万千瓦级海上风电基地，规划研究深远海千万千瓦级海上风电基地。山东省海上风电发展规划总规模 3500 万 kW，重点推进渤中、半岛南 500 万 kW 以上项目开工建设，建成并网 200 万 kW，争取 760 万 kW 场址纳入国家深远海海上风电规划。福建漳州积极开发外海浅滩千万千瓦级海上风电，总规划容量达到 5000 万 kW。

根据各省规划，广东、江苏、山东、福建等省份将是未来海上风电发展的核心区域，这些发达地区旺盛的用电需求为海上风电发展提供了不可比拟的内生动力。预计"十四五"期间，我国海上风电平台的水深将超过 50m，离岸距离将超过 30km，基地式集中连片开发、大规模集中式并网将成为我国海上风电的重要开发模式。但是东南沿海地区电网比较密集，电网通道走廊相对比较紧张，因此未来在大规模化开发海上风电的同时，考虑到我国漫长的台风登陆线、复杂的地质条件、多中心交织耦合叠加的特点，大规模海上风电组网规划与消纳研究成为我国海上风电开发必须解决的战略性问题。

4.1 国内外海上风电组网送出现状

4.1.1 国内外海上风电开发并网送出现状

4.1.1.1 英国

英国现有项目主要采用交流并网方式。其中 Hornsea One 项目离岸 120km，采用 3 座海上升压站+1 座海上无功补偿站的方案，这是世界上第一个海上无功补偿站。在建的 Dogger Bank 项目，总容量 3.6GW，分三期建设，是英国首次采用柔直送出的海上风电场，采用 3 回±320kV 柔直输电线路，同时将采用全球首个无人值守海上高压换流平台，显著降低平台造价[6]。表 4.1 给出了英国北部海域已投运的主要海上风电场规模及并网方式。

表 4.1　英国北部海域已投运主要海上风电场规模及并网方式

序号	风电场名称	装机容量/MW	电压等级/kV	并网方式	备注
1	Thanet	300	132	高压交流	离岸 11km
2	Walney Extension	659	220	高压交流	离岸 19km
3	London Array	630	150	高压交流	离岸 20km
4	Race Bank	580	220	高压交流	—
5	Gwynt y Môr	576	132	高压交流	离岸 13km
6	Greater Gabbard	504	132	高压交流	离岸 23km
7	Dudgeon	402	132	高压交流	—
8	Rampion	400	150	高压交流	—
9	Lincs	270	132	高压交流	—
10	Sheringham Shoal	317	145	高压交流	—
11	Hornsea One	1218	245	高压交流	离岸 120km

Hornsea 项目集群位于英国北海，是英国在 2008 年 6 月规划的 25GW 海上风电项目中最大的一个，总装机容量为 6GW，这和目前我国开发的全球规模最大的单一陆上风电基地——内蒙古乌兰察布风电基地一期的规模相当，但鉴于一次性整体开发的难度太大，这块"海上风电基地"计划分四期开发。目前 Hornsea One 已并网，Hornsea Two（1386MW）已并网，Hornsea Three（2400MW）、Hornsea Four（1000MW）正在规划建设中。

Hornsea One 海上风电场位于英格兰约克郡以东 120km 的海域，由 Ørsted（沃旭能源）和 Global Infrastructure Partners（美国全球基础设施合作伙伴）各占 50%股份，总装机容量为 1218MW，总共安装了 174 台西门子歌美飒 7MW 风电机组，于 2020 年 1 月 30 日全部并网发电。

由于离岸较远，输电损耗很大，Ørsted 在详细评估之后，最终采用了 3 个海上升压站+1 个海上无功补偿站的方案，无功补偿站建在离岸约 60km 处。2018

年 8 月，海上风电场的 3 个海上升压站和 1 个海上无功补偿站安装完成，这也是世界上第一个海上无功补偿站。

海上风电场发出的电能经场内集电系统汇集后，接入 3 个海上升压站的低压侧，升压后经 3 回 245kV 交流海缆送出，3 回外送电缆总长度为 505km，其中海缆长 467km。

值得一提的是，包括 3 个海上升压站及送出海缆在内，该海上无功补偿站也将在风电场建成投运后，一并转让给海上输电运营商（OFTO）进行运行维护。开发商可选择自行建设并转让或直接由 OFTO 建设这两种模式，其中自行建设后转让的模式，目前更广泛地被开发商接受。

4.1.1.2 德国

德国早期的海上风电场主要采用交流方式并网。从 2012 年至 2020 年，德国为解决海上风电集群外送问题，陆续投运 10 余座换流平台，容量为 400～900MW。其中，2019 年 8 月投运的 BorWin3 海上高压换流平台，容量为 900MW，送出电压等级为±320kV（直流），经 130km 海缆和 30km 陆上电缆送至主网。表 4.2 和表 4.3 总结了 2020 年德国已投运的部分海上风电场。

表 4.2 2020 年德国主要已投运交流并网海上风电场

序号	风电场名称	装机容量/MW	电压等级/kV	并网方式	备注
1	Alpha Ventus	62	110	高压交流	海缆 60km
2	Nordergründe	111	155	高压交流	海缆 28km
3	Riffgat	113	155	高压交流	海缆 50km
4	Wikinger	350	220	高压交流	—
5	Arkona Wind Park	384	220	高压交流	—

表 4.3 2020 年德国主要已投运直流并网海上风电场

序号	直流并网工程名称（汇集风电场名称）	直流工程容量/MW	电压等级/kV	并网方式	备注
1	BorWin1（Bard Offshore1 400MW）	400	±150	高压直流	海缆 125km
2	BorWin2（Veja Mate 400MW、Deutsche Bucht 269MW、Albatros 117MW）	800	±300	高压直流	海缆 125km

续表

序号	直流并网工程名称（汇集风电场名称）	直流工程容量/MW	电压等级/kV	并网方式	备注
3	BorWin3 （Hohe See 497MW、Global Tech Ⅰ 400MW）	900	±320	高压直流	海缆 130km
4	DolWin1 （Trianel Windpark Borkum 400MW、Borkum Riffgrund 1312MW）	800	±320	高压直流	海缆 75km
5	DolWin2 （Gode Wind 1332MW、Gode Wind 2252MW、Nordsee One 332MW）	916	±320	高压直流	海缆 45km
6	DolWin3 （Merkur Offshore 400MW、Borkum Riffgrund 2 450MW）	900	±320	高压直流	海缆 80km
7	HelWin1 （Nordsee Ost 288MW、Meerwind Süd Ost 288MW）	576	±250	高压直流	海缆 85km
8	HelWin2 （Amrumbank West 303MW）	690	±320	高压直流	海缆 85km
9	SylWin1 （DanTysk 288MW、Butendiek 288MW、Sandbank 288MW）	864	±320	高压直流	海缆 160km

4.1.1.3 丹麦

目前丹麦在运的海上风电场主要采用交流并网送出方式，场内集电系统电压一般为 33kV，经海上升压站升压至 132kV、155kV 或 220kV 后送出至陆上电网[7]。表 4.4 给出了丹麦已投运的主要海上风电场的装机容量、电压等级和并网方式。

表 4.4 丹麦已投运的主要海上风电场的装机容量、电压等级和并网方式

序号	风电场名称	装机容量/MW	电压等级/kV	并网方式	备注
1	Horns Rev 1	160	150	高压交流	海缆 21km
2	Horns Rev 2	209	155	高压交流	海缆 42km
3	Horns Rev 3	407	155	高压交流	离岸 25～40km
4	Anholt	400	220	高压交流	海缆 25km
5	Nysted	165.6	132	高压交流	海缆 10km

4.1.1.4　中国

截至 2020 年底，我国已投运海上风电场均采用交流汇集、交流送出的并网方式，送出电压等级以 110kV 和 220kV 为主。2021 年 12 月 25 日，我国首个采用柔直并网的海上风电项目全容量并网发电。该项目由中国三峡新能源（集团）股份有限公司（以下简称三峡新能源）与中国广核集团（以下简称中广核）联合建设，总容量为 110 万 kW，电压等级为±400kV，海缆长度约 100km。中国主要已投运海上风电场如表 4.5 所示。

表 4.5　中国主要已投运海上风电场情况

序号	风电场名称	省份	装机容量/MW	并网方式
1	如东海上风电场（潮间带）100MW 示范项目	江苏	100	高压交流
2	响水近海风电场 200MW 示范项目	江苏	202	高压交流
3	滨海北区 H1#100MW 海上风电场	江苏	100	高压交流
4	滨海北区 H2#400MW 海上风电工程	江苏	400	高压交流
5	平海湾 50MW 海上风电项目	福建	50	高压交流
6	如东 15 万 kW 近海风电场示范项目	江苏	152	高压交流
7	江苏东台 200MW 海上风电场项目	江苏	200	高压交流
8	上海临港海上风电二期项目	上海	100.8	高压交流
9	八仙角海上风电项目	江苏	302.4	高压交流
10	龙源江苏大丰（H12）200MW 海上风电项目	江苏	200	高压交流
11	龙源蒋家沙（H1）300MW 海上风电项目	江苏	300	高压交流
12	天津南港海上风电场一期工程	天津	90	高压交流
13	珠海桂山海上风电场示范项目	广东	120	高压交流
14	福建兴化湾海上样机试验风电场项目	福建	78.4	高压交流
15	大丰 H3#300MW 海上风电项目	江苏	302.4	高压交流
16	惠来石沃分散式风电试验项目	广东	7.25	高压交流
17	舟山普陀 6 号海上风电场 2 区工程	浙江	252	高压交流

4.1.2　欧美海上风电并网事故分析及启示

4.1.2.1　德国

德国 Bard Offshore 1 海上风电场总容量为 400MW，离岸距离为 130km。采用±150kV 的直流输电系统接入德国陆上电网，线路总长度为 200km，其中包括 125km 海缆和 75km 陆上电缆。该直流并网工程（BorWin1）是德国第一条 VSC-HVDC 输电线路，采用了阿西布朗勃法瑞公司提供的 HVDC Light 技术，换流站采用的是阿西布朗勃法瑞公司第三代两电平换流器。该工程于 2007 年开始动工，2009 年投入运行。

2014 年 6 月与 9 月，Bard Offshore 1 海上风电场直流输电系统发生了多次 250～350Hz 的振荡，振荡电流达到基波电流的 40%以上，导致滤波电容烧毁，风电场长时间停运，造成数百万欧元的损失。德国 Bard Offshore 1 海上风电场示意图如图 4.1 所示。

图 4.1 德国 Bard Offshore 1 海上风电场示意图

目前新能源并网系统宽频振荡类型比较多样，有双馈风电机组经高串补度线路并网引起的次同步振荡，也有电力电子设备之间的动态相互作用引起的振荡。

1. 双馈风电机组经高串补度线路并网引起的次同步振荡

此类振荡属于风电机组控制器与外部控制器耦合引起的次同步振荡，并网系统串补度高时容易发生，振荡频率为次同步振荡，其频率和衰减率由风电控制器参数和输电系统参数共同决定，风电出力低时容易发生。具体的应对措施包括检测到故障后，切除风电机组或者旁路一组串补，破坏谐振条件，也可以附加次同步振荡抑制控制策略，达到抑制振荡的目的。

2. 电力电子设备之间的动态相互作用引起的振荡

风电变流器、光伏变流器、灵活交流输电（flexible AC transmission system，

FACTS）装置、HVDC 输电等之间的强相互作用引起的振荡，振荡频率为几赫兹到几十赫兹，风电或光伏接入弱交流电网或高压直流输电系统时容易发生。具体的应对措施包括检测到故障后，切除风电机组或者修改控制器参数（变流器、FACTS 装置等），破坏谐振条件，也可以采用在相关电力电子装置上附加振荡抑制控制策略的方法。

总体上来看，高比例新能源系统的振荡问题频发，引起了学界及工业界的广泛关注，但是振荡的机理以及系统的分析方法尚未达成共识，未来需要突破宽频振荡的建模技术及分析技术。

4.1.2.2　英国

2019 年 8 月 9 日，雷击引起 Hornsea One 以及一座天然气发电厂脱网，并最终造成包括伦敦在内的大半个英国地区陷入瘫痪，超过 100 万人无电可用的严重电力事故。这是自 2003 年"伦敦大停电"以来，英国发生的规模最大、影响人口最多的停电事故。为此，风电场业主收到了一张金额高达 450 万英镑（合计 4100 万元）的超级罚单。

事发前，英国气象局发布了英格兰西南部和威尔士南部的黄色大风预警，以及英格兰和威尔士全境的黄色暴雨预警。除了英格兰西南部以外，全英境内均有雷击风险。事故报告指出，这样的天气状况并不罕见。

英国当地时间 16:52:33.490 时，因出现雷击，线路 Eaton Socon—Wymondley 发生单相接地短路故障。故障位置距离 Wymondley 变电站约 4.5km。故障期间，故障相的电压降约为 50%。故障发生后，线路保护正确动作：70ms（16:52:33.560）后，Wymondley 侧跳闸；74ms（16:52:33.564）后，Eaton Socon 侧跳闸；故障被清除。短路故障发生后，各节点电压在故障清除后的 100ms 内均恢复正常。整个过程中，所有电压均位于低电压穿越曲线之上。

在线路单相短路接地故障发生后 238ms（16:52:33.728），Hornsea One 风电场出力开始下降；在之后的 107ms 内（16:52:33.835），风电出力从 799MW（吸收 0.4Mvar 无功）大幅降低为 62MW（输出 21Mvar 无功）。系统累计损失有功功率 887MW，约占总负荷的 3%。在此过程中，Hornsea One 风电场无功、电压出现振荡现象，其中风电场 400kV 系统初始电压为 403kV，振荡过程中跌落到最低值约为 371kV，跌落幅度为 32kV，相当于额定电压的 8%。Hornsea One 1B 及 1C 风电场 35kV 系统的初始电压约为 34kV，振荡过程中跌落最低点约为

20kV，跌落幅度为 14kV，相当于额定电压的 40%。电压、无功的持续振荡期间，Hornsea One 1B、1C 风电场机组因过电流全部脱网，Hornsea One 1A 风电场保留出力 62MW，其余全部脱网。

事故反映出 Hornsea One 海上风电场涉网技术特性不足。由于遭受雷击以及雷击引起主网线路停运，海上风电场接入的电网变薄弱，风电场内的无功补偿控制装备、风电机组等电力电子型的电源不能适应该弱电网，产生了短时的 10Hz 左右的次同步频段的振荡，风电场 35kV 系统与主网之间产生大量无功功率交换，电压最低跌落至 20kV，几乎整个风电机群由于机组过流保护动作而脱网。该现象说明，Hornsea One 风电场内风电机组或动态无功补偿设备，在调节能力、抗扰动能力等涉网技术特性方面存在不足。本次停电事故发生后，Hornsea One 风电场修改了风电场控制软件及参数。

本次英国大停电暴露出来的问题非常值得我国电网警惕，其经验教训值得我们借鉴。在本次大停电中，Hornsea One 海上风电场耐受能力不足产生连锁反应，导致风电机群连锁脱网跳闸 737MW；分布式电源先后由于故障期间的相移、频率下降而启动保护脱网，分别损失功率 150MW、350MW，成为本次事故中功率损失最大的两类电源。因此，需要高度重视风电、光伏、分布式电源在故障期间耐受异常电压、频率的能力，即抗扰动能力，避免在故障期间，此类电源的性能、参数问题导致事故严重程度进一步加剧。应加强核查风电、光伏及分布式电源的控制参数以及涉网保护参数，加快性能改造和检测认证。

4.1.2.3 丹麦

2018 年 10 月 22 日，丹麦 Horns Rev 1 海上风电场发生变压器故障，故障发生后，该风电场已停止运行。该风电场总容量为 160MW，自 2002 年开始运行，安装 80 台 V80-2.0MW 风电机组。自 2006 年以来，该项目由 Vattenfall（60%）和 Ørsted（40%）共同所有。根据该风电场开发商 Vattenfall 的说法，维修工作需要更换其中一个内部变压器（应该是风电场主变，但未明确）。本次事故没有对当地的电力用户造成影响。

2015 年 2 月 21 日，由于海缆出现故障，丹麦装机容量为 400MW 的 Anholt 海上风电场被迫停运长达 1 个月。Anholt 风电场位于丹麦和瑞典之间，总体量为 400MW，安装 111 台西门子 3.6MW 风电机组，离岸 21km，2013 年投运，总投资 95 亿元（13.5 亿欧元），度电价格为 1 元（1.05 丹麦克朗），等效小时数为

4152h/年。按此成本和价格计算，若该风电场停运 1 个月，则会间接损失约 1.4 亿元。据悉，此次出现故障的海缆由德国安凯特（NKT）电缆公司提供。这是 Anholt 海上风电场第二次由于海缆出现故障而停运。2014 年 9 月 30 日，由于连接陆地电网的电力电缆出现短路，该风电场停产 7 日，直接导致 Energinet.dk 电网公司向东能源公司（2017 年更名为沃旭能源）赔偿 920 万丹麦克朗。

2015 年 10 月 19 日，丹麦东能源公司发布公告，由于海缆出现故障，东能源公司在丹麦水域的 Horns Rev 2 海上风电场被迫暂停运营。Horns Rev 2 海上风电场距离丹麦沿海大约 42km，安装 91 台西门子风电机组，总容量为 209MW，于 2009 年投入运营。法国电缆公司 Nexans 向 Horns Rev 2 提供了电缆。由于极端天气和施工环境的影响，项目的维修运营耗费了两个月时间。因为在离岸 40km 处发生短路，最后在短路点附近替换了 3.6km 的新海缆。这是 2015 年内第二起东能源公司丹麦海上风电场因海缆故障被迫停运事故。

4.1.2.4　美国

2020 年 2 月，美国 Block Island 海上风电项目因电缆埋深不够导致电缆暴露受损，不得不进行电缆重新布线工作，长达 800m 的电缆将必须进行重新拼接，并在克雷森特比奇（Crescent Beach）附近重新埋入海床中。这意味着风电场将面临暂停运营的风险。据悉，这两根电缆的敷设深度要求应该是官方在许可时指定的 4～8ft（1ft = 3.048×10^{-1}m），但是实际敷设深度只有 2ft。

4.1.3　小结

（1）全球范围内海上风电场均采用常规交流或柔性直流并网输电方式，以交流并网为主，约占整体存量的 75%。

通过国内外的梳理可以发现，现有的海上风电场都是采用高压交流或者柔性直流并网送出至陆上主网。从技术、经验以及成本的角度来看，近海风电输送使用陆上常用的交流输电技术具有一定的优势，目前大多数海上风电场都通过交流电缆与内陆电网连接（以英国和中国近海风电场并网为代表）。但是随着风电场离岸距离逐步增加，由此带来的交流输电线路较长、输电损耗较大的缺点也较为显著，部分工程中已经开始采用直流送出方案（以德国深远海风电送出为代表）。

（2）全球范围来看，海上风电无论是装机规模还是发电电量占比均较小，从电量平衡的角度看，基本都可以消纳，但是局部存在通道受阻导致的弃风问题。

由于海上风电整体电量占比相对还较小，国外基于电力市场报价，加上补贴，海上风电一般都可以优先出清，但是由于部分地区资源和负荷中心距离较远，通道问题成为制约海上风电消纳的主要因素。我国海上风电主要分布在东南沿海，海上风电场基本都在沿海 50km 以内，距离负荷中心较近，总量还相对较小（不足 500 万 kW），目前基本没有消纳问题。但是广东、江苏、福建等海上风电大省调峰形势日益严峻，未来如果海上风电装机容量突破千万千瓦，而电网调峰资源未能相应增加，东南沿海的海上风电消纳形势将可能变得严峻。

（3）欧洲目前是世界海上风电发展的领头羊，其以电价政策为中心的全方位、体系化、长期性的扶持政策发挥了关键作用。

从欧洲国家等海上风电的发展来看，竞价上网目前已经成为海上风电发展的最新模式，加快海上风电技术提升与成本降低成为欧洲发展共识，且效果显著。以英国、德国、丹麦为主的欧洲国家在海上风电开发并网方面的经验主要包括高效的前期工作、政府"一站式"服务、统一规划集中送出、大力支持新型技术的研发应用等。

（4）随着我国"十三五"海上风电技术积累与发展，未来需要借鉴欧洲先进发展经验，探索产业质量化发展道路，促进产业稳步健康发展。

建议下一阶段，通过国际交流，研究和制定相关海上风电项目竞争配置办法，明确竞争性思路和技术发展路线。建议加快推动国家级海上风电机组检测认证基地建设，加强大功率海上风电机组、关键部件、基础支撑结构等关键装备的检测和认证，提升设备可靠性和海上风电利用率，保障海上风电装备高质量发展。建议研究集中送出模式的扶持政策、关键技术和价格机制等，探索推动百万千瓦级连片开发示范项目，统一项目资源和电网规划，形成集中连片远距离送出的新模式。

（5）海上风电规模大、造价高，所在区域环境恶劣、可达性差，运维难度大、周期长，因此并网输电系统的可靠性必须给予足够重视。

海缆在整个风电场的运行结构中同时扮演着"血管"和"神经"的角色，除了汇集、传输电能外，其内部还有光纤单元，作为风电场通信及海缆监测信号的通道。场内海缆供应和安装成本一般占工程总投资的 7%～10%。根据海上风电保险公司的统计，欧洲以往海上风电中最大的保险理赔都是海缆事故造成的，欧洲海上风电由于海缆原因发生的索赔占到全部索赔额的 80%，其中 62%是建设期发生损坏的理赔。所以，在风电场海缆采购和安装时一定要慎之又慎，一旦出现损坏或质量问题，其维修成本是难以估量的。另外需要注意，采用高压交流海缆或者通过柔直技术并网的风电场存在振荡的风险，系统故障后稳定形态更加复杂，加之海上风电可达性较差，维修周期长，故障导致的长时间停运可能会对海上风电的安全并网和高效消纳带来影响。

4.2　我国海上风电组网送出技术分析和建议

4.2.1　我国海上风电并网面临的挑战

（1）我国海上风能资源主要分布在东南沿海经济发达地区，海洋活动频繁，用海需求多样，海上风电的用海需求与交通、海事、渔业、国防、环境保护等相互交织，可用于海上风电开发及并网送出的通道资源趋于紧张。

（2）现有海上风电项目集中在近海，密集接入当地电网，对电网的接入、送出能力带来挑战。以江苏省为例，海上风电项目主要分布在长江以北的沿海地区，盐城、南通、连云港三市的占比超过全省的 75%；苏北电源集中，苏南负荷集中，接入网架强度、南北过江通道输电能力均直接影响海上风电的并网送出。

（3）考虑资源潜力、消纳能力、近海海域用地紧张等因素，深远海风电必然是未来海上风电发展的重要方向。相关的基础性、前瞻性研究已陆续展开，但与近海风电场相比，送出通道、并网方式面临更为严苛的要求。以柔性直流为代表的深远海大规模海上风电并网送出技术在我国尚处于试验示范阶段，符合国情的深远海风电开发利用仍有诸多技术难题有待解决。

（4）受西北太平洋季风影响，我国外海台风灾害频发。据统计（1949 年以来），平均每年约 7 次台风登陆我国，覆盖沿海所有省份；广东省、福建省、浙江省是我国台风重灾区。台风等恶劣天气，对海上风电并网送出系统的可靠性、安全性构成直接挑战，运营维护难度明显加大。

（5）我国海岸线长，各地海洋、地质环境差异大、复杂恶劣，开发难度大。在欧洲，海上风电所在海域基本以砂质海床为主，承载力高。我国近海区域海床表层土多为淤泥或粉质黏土，含水量高，承载力小，且厚度较大，工程力学性质差，风电机组以及并网输电系统基础结构在风、波浪、洋流等多种荷载作用下，产生巨大的水平力和倾覆力，为抵抗这些作用力，结构基础必须伸入更深层的海床土中。另外，中国沿海地震基本烈度大部分为 6 度，也比欧洲要高一些。欧洲的海床结构相较于中国更适宜海上风电的基础建设，中国沿海不同地区的海床结构差异较大，恶劣及多样化的地质条件为海上风电机组基础、海上升压站和海缆路由的勘测设计带来了极大的挑战，严重影响风电机组和并网输电系统基础的施工难度和整体造价，也会对相应的技术水平提出更高的要求。因此，如果技术水平相同，我国的海上风电的开发成本将高于欧洲，影响并网系统经济性。

4.2.2　海上风电交直流并网送出方式经济性比较分析

4.2.2.1　交直流输电等价距离

海上风电场采用交流还是直流方式并网，经济性是重要考量因素之一。在输送功率相等和可靠性相当的可比条件下，直流输电和交流输电相比，换流站的投资比变电站的投资高，而直流输电线路的投资比交流输电线路的投资低。当输电距离增加到一定值时，采用直流输电时其线路所节省的费用，刚好可以抵偿换流站所增加的费用，即交直流输电的线路和两端设备的总费用相等，这个输电距离称为交直流输电等价距离，如图 4.2 所示。

通常情况下，当输电距离大于等价距离时，采用直流输电比采用交流输电经济；反之则采用交流输电比较经济。不同容量、不同电压等级输电系统的交直流输电等价距离不尽相同，大多数的算例研究表明当前这一距离在 50～75km 范围内。随着电力电子技术的发展及换流装置价格的下降，等价距离还会缩短。

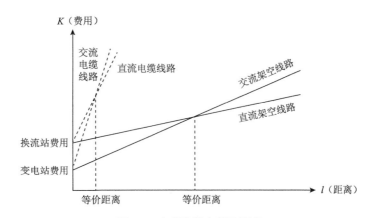

图 4.2　交直流输电等价距离

4.2.2.2　等价距离的影响因素

目前针对交直流并网方案的选择，已有相关研究从经济性的角度出发确定特定容量风电场的经济临界距离。但实际上在海上风电规划阶段，需要在任意给定离岸距离、装机容量下选择经济合理的并网方式，因此需要分析规模、容量等不同因素对海上风电并网方式选取的影响。

有文献从全寿命周期成本分析的角度出发，综合考虑经济性和输电能力因素，建立海上风电场并网方案的优选模型，可为实际工程提供一定的参考。全寿命周期成本是指在产品寿命周期或其预期的有效寿命期内，产品的设计、研究和制造、投资、使用、维修以及产品保障中发生的或可能发生的一切直接的、间接的、派生的或非派生的所有费用的总和。海上风电项目初始投资大、运营成本高，全寿命周期成本分析可以实现初始投资与运营费用之间的平衡。初始投入成本是一次性的成本属于现值，而运行成本、维护成本是每年均会发生的成本。由于资金具有时间价值，因此需要进行折算，可以采用折算为现值的方法进行相关比较（需要考虑折现率）。

研究表明离岸距离、装机容量、上网电价、折现率等都会对项目的经济性产生影响。

（1）离岸距离：随着海上风电场离岸距离的增加，柔性直流并网方式经济性优势逐渐增加，而交流输电方式由于电缆成本较高，且需要大量无功补偿设备，当离岸距离超过等价距离后已不具有经济优势。

（2）装机容量：随着海上风电场装机容量的不断扩大，柔性直流并网方案的成本增速大于交流方式，主要是由于输送容量越大，柔性直流换流站的成本也就越高，其增幅远大于交流方案升压站成本的增幅。

（3）上网电价：随着上网电价的不断提高，柔性直流输电方式的成本也在不断提高，这主要是因为相对于交流系统而言，直流并网方式运行中损耗更大，且损耗主要集中在两端换流站。

（4）折现率：随着折现率的提高，直流并网方式的总成本不断减少。由经济性原理得知，折现率越高，则现值越低。直流并网方式运营期间的运行成本和维护成本均高于交流方式，折现率越高，则交直流并网方式在运营期间的成本差异越小。

4.2.3　我国大型海上风电组网送出方式研究

4.2.3.1　海上风电场集电系统组网方式

风电机组的机端电压多为 690V，电压较低。为了减少电能的损耗，通常在风电机组出口处设置箱式第一级升压变压器将电压升高，在我国一般升高至 35kV（将来 6～10MW 风电机组出口升压变压器电压可能升高至 66kV）。集电系统通过中压集电海缆连接各风电机组，并将风电机组发出的电能汇集至海上变电站，海上变电站将电压等级再次升高，然后由输电系统将电能送至岸上变电站或电网接入点。

综合多方面考虑，在现有技术条件下，传统交流集电系统是经济性与可靠性最好的选择，也是当前国内外海上风电场集电系统普遍选择的技术方案。另外，业界也在针对交直流混合汇集和基于直流风电机组的全直流风电场开展研究。汇集系统拓扑方面，链形结构简单，应用最广泛。交流集电系统电压等级以 35kV 为主，但是随着海上单机容量的增大、风电场海域面积的增加，为了提高输送容量和降低损耗，66kV 集电系统已开始示范应用，90kV 以及更高电压等级的集电系统也正在研究。

4.2.3.2　海上风电场单场点对点送出方式

当前，海上风电场点对点输电技术研究较多的主要包括 HVAC 输电系统、基于晶闸管相控变换器的高压直流（LCC-HVDC）输电系统、VSC-HVDC 输电系统、分频输电系统（fractional frequency transmission system，FFTS）等，其中 LCC-HVDC 输电系统又称常规直流输电系统，VSC-HVDC 输电系统又称柔性直流输电系统[8]。

HVAC 输电系统是海上风电并网输电技术方式中发展较为成熟的一种技术，具有结构简单、工程造价低等特点，目前大多数建成的海上风电场均采用这种并网方案，但是由于高压交流电缆电容充电电流的问题，方案实施过程中需要加装无功补偿设备。LCC-HVDC 输电系统需要安装大量滤波和无功补偿装置，大大增加了海上平台的体积和海上施工的复杂程度，迄今为止并无海上风电工程的应用先例。与 LCC-HVDC 输电系统相比，VSC-HVDC 输电系统不存在换相失败问题，可独立调节有功功率和无功功率，谐波含量少，可提高低电压穿越能力，因而在海上风电并网的研究中获得了广泛的重视与认可[9]。目前欧洲已有多个采用 VSC-HVDC 方案的海上风电场并网运行，规划中的欧洲超级电网也将大量采用 VSC-HVDC 技术。除交直流输电方式外，相关研究人员还探讨提出了分频输电技术等，但是现阶段还没有实际工程案例。

综合考虑技术实用性、成熟度以及经济性等各方面的因素，HVAC 和 VSC-HVDC 输电技术仍将是未来海上风电建设所采用的主要输电技术。长远来看，多种输电技术、多种并网结构共存是未来海上风电并网系统发展的趋势。各种送出方式的综合对比如表 4.6 所示。

表 4.6 各种送出方式综合对比

比较项目	HVAC	LCC-HVDC	VSC-HVDC	FFTS
输电容量	与电压等级和截面有关，目前 220kV 为 300MW 左右；500kV 可达 600~1000MW	苏格兰-英国联网的 Western Link 工程，±600kV 聚丙烯层压纸绝缘海缆，输送容量为 2250MW	目前德国的工程输电能力为 500~900MW；中国 ±400kV 海上风电柔性直流输电系统输送 1100MW 功率	与电压等级和截面有关，频率为 50/3Hz、电压为 220kV、线横截面面积为 1200mm² 时可输送功率约 500MW
传输容量是否受距离限制	是（典型输电距离 < 70km）	否（典型输电距离>70km）	否（典型输电距离>70km）	否（典型输电距离>70km）
电压水平	国内以 110kV 和 220kV 为主，在发展 500kV；国外已建成 132kV、254kV，在发展 220kV 和 400kV	网对网海底应用可达 ±500kV；陆上已达 ±800kV 以上	目前应用已达到±320kV，提出了±400kV；陆上在开展±500kV 的示范和 ±800kV 的研发	目前无实际应用，需根据具体工程确定
支持电网能力	有限，需要动态无功补偿	没有，需要动态无功补偿	可以实现有功无功的独立控制	有限，需要动态无功补偿
电网解耦能力*	无	有	有	无
黑启动能力	有	无	有	有
电缆模型	电阻、电容和电感	电阻	电阻	电阻、电容和电感
系统总损耗	取决于输电距离	2%~3%	4%~6%	取决于输电距离
海上变电站空间	最小	最大	中等	中等

续表

比较项目	HVAC	LCC-HVDC	VSC-HVDC	FFTS
建造费用	电站费用较低、电缆费用较高	电站的费用较高、电缆费用较低	电站费用比 LCC-HVDC 技术高 30%~40%，电缆费用也比 LCC-HVDC 技术高	未知
技术成熟度	高	高	中	低
工程建设情况	国内外均有大量工程应用	无	以德国为代表，已有十余个商业工程应用；国内在示范阶段	无

*指通过电力电子变流器，将两端的交流电网解除电磁耦合并隔离故障的能力。

4.2.3.3　大规模海上风电集群送出方式

从全球海上风电发展与规划的情况来看，近年来，全球海上风电发展呈现大规模化、集群化及深远海化的特点。离岸大于 100km、水深超过 50m 的深远海具有更广阔的海域资源与更庞大的风能储量。以德国、英国为代表的海上风电技术领先国家已经率先布局深远海风电。

我国海岸线长，可利用海域面积广，海上风力资源储备丰富。考虑资源潜力、消纳能力以及近海海域用地日益紧张等因素，深远海风电将成为未来海上风电发展的重要方向。但是，当前我国深远海风电尚属起步阶段，随着海上风电发展的深远海化，相关基础前瞻性研究已陆续展开。与近海风电场相比，深远海风电场的送出通道与并网方式面临更严苛的要求。因此，大规模海上风电集群远距离送出是未来深远海风电开发利用亟须解决的技术难题。

通过对现有海上风电场点对点输电技术的综合利用，未来可用于大规模海上风电集群组网送出的方案主要有以下几种：基于 HVAC 技术的场间交流并联组网交流送出方案、基于 VSC-HVDC 的交流并联组网柔直送出方案、基于 VSC-HVDC 的多端柔性直流送出方案、基于 LCC-HVDC 和 VSC-HVDC 的混合多端直流送出方案。

1. 基于 HVAC 技术的场间交流并联组网交流送出方案

（1）对于总装机容量在 1000MW 左右的风电场群，如果离岸距离较近（30km 以内），可以将风电场容量控制在 300~400MW，设置 3~4 座海上升压站，采用多回交流线路并联送入电网；500kV 海缆技术成熟之后，也可以考虑采用单回 500kV 海缆送出。如果风电场为同一业主，可以考虑采用共平台方案，即 3～4 个海上升压站放置在同一个海上平台上，部分公用设施可以共享，可以大大提高运维的效率，同时降低平台的建造成本。如果风电场群离岸距离相对较远（30～100km），此时充电功率较大，需要在线路两端装设固定或者可控高抗，但需要控制补偿度，注意避免出现高抗和海缆电容之间的谐振现象。

（2）如果风电场群离岸距离很远（100km 以上），可以考虑在海上增设专用无功补偿站进行中端补偿延长电缆输电距离。英国的 Hornsea One 海上风电场即采用该方案，该风电场并网装机容量为 1218MW，采用三回 220kV 线路送出，单回线路总长度为 142km，建有 3 座 220kV 海上升压站和 1 座海上无功补偿站。

2. 基于 VSC-HVDC 的交流并联组网柔直送出方案

对于总装机容量在 1000MW 左右的风电场群，如果离岸距离很远（100km 以上），除了采用 Hornsea One 海上风电场专用无功补偿站的方案外，还可以在多个升压站汇集后接入一座公共海上换流站，采用 1 回高压柔性直流海缆接入陆上主网。采用此种方案，虽然需要建设海上高压直流换流站，但是可以将原先交流送出方案的 3 回高压线路减为 1 回直流线路，大大减少了海缆的使用以及由此带来的海缆敷设施工以及后期运维的相关费用。

当前随着海上风电场规模及单机容量的不断扩大，为降低场内汇集系统损耗，提高传输效率，国内外均在研究应用更高等级的场内汇集电缆。欧洲已经投入 66kV 的集电系统，同时正在研究 90kV 的集电系统。在此背景下，为降低整个北海海上风电集群的建设成本，北海输电运营商 TenneT 提出了一种全新的海上风电场并网方案，即舍弃交流海上升压站，而直接将海上风电机组以 66kV 电压等级的交流海缆接入海上换流平台，实现两站并一站。海上风电权威认证机构挪威船级社（Det Norske Veritas, DNV）与 TenneT 签署协议，将对该海上高压直流换流平台进行认证，认证内容就包括了规划中能实现两站并一站功能的 DolWin5。

这种新型并网设计方案，不但省掉了多个海上交流升压站，而且省掉了原有的连接交流升压站到海上换流站的多回 155kV 交流输电线路，将极大地降低海上风电场建设、维护成本和功率损耗，有效提高风电场的可靠性和经济性。未来，我国的海上风电场也可以考虑采用此种新型设计方案并网。

3. 基于 VSC-HVDC 的多端柔性直流送出方案

直流输电系统一般为点对点进行电力传输，对于大型海上风电场或海上风电场群，为降低输电成本，需要将多个风电场通过直流连接起来，共同向岸上电网输电，形成网对网的电力传输。因此，国内外学者提出了多端直流（multi-terminal direct current，MTDC）输电系统技术。

多端直流输电系统由 3 个或 3 个以上换流站以及换流站之间的高压直流输电线路所组成。MTDC 输电系统能够实现多电源供电，多落点受电，输电方式灵活快捷，能够连接更多和更大容量的风电场和电网，且具有更高的灵活性、可靠性、可控性和经济性。MTDC 输电系统的接线方式可分为串联、并联以及混合接线方式，其中并联式又分为放射式和环网式。与串联式相比，并联式具有线路损耗小、调节范围广、易实现的绝缘配合、灵活的扩建方式以及突出的经济性等优点，因此目前已运行的多端直流输电工程均采用并联式接线方式。

MTDC 输电系统可以分为 LCC-MTDC、VSC-MTDC 及混合 MTDC 系统。LCC-MTDC 系统运行控制方案已经比较成熟，目前已投入运行的 MTDC 工程绝大多数都是基于 LCC 换流器的，但是随着海上风电场的发展，多端柔性直流输电受到越来越多的关注。

4. 基于 LCC-HVDC 和 VSC-HVDC 的混合多端直流送出方案

常规直流和柔性直流两种高压直流输电技术各有其优缺点。国内外学者提出通过断路器将两种直流输电系统在直流侧连接，形成混合高压直流（hybrid high voltage direct current，HHVDC）输电技术。该技术不但可以保留柔性直流输电技术的绝大部分优势，而且可以优化工程造价，对于海上电网相连来说具有很大优势。

混合高压直流输电技术源于对高压直流抽能系统的研究。高压直流抽能系统的研究始于 20 世纪 60 年代，其通过应用逆变装置从两端高压直流输电线路上抽取部分电能供给直流输电线周边地区。早期的抽能换流站一般是基于 LCC 的并联或串联换流站，但是 LCC 的运行依赖于所连交流电网的强度，逆变运行的 LCC 存在换相失败的风险。因此，业界研究了各种可行的方案。1992 年，有学者提出采用基于门极关断晶闸管（GTO）的 VSC 换流站实现 LCC-HVDC 输电系统的抽能，从而构成一种混合抽能系统，即为早期的混合直流输电系统。由于 VSC 抽能系统具有较好的动态特性，因此混合直流输电系统开始得到关注。

混合直流输电技术起源于多端混合直流输电系统的研究，多端混合直流输电系统继承了 LCC 和 VSC 的优点。考虑到目前常规直流输电工程的数量远大于柔性直流工程，以及多端直流输电技术的发展趋势，在 LCC 站不需要潮流反转的情况下，基于 LCC 和 VSC 的混合多端直流输电将有非常广阔的应用前景。目前许多文献对海上风电场混合多端直流输电接入展开了研究。然而，多端混合直流输电技术仍然面临着一些挑战，如快速直流故障清除与恢复、多端混合直流控制保护策略的设计与优化等。

混合多端直流输电系统即 3 个以上换流站通过并联、串联或混联的方式连接起来的直流输电系统，其中至少一个换流站采用常规直流输电技术，至少一个换流站采用柔性直流输电技术。未来可以利用混合直流输电技术充分发挥常规直流输送容量大、造价低、损耗小，柔性直流输电技术可控性高、占地面积小的优势，整流站采用常规直流输电技术，逆变站利用柔性直流输电技术采用多个落点，实现可再生能源的充分利用及大规模高效接入，同时保障电网的安全稳定运行。

混合直流电网是多端直流电网的进一步升级，欧洲在 2008 年即提出了超级电网计划，利用高压直流输电技术构建新一代输电网络。中国也提出了新建直流电网示范工程的计划，可以预见未来 10 年将是混合直流电网快速发展的阶段，混合直流电网是大势所趋，并有望成为未来能源互联网的骨干框架。

当然目前混合多端直流或混合直流电网还处在初级发展阶段，还有很多关键性的问题需要研究解决，主要包括：混合多端直流或混合直流电网的控制保护策略；直流架空线故障的识别、隔离及重启动问题；适用于直流电网的具有较高性价比的直流断路器等。

4.2.4　我国未来海上风电组网规划送出方案建议

对于点对点送出情景：

（1）风电场装机容量在 200MW 以内、离岸距离小于 50km 时，采用 HVAC 比较合适；

（2）风电场装机容量在 200～400MW 时，建议根据离岸距离选择并网方式；

（3）风电场装机容量为 400～600MW 的深远海风电场，采用 VSC-HVDC 较为合适。

对于大规模海上风电集群送出情景，可采用前面所述的交流并联组网交流送出方式，如英国的 Hornsea One 海上风电场；也可以采用交流并联组网柔直送出方式，如德国 DolWin5 柔直工程。

未来随着柔性直流输电技术在海上风电送出工程中的不断应用，利用海上直流送出系统构建高压直流电网成为可行的技术途径；含有"网孔"的输电系统，冗余度大、可靠性高，可以实现海上风电基地的大规模接入并明显减小功率波动对电网的影响。海上风电综合能源岛的概念也是极具潜力的技术方向，将海上风电与储能设施、制氢系统或其他电气转换技术进行有机整合，依托输电、输氢、电氢混合传输等方式实现海上风电的电力外送与综合利用。

按照"应用一批、研究一批、储备一批"的技术发展规律，超前谋划并前瞻布局，立足海上风电、直流技术的发展进步，开展多端柔性直流、混合直流等新型海上风电并网送出技术方案的设计、试验、示范应用；积极开展海上风电直流电网、海上风电综合能源岛相关的前沿技术探索与实践。

4.2.5　小结

（1）目前研究较多的可用于海上风电点对点并网的方式主要有 HVAC、LCC-HVDC、VSC-HVDC 以及 FFTS 等。

综合考虑技术实用性、成熟度以及经济性等各方面的因素，HVAC 和 VSC-HVDC 输电技术仍将是我国"十四五"乃至未来较长时期内海上风电建设所采用的主要输电技术。

（2）海上风电场采用交流还是直流方式并网，经济性是重要考量因素之一，但不是唯一因素。

一般而言，当输电距离大于等价距离时，采用直流输电更加经济；反之，采用交流输电比较经济。当海上风电场容量小于 200MW，且海缆长度小于 50km 时，HVAC 接入方案在大多数的海上风电场工程中被采用。随着电力电子技术和装备的发展，以及换流装置价格的下降，等价距离还会继续缩短。

（3）深远海风电将成为未来海上风电发展的重要方向，大规模海上风电集群远距离送出是未来深远海风电开发利用亟须解决的技术难题。

通过对现有海上风电场点对点输电技术的综合利用，未来可用于大规模海上风电集群组网送出的方案主要有以下几种：交流并联组网交流送出、交流并联组网柔直送出、多端柔性直流输电、混合直流输电方式，其中交流并联组网交流送出、交流并联组网柔直送出两种方案较为成熟，已经商业化、规模化应用，可以作为我国大规模海上风电集群组网送出的主要方案；远期视海上风电发展和直流技术进步，可以考虑开展多端柔性直流、混合直流送出海上风电的方案设计和示范工作。

（4）我国海上风电未来发展面临挑战的核心之一是如何经济高效地解决大规模海上风电并网问题，还有一些技术经济问题需要解决和优化。

一是海上风电并网的技术经济分析和规划设计方面，需要解决综合考虑各种因素，基于技术经济性计算的不同送出方式选择、集电系统设计与优化等技术问题；二是关键装备研发方面，需要解决深远海柔直输电等输电装备、海上平台紧凑化、轻型化、适海化、高可靠性设计等技术问题；三是海上风电组网送出系统的控制与保护方面，需要解决故障穿越、稳定控制、保护整定等技术问题；四是加强海上风电并网先进输电技术研发和应用。德国最近投运和规划的风电并网线路均采用柔性直流输电技术，该技术在远距离海上风电并网方面具有较大优势，应及时开展相关的示范工作，积累经验后再适时推广，同时加强多端柔性直流、混合直流、分频输电等技术的深化研究，推动海上风电组网送出技术的进步。

4.3　我国海上风电消纳分析与建议

4.3.1　我国海上风电消纳面临的挑战

我国海上风电资源大多位于经济发达的沿海各省，这些省份大都是我国的用电负荷中心，其中江苏、广东电网负荷均超过 1 亿 kW，山东、浙江负荷均超过8000 万 kW，福建、上海的负荷也在 3000 万 kW 左右。

这些地区作为西电东送的主要目的地，多直流馈入受端电网的格局已经形成，目前落地华东地区的特高压直流线路已经超过 10 条。同时，中东部地区分布式光伏、分散式风电等新能源电源爆发式增长，装机容量屡创新高。未来数千万甚至上亿千瓦的超大规模海上风电集中接入沿海各省，将会对我国西电东送的格局产生不可忽视的影响。大规模海上风电的接入和多种因素的交织叠加，将会使跨区电力平衡和超大规模交直流混联电网的安全稳定问题更加错综复杂，挑战更加严峻，给海上风电消纳带来挑战。

4.3.2　我国海上风电电力平衡情景测算

4.3.2.1　模型方法

海上风电电力平衡情景测算采用时序生产模拟方法，该方法将系统负荷、风力发电、光伏发电等看作随时间变化的序列，基于电力电量平衡理论，通过建立含海上风电的电力系统调度模型，综合考虑调峰、备用、电网输送、机组爬坡速率等约束条件，使用混合整数规划法，对研究周期进行逐时段的模拟调度，求出每个时段的风电接纳电量，进而分析整个研究周期内的风电消纳情况。

4.3.2.2　江苏电网电力平衡情景测算

江苏电网是华东电网的重要组成部分之一，东连上海、南邻浙江、西接安徽，2020 年，江苏电网有 4 条 1000kV 省际联络线分别与安徽、上海互联，10 条 500kV 省际联络线分别与上海、浙江、安徽互联，3 条 500kV 线路与山西阳城电厂互联，通过 1 回±500kV 龙政直流、1 回±800kV 锦苏直流、1 回±800kV 雁淮直流、1 回±800kV 锡泰直流与华中电网、西南电网、华北电网互联。江苏电网已形成特高压"一交三直"、500kV"六纵六横"的骨干坚强网架。

江苏省内风电几乎均分布在长江以北沿海地区，其中盐城、南通、连云港地区占比超过 75%，而光伏在长江以北、长江以南地区的分布比例则约为 7∶3。江苏北部电源集中，江苏南部负荷集中，电网调峰能力和过江通道输电能力均会影响新能源（含海上风电）的消纳。

在碳达峰碳中和目标背景下，新能源将加速发展。本节结合国家电网有限公司中长期规划数据，搭建了江苏电网 2025 年仿真模型，分析 2025 年江苏电网新能源消纳情况。江苏省 2020 年联络线外来电量敏感性分析如表 4.7 所示。

表 4.7　江苏省 2020 年联络线外来电量敏感性分析

分析项目	数值	单位
全社会用电量	8200	亿 kW·h
全社会最大负荷	15000	万 kW
特高压线路最大受入电力流	4410	万 kW
特高压直流	490	万 kW
特高压交流	3920	万 kW

分析项目	数值	单位
受入电量	1899	亿 kW·h
水电	378	万 kW
火电（煤电）	11304（8381）	万 kW
火电最小技术出力系数	0.45～0.5	—
核电	662	万 kW
风电	3005（其中海上风电 1500）	万 kW
光伏	2100	万 kW

新能源弃电量主要集中在春节、国庆等节假日，春节、国庆的新能源弃电量占全年弃电量的 67%，弃电主要原因为调峰能力不足。江苏电网 2025 年基础场景测算结果如表 4.8 所示。

表 4.8　江苏电网 2025 年基础场景测算结果

变量	数值	单位
新能源弃电率	3.35	%
弃风率	3.74	%
弃光率	2.32	%
新能源发电量	740.95	亿 kW·h
风电发电量	535.60	亿 kW·h
光伏发电量	205.35	亿 kW·h
新能源弃电量	25.70	亿 kW·h
弃风电量	20.82	亿 kW·h
弃光电量	4.88	亿 kW·h

仿真结果显示，基础场景中，2025 年江苏电网新能源发电量为 740.95 亿 kW·h、弃电量为 25.70 亿 kW·h、弃电率为 3.35%。其中，风电发电量为 535.60 亿 kW·h、弃风电量为 20.82 亿 kW·h、弃风率为 3.74%；光伏发电量为 205.35 亿 kW·h、弃光电量为 4.88 亿 kW·h、弃光率为 2.32%。

2025 年基础场景的负荷及弃风、弃光分布情况如图 4.3 所示，典型弃电日和典型非弃电日的出力情况分别如图 4.4、图 4.5 所示。由图 4.3 可知，江苏电网的弃电主要分布在春节、国庆等假期。在典型弃电日，常规机组按最小技术出力运行，但仍有新能源弃电。江苏电网的新能源弃电主要由调峰能力不足引起。

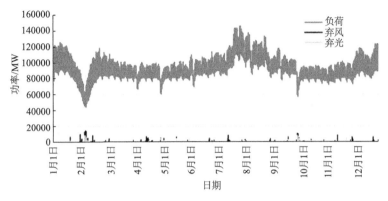

图 4.3　江苏电网 2025 年基础场景负荷及弃风、弃光分布

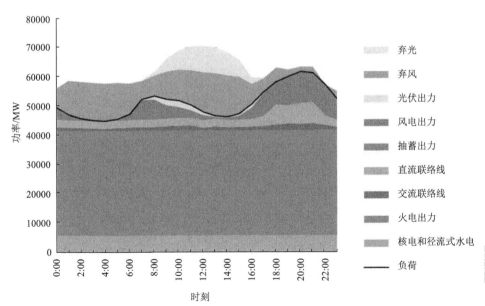

图 4.4　江苏电网 2025 年典型弃电日（2 月 6 日）出力示意图（彩图扫二维码）

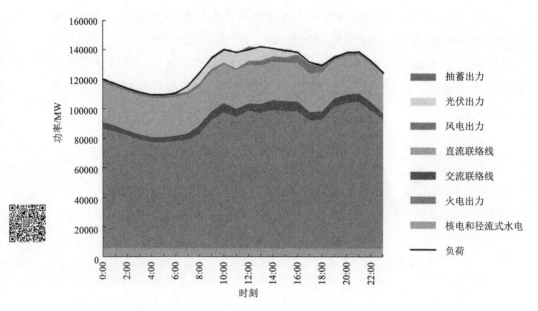

图4.5　江苏电网2025年典型非弃电日（7月24日）出力示意图（彩图扫二维码）

（1）风光装机敏感性分析：测算结果显示，若风电、光伏装机均减少20%，新能源弃电率为2.42%；若风电、光伏装机均增加20%（风电3600万kW、光伏2520万kW），新能源弃电率为4.69%；若风电、光伏装机均增加50%，新能源弃电率为7.17%。江苏电网2025年风光装机敏感性分析测算结果如表4.9所示。

表4.9　江苏电网2025年风光装机敏感性分析测算结果

变量	风电、光伏装机均减少20%	基础场景	风电、光伏装机均增加20%	风电、光伏装机均增加50%
新能源弃电率/%	2.42	3.35	4.69	7.17
弃风率/%	2.72	3.74	5.19	8.01
弃光率/%	1.61	2.32	3.37	4.95
新能源发电量/（亿kW·h）	598.50	740.95	876.83	1067.53
风电发电量/（亿kW·h）	433.02	535.60	633.08	767.82
光伏发电量/（亿kW·h）	165.48	205.35	243.75	299.71
新能源弃电量/（亿kW·h）	14.82	25.70	43.15	82.44
弃风电量/（亿kW·h）	12.12	20.82	34.64	66.82
弃光电量/（亿kW·h）	2.70	4.88	8.51	15.62

（2）火电调峰能力敏感性分析：测算结果显示，当火电最小出力系数降低为0.2～0.25 时，新能源弃电率降为 0.07%，基本不弃电。江苏电网 2025 年火电调峰能力敏感性分析测算结果如表 4.10 所示。

表 4.10 江苏电网 2025 年火电调峰能力敏感性分析测算结果

变量	基础场景（火电最小出力系数为 0.45～0.5）	火电最小出力系数为 0.3～0.35	火电最小出力系数为 0.2～0.25
新能源弃电率/%	3.35	0.85	0.07
弃风率/%	3.74	0.76	0.06
弃光率/%	2.32	1.08	0.08
新能源发电量/（亿 kW·h）	740.95	760.13	766.13
风电发电量/（亿 kW·h）	535.60	552.19	556.07
光伏发电量/（亿 kW·h）	205.35	207.94	210.06
新能源弃电量/（亿 kW·h）	25.70	6.51	0.52
弃风电量/（亿 kW·h）	20.82	4.23	0.36
弃光电量/（亿 kW·h）	4.88	2.28	0.16

（3）受入电量敏感性分析：测算结果显示，若受入电量增加 10%，新能源弃电率增大为 3.67%；若受入电量减少 10%，新能源弃电率减小为 1.83%。江苏电网 2025 年受入电量敏感性分析测算结果如表 4.11 所示。

表 4.11 江苏电网 2025 年受入电量敏感性分析测算结果

变量	受入电量减少 10%	基础场景	受入电量增加 10%
新能源弃电率/%	1.83	3.35	3.67
弃风率/%	2.01	3.74	4.03
弃光率/%	1.34	2.32	2.71
新能源发电量/（亿 kW·h）	752.63	740.95	738.53
风电发电量/（亿 kW·h）	545.22	535.60	534.00
光伏发电量/（亿 kW·h）	207.41	205.35	204.53
新能源弃电量/（亿 kW·h）	14.01	25.70	28.12
弃风电量/（亿 kW·h）	11.20	20.82	22.43
弃光电量/（亿 kW·h）	2.81	4.88	5.69

4.3.2.3 福建电网电力平衡情景测算

福建海上风能资源丰富，全省风能资源总储量为 4131 万 kW，海上技术可开发容量为 2500 万 kW，居全国前列，由于台湾海峡的地形狭管效应，海上风电年利用小时数达到 3500~4000h；截至 2020 年底，福建省核电装机 871 万 kW，是当年国内核电装机占比和发电量最高的省份。

福建电网"十三五"前四年用电量年均增长 6.7%。2019 年福建省用电量规模位居华东第 3 位、全国第 10 位。福建省电力供需形势总体宽松，外送电量快速增加。

随着煤电缓建政策的实施、负荷的发展，福建盈余电力逐步降低。海上风电大规模接入和核电装机占比提高是未来福建能源发展的趋势。结合国家电网有限公司的中长期规划数据，本书搭建了福建电网 2025 年仿真算例，分析 2025 年福建电网新能源消纳情况。

福建电网 2025 年基础场景边界条件如表 4.12 所示。基础场景中，2025 年福建电网新能源发电量为 257.16 亿 kW·h、弃电量为 0.2 亿 kW·h、弃电率为 0.08%。其中，风电发电量为 232.64 亿 kW·h、弃风电量为 0.2 亿 kW·h，弃风率为 0.09%；光伏发电量为 24.52 亿 kW·h、弃光电量为 0，全年新能源消纳情况良好，只在春节前后有少量弃电，具体测算结果如表 4.13 所示。

表 4.12　福建电网 2025 年基础场景边界条件

分析项目	数值	单位
全社会用电量	3370	亿 kW·h
全社会最大负荷	5600	万 kW
最大外送电力流	670	万 kW
浙福特高压	450	万 kW
闽粤联网	220	万 kW
水电（抽蓄）	1745（500）	万 kW
火电	3788	万 kW
核电	1403	万 kW
风电	900（海上风电 450 万 kW）	万 kW
光伏	280	万 kW

表 4.13　福建电网 2025 年基础场景测算结果

变量	数值	单位
新能源弃电率	0.08	%
弃风率	0.09	%
弃光率	0.00	%
新能源发电量	257.16	亿 kW·h
风电发电量	232.64	亿 kW·h
光伏发电量	24.52	亿 kW·h
新能源弃电量	0.20	亿 kW·h
弃风电量	0.20	亿 kW·h
弃光电量	0	亿 kW·h

福建电网 2025 年风光装机敏感性分析测算结果如表 4.14 所示，即使 2025 年福建风电总装机为 4950 万 kW、光伏总装机为 1540 万 kW（基础场景的 5.5 倍），新能源弃电率也仅为 5.07%。

表 4.14　福建电网 2025 年风光装机敏感性分析测算结果

变量	基础场景	风电 1800 万 kW、光伏 560 万 kW	风电 2700 万 kW、光伏 840 万 kW	风电 4950 万 kW、光伏 1540 万 kW
新能源弃电率/%	0.08	0.19	0.10	5.07
弃风率/%	0.09	0.20	0.10	5.44
弃光率/%	0.00	0.00	0.00	1.53
新能源发电量/（亿 kW·h）	257.16	513.8	771.39	1343.81
风电发电量/（亿 kW·h）	232.64	464.76	697.82	1211.00
光伏发电量/（亿 kW·h）	24.52	49.04	73.56	132.81
新能源弃电量/（亿 kW·h）	0.20	0.92	0.70	71.70
弃风电量/（亿 kW·h）	0.20	0.92	0.70	69.64
弃光电量/（亿 kW·h）	0	0	0	2.06

4.3.3　我国海上风电接入稳定问题测算

4.3.3.1　江苏电网稳定性测算

2020 年，江苏电网新能源装机容量为 3093 万 kW。其中，风电、光伏发电并网容量分别为 1775 万 kW（海上风电约 500 万 kW）、1318 万 kW。

稳定分析中，使用江苏电网 2020 年方式（基础方式）数据作为基础数据，并在该数据基础上按照网架结构不变、增加新能源机组的原则进行修改，通过调增 1230 万 kW 风电（其中海上风电调增 1000 万 kW）、782 万 kW 光伏发电，得到 2025 年场景下的江苏电网方式数据。

根据基础方式数据的分析结果，江苏电网整体稳定水平较高，当前方式下的主要稳定问题为苏北到苏南过江通道输送能力受限，过江通道输送能力为 1500 万 kW。

2025 年，江苏电网规划的新能源装机容量为 5105 万 kW，其中，风电、光伏的并网容量分别为 3005 万 kW（其中海上风电 1500 万 kW）、2100 万 kW。基于江苏电网 2025 年规划水平年方式（2025 年方式）数据进行仿真分析得出，江苏电网 2025 年方式下与基础方式下的稳定特性相近，未发生明显变化，过江通道输送能力均约为 1500 万 kW。

此外，针对锡泰直流单极闭锁等典型故障进行仿真得出，新能源装机容量增加，挤占了常规机组的开机容量，使得系统频率特性和电压稳定特性略有恶化，但均未突破所允许的系统运行条件。

锡泰直流单极闭锁故障的仿真结果曲线对比如图 4.6 所示，2025 年方式下频率最大跌幅比基础方式下增加了 0.003Hz，电压最大上升幅度比基础方式增加了 1kV（折算后数值）。

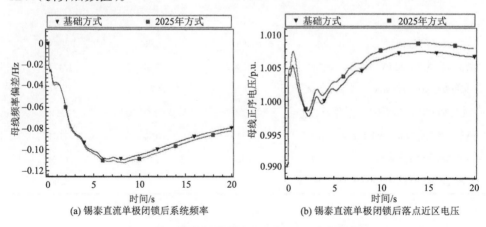

图 4.6　锡泰直流单极闭锁故障仿真结果曲线对比

4.3.3.2　福建电网稳定性测算

2020 年，福建电网规划新能源装机 696.7 万 kW，其中，风电、光伏发电并网分别达到 511.7 万 kW、185 万 kW。

稳定分析中，使用福建电网 2020 年方式（基础方式）数据作为基础数据，并在该数据基础上按照网架结构不变、增加新能源机组的原则进行修改，通过调增 388 万 kW 风电、95 万 kW 光伏发电，得到 2025 年场景下的福建电网方式数据。

　　根据基础方式数据的分析结果，福建电网整体稳定性水平较高，当前方式下主要稳定问题为福建外送通道受限和短路电流水平超标，外送通道如图 4.7 所示。

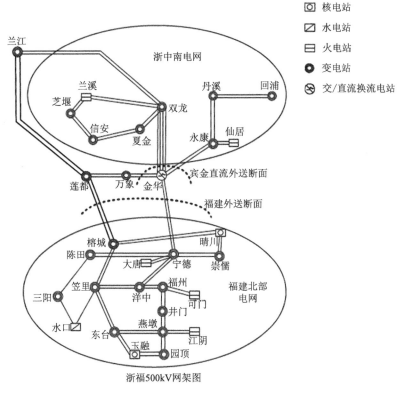

图 4.7　福建电网外送通道示意图

　　2025 年，福建电网规划的新能源装机容量为 1180 万 kW，其中，风电、光伏的并网容量分别为 900 万 kW（其中海上风电 450 万 kW）、280 万 kW。基于福建电网 2025 年规划水平年方式（2025 年方式）数据进行仿真分析得出，福建电网 2025 年方式下与基础方式下的稳定特性相近，福建外送通道输送能力和短路电流水平未发生明显变化。

　　此外，针对宾金直流单极闭锁等典型故障进行仿真得出，新能源装机容量增加，挤占了常规机组开机容量，使得系统频率特性和电压稳定特性略有恶化，但变化较小。宾金直流单极闭锁故障的仿真结果曲线对比如图 4.8 所示。

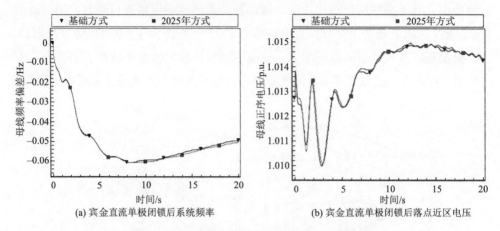

(a) 宾金直流单极闭锁后系统频率　　　(b) 宾金直流单极闭锁后落点近区电压

图 4.8　宾金直流单极闭锁故障仿真结果曲线对比

4.4　我国海上风电消纳建议

推动海上风电消纳，既是紧迫的战略任务，又是一项系统工程，需要政府部门、电网企业、发电企业共同努力、积极主动作为。为促进海上风电消纳，需要出台一系列政策法规，保障各项重点举措能够执行到位并发挥作用。

1. 保持合理发展速度

督促各省严格执行风电投资监测预警机制；在编制海上风电发展规划时，充分考虑海上风电消纳能力；建立规划执行问责机制，增强规划刚性约束。各省级政府按照海上风电消纳能力，有序安排海上风电建设规模。

2. 着重提升系统综合平衡能力

加快推进我国煤电机组深度调峰改造工作，按计划完成改造任务。各省级政府严格管理自备电厂，强制纳入电网统一调度，承担系统调峰义务。电网企业精心组织、保障投入、合理安排施工进度、高质量按期建成特高压跨省跨区工程，充分发挥已建在建特高压跨省跨区输电通道的作用。

3. 发挥市场配置资源的作用

推广调峰辅助服务机制，利用好可再生能源配额制及绿色证书交易制度。加快建设全国范围的中长期市场、现货市场和辅助服务市场，逐步将发电权交易、直接交易等交易机制纳入成熟的电力市场体系中。各省级政府按照国家要求，放开省内发用电计划。除国家指令性计划和政府间框架协议电量外，完全放开省间交易。

4. 充分调动各方参与

完善并落实电能替代财政补贴和税收优惠政策，鼓励取消电能替代项目城市公用事业附加费；出台抽水蓄能电价疏导机制，保证投资者的合理回报；出台产业扶持政策，推动储能、光热发电等前瞻性技术商业化应用。地方政府出台对分散式电采暖、电锅炉、电窑炉、热泵、港口岸电等重点项目的奖励、补贴与专项资金支持。用户提高可中断负荷管理能力，充分挖掘负荷侧调节的灵活性。

5. 积极完善标准体制机制

针对海上风电并网特性，开展相关标准制修订工作，将国家电网企业标准《海上风电场接入电网技术规定》（Q/GDW 11410—2015）上升为国家标准，统一要求，保障大规模海上风电接入后整个电力系统的安全稳定运行和海上风电高效消纳。促进海上风电发展的商业模式创新，结合海上风电基地，建设包括其他相关领域如海上风电制氢、海水淡化、储能及海洋牧场等的综合体，实现海上风电综合开发利用。

4.5　我国海上风电并网送出策略及建议

4.5.1　整体策略

1. 统一规划、集中送出

在海上风电并网送出方面，应及早对风电场建设、并网进行规划引导，从场址资源分配方面进行源头把控；统一调配输电通道走廊资源，最大限度地降低海上风电开发对自然环境的影响；优化海上风电并网送出成本，避免低效和重复投资。

2. 加强网架、电网互联

海上风电规模化发展对降低海上风电成本具有重要作用。为实现大容量海上风电的规模化并网送出，应配套建设更高电压等级的电网、开展更大范围的互联，提升电网结构的强度，支撑大规模海上风电的可靠接入。

3. 交直结合、因地制宜

不同国家海上风电所处的发展阶段、电网结构、经济承受能力不尽相同，对输电方案的需求各异：有些项目风电规模小、离岸近，多采用交流方案；有些项目风电规模大、离岸远，宜采用柔直方案。我国的海上风电建设，应因地制宜地选用相应的并网送出技术方案，确保海上风电安全可靠、经济高效地并网运行。

4. 经济可靠、统筹兼顾

海上风电场采用交流还是直流方式并网，经济性是重要考量因素，但也不是唯一因素。海上风电规模大、造价高，所在区域环境恶劣、可达性差，运维难度大、周期长，必须高度重视并网送出方案的可靠性。在规划设计、方案比选、运行维护等各个阶段，采取必要的技术措施来保障恶劣环境条件下大规模并网送出系统的可靠性，减少故障导致的潜在重大损失。

4.5.2 发展建议

1. 摸清资源储量，确定统一规划理念

在未来海上风电大规模开发利用之前，应准确掌握海上风电的资源储量、分布特性，资源评估应先行。我国海岸线长，各地海洋/地质环境差异大、开发条件各异，随着开发技术的快速迭代，需要对现有的资源数据进行更新，确定最新的技术经济可开发量。由近海走向远海、由浅海走向深海，是海上风电未来发展的必然趋势。需要尽早掌握深远海的风能资源储量、分布情况，采用统一规划的理念来指导海上风电规模化开发和利用，从源头做好各类区域的统一规划、项目布局。

2. 加强自主创新，突破并网关键技术

我国海上风电经过多年的发展，已经从潮间带、近海逐步转向深远海，需要在深远海风电技术领域提前谋划、早做储备。经济高效地解决大规模海上风电并网问题是核心挑战之一，需要加强自主创新，在交/直流并网技术经济分析、并网关键技术研发、运行控制优化、新型技术运用等方面开展深入而系统的研究；构建海上风电并网技术研发体系，形成兼具引领性和创新性的综合应用示范平台，突破部分关键技术装备的"卡脖子"问题。

3. 完善运行机制，支持高质量发展

我国海上风电经过近年来的快速建设，装机容量已位居世界前列；受补贴退出政策的影响而出现的海上风电抢装潮，不利于海上风电的健康可持续发展。建议开展海上风电集中送出模式研究，探索推动吉瓦级示范项目建设，统一项目资源、电网规划，形成集中连片远距离送出的新态势。建议加快海上风电并网及各环节标准、规范研制，推动国家级海上风电检测认证基地建设；加强大功率海上风电机组、关键部件、基础支撑结构等关键装备的检测和认证，提升设备可靠性和海上风电利用率，保障海上风电高质量发展。

4. 坚持多措并举，实现高效消纳利用

海上风电消纳涉及电力系统发、输、配、用多个环节，与发展方式、技术进步、电力体制改革、市场交易机制、政策措施等密切相关，实现海上风电高效消纳，既需要"源-网-荷"技术驱动，也需要政策引导和市场机制配合。"源-网-荷"是"硬件系统"，决定海上风电消纳的技术潜力；政策引导和市场机制是"软件系统"，决定技术潜力发挥的程度。促进海上风电消纳，需要多措并举、综合施策，在源、网、荷侧分别通过挖掘现有电源调节能力和加快建设调峰电源、扩大海上风电消纳市场和加强电网统一调度、推进电能替代和引导用户参与需求响应等措施加强海上风电消纳。此外，在体制机制方面，着力打破省间壁垒，建立有利于海上风电消纳的市场机制。

5. 注重对外交流，促进产业国际合作

欧洲海上风电起步早，以电价政策为中心的全方位、体系化、长期性扶持政策发挥了关键作用；竞价上网已经成为海上风电发展的新模式，加快海上风电技术提升、成本降低成为社会共识。针对我国海上风电补贴政策退出的实际状况，建议加强对外的行业性交流，探讨并借鉴欧洲海上风电项目竞争配置办法，明晰我国的中长期竞争性发展思路、技术发展路线。英国、德国、丹麦等欧洲国家在海上风电开发并网方面拥有丰富且有成效的经验，如高效的前期工作、管理机构"一站式"服务、新技术研发与应用支持等，这也是值得我国参考的重要内容。借鉴成熟市场发展经验，探索产业高质量、可持续发展道路，有利于产业平稳健康发展。

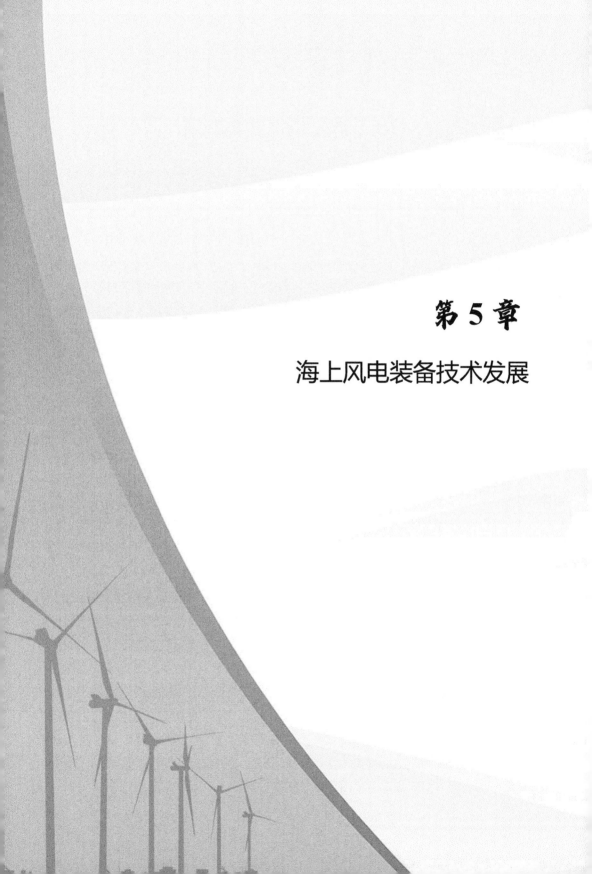

第 5 章

海上风电装备技术发展

5.1　海上风电装备概述

5.1.1　海上风电装备分类

风电装备是指利用风能发电或者风力发电的设备。风电装备是风电产业的重要组成部分，也是风电产业发展的基础和保障。风电设备行业是包括风电机组制造、风电相关零配件制造研发的行业，包括生产整机以及整机所需的叶片、紧固件、变流器、风力发电机等的企业。

根据装备在海上风电系统中所处的环节，可以将海上风电装备分为发电装备、升压平台、换流平台以及电缆装备四大类。

5.1.1.1　发电装备

海上风电发电装备包含发电机、变流器、叶片、轴承、机组变压器、变桨系统等。风机的工作原理是空气动力学原理。风吹过叶片形成叶片正反面的压差，这种压差会产生升力，令风机旋转并经过齿轮箱进而带动风力发电机转子旋转。由此，叶片和风机将风的动能（即空气的动能）转化成发电机转子的动能，然后再将转子的动能又转化成电能输出[10]。

发电机是风力发电所需的装置。变流器可以优化风力发电系统的运行，实现宽风速范围内的变速恒频发电，改善风机效率和传输链的工作状况，减少发电机损耗，提高运行效率，提升风能利用率。叶片是风力发电机用来获取风能的主要部件之一，其良好的设计、可靠的质量和优越的性能是保证机组正常稳定运行的决定因素。轴承中最重要的是主轴承，主轴承承担了支撑轮毂处传递过来的各种负载的作用，并将扭矩传递给齿轮箱，将轴向推力、扭矩和弯矩传递给机座和塔架，是风力发电装备的核心部件，如图 5.1 所示。海上风电机组专用变压器的作用是将风电机组发出的交流低压电经升压变为 10kV 或 35kV 电压，通过海缆输送到风电场升压站。机组变压器是升压变压器，含有高压限流熔断器、负荷开关、低压开关及相应辅助设备。变桨系统可以及时调整叶片角度，能够在保障机组安全的前提下保证额定的输出功率，如图 5.2 所示。

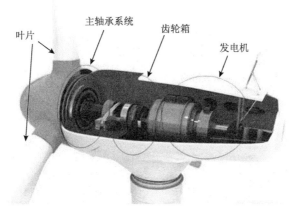

图 5.1　风力发电机组机舱及叶片示意图

图 5.2　变桨系统示意图

5.1.1.2　升压平台

海上风电升压平台包含升压变压器、无功补偿装置、隔离开关等，将风电机组发出的低压交流电转变为高压电，提升输送容量。海上升压变压器作为提升电压等级、连接海上风电与陆上电网的枢纽，已经成为海上变电站中的关键电气设备。海上升压变压器的选型不仅决定了海上传输系统的电气特性、可靠性及经济性，也决定了海上变电站上层结构的体积与重量。其数量及形式是海上变电站设计时需要考虑的主要问题之一。国内风电场中常用的动态无功补偿方式是在风力发电机出口安装并联电容器组或在风电场母线集中安装并联电容器组。海上升压变压器安装图如图 5.3 所示。

图 5.3　海上升压变压器安装图

5.1.1.3　换流平台

海上风电换流平台包含柔直换流阀、直流控制保护设备、联接变压器、直流 GIS。柔直换流技术主要解决大容量远距离输电问题。国内柔性直流输电技术起步较晚，柔性直流控制保护设备是从特高压直流控制保护设备发展而来的，并且随着柔性直流输电工程的增多，技术也趋于成熟。联接变压器是特高压直流输电工程和柔性直流输电工程中至关重要的关键设备，是交、直流输电系统中的整流、逆变两端接口的核心设备。它的投入和安全运行是工程取得发电效益的关键和重要保证。国内交流 GIS 设备比较成熟，最高电压电流等级与国外相同[11]。国内外直流 GIS 处于初步应用阶段，三峡新能源江苏如东 ±400kV 柔性直流输电示范工程于 2021 年建成并投运，其换流平台如图 5.4 所示。国内首台 ±550kV 直流 GIS 完成长期带电试验。

图 5.4　三峡新能源江苏如东海上风电换流平台

5.1.1.4　电缆装备

海上风电电缆装备分为交流海缆、交流电缆附件、直流海缆、直流海缆附件。海底电力电缆是海底输电工程中最重要的设备之一。海缆根据绝缘材料分主要有充油电缆、油浸纸包绝缘电缆和挤包绝缘电缆三种。海缆横截面结构如图 5.5 所示。

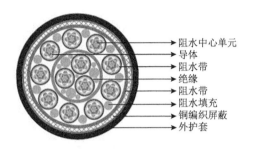

图 5.5　海缆横截面结构图

5.1.2　海上风电装备发展的意义

为应对气候变化，全球正在大力规模化开发利用可再生能源，加速能源清洁低碳转型，2020 年 9 月和 12 月，国家主席习近平在第七十五届联合国大会一般性辩论上正式宣布："中国将提高国家自主贡献力度，采取更加有力的政策和措施，二氧化碳排放力争于 2030 年前达到峰值，努力争取 2060 年前实现碳中和。"党的二十大报告中指出，要深入推进能源革命，加快规划建设新型能源体系。这一系列措施进一步明确了新时代我国能源发展的方向。

我国能源资源分布极不均衡，煤炭、水力资源、油气资源大多分布在西部地区，风光等新能源主要集中于"三北"地区，负荷中心在中东部地区。能源资源和负荷需求呈逆向分布。我国海上风能资源丰富，距离负荷中心近，并且海上风电具有运行效率高、不占用土地等特点，适宜大规模开发，将成为我国大力发展可再生能源的重要内容。

中国是一个海洋大国，有着丰富的海上风能资源，发展海上风电的优势明显，海面平坦，风速一般较大，输电距离短、效率高，且海上建设风电场可以降低土地使用费，有些地区海上风电的平均年利用小时数甚至高出陆上风电一倍。更为重要的是，沿海地区多为人类生活密集区域，用电负荷高，有利于海上风电就近消纳，弃风风险低。但我国东部地区陆上可再生能源的开发潜力有限，要想实现可再生能源的本地化开发和就近消纳，必须大力发展海上风电，特别是资源和储量更好的深远海风电。

海上风电具有资源丰富、发电年利用小时数高、单机容量大、不占用土地、不消耗水资源、适宜大规模开发、离高负荷中心近等优点，同时也存在维护费用高、建设成本与风险大的缺点。海上风电建设对码头有较高的要求，同时针对海上复杂的施工环境，在海上风电建设过程中，还需对海洋气象、潮位等信息进行监测，以防止台风、腐蚀等方面的影响，建设成本整体较高。此外，海上风电设备的维修和保养难度大，费用高，直接影响风电成本；海上风电操作人员必须经过系统培训，不仅要具备电气、机械等专业知识，还要具备海洋水文气象相关知识。海上风电优缺点对比如表 5.1 所示。

表 5.1　海上风电优缺点对比

优缺点	具体内容
优点	海上风电的风能资源的能量效益比陆地风电场高，平均空气密度较高，发电效率好，年发电量较陆上风电能多出 20%~40%
	海上风湍流强度小、风切变小，受到地形、气候影响小
	风电场建设受噪声、景观、电磁波等问题限制少
	不占用土地资源
	沿海区域用电需求大
缺点	成本高，基础建设耗费人力物力
	对于整机来说，防腐蚀是一个十分重要的技术因素
	南方台风对风机破坏强度大
	电网建设配套成本很高

我国在海上风电快速发展的同时，还面临着诸多问题，如技术装备水平与欧洲先进水平还存在一定差距，经济性有待提高。大力发展海上风电目前需要降低海上风电场总投资、降低专用设备及安装船的成本。从海上风电设备的角度看，降低海上风电场总投资和专用设备成本，需要分析目前海上设备实际发展水平，对比分析与欧洲先进水平存在的差距，寻找设备发展瓶颈问题，提出对应发展方向和发展策略，推动海上风电的进一步发展，推动我国能源转型。

5.2　海上风电装备技术的发展现状和支撑能力

5.2.1　发电装备

5.2.1.1　发电机

海上风电发电技术路线主要分为：直驱永磁发电、双馈异步发电及半直驱发电。目前国内各个风电厂家掌握的技术路线均不同，但是基本都拥有了自己成熟的技术路线。

由于海上风电的风力资源丰富、风向稳定、发电小时数高等优势，海上风电成为可再生能源发展的重要领域之一。但海上风电施工成本较高，同时由于环境复杂、安装及运维难度大等特点，对风电机组提出了更大单机容量、更少维护成本、更高可靠性等要求。随着海上风电逐渐向远海深海领域发展，单机容量越大，风电场的总投资成本越低，回报率越高，因此国内外风电机组厂家都在进行更大单机容量的风电机组的研发。

目前国外风电机组厂家中美国通用电气公司（GE）、西门子歌美飒以及维斯塔斯风力技术集团（Vestas）占据了全球海上风机的主要市场份额。在风电机组的单机功率等级的装备竞赛中，2022 年欧洲海上风电场采用的单机风电机组主流功率等级为 8MW；美国通用电气公司于 2019 年在荷兰鹿特丹市投运的风电机组为当年世界上已投运的最大单机功率风电机组，单机功率为 12MW；2020 年 5 月 19 日，西门子歌美飒发布 14MW 海上直驱风机，型号为 SG14-222DD，叶轮直径达 222m，成为当时全球正式发布的最大容量风电机组，在丹麦试验场正式并网发电，并获得英国 Sofia 海上风电项目订单，预计 2025 年开始安装。全球海上风电机组的发展对比图如图 5.6 所示。

国内机组的发展中大型化趋势同样明显，但由于起步较晚，与国外风电机组的技术水平仍然存在一定差距，无法达到国外领先水平。2019 年 9 月国内由金风科技股份有限公司研发的具有完全自主知识产权的 8MW 机组 GW175-8.0MW 首次亮相，并于 2019 年底在兴化湾二期项目中完成吊装。同月，东方电气风电股份有限公司与中国长江三峡集团有限公司联合研制的国内单机最大 10MW 海上风电机组 DF11MW-185 正式下线。2020 年 7 月 12 日，国内首台 10MW 机组在中国长江三峡集团有限公司福建福清兴化湾二期海上风电场成功并网发电。该机组的并网发电标志着我国具备 10MW 大容量海上风机自主设计、研发、制造、安装、调试、运行能力。2021 年 8 月明阳智慧能源集团股份公司推出 16MW 机型设计方案，2022 年 11 月首台样机下线。我国 2020 年已并网发电的部分 8MW+海上风机情况如表 5.2 所示。

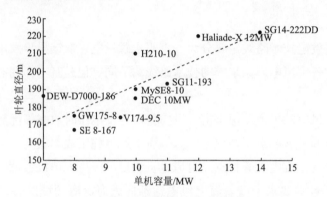

图 5.6　全球大容量海上风电机组发展对比图

表 5.2　2020 年国内部分已并网发电的 8MW+海上风机

企业	型号	风机容量/MW
东方电气风电股份有限公司	D10000-185	10
金风科技股份有限公司	GW175-8.0MW	8
上海电气风电集团股份有限公司	167-8.0MW	8

5.2.1.2　变流器

由于我国在风电起步阶段风力发电技术基础薄弱，起步阶段时风电变流器只能引进国外的先进技术。直到近年来，由于风电市场发展迅猛，相关技术同步不断突破，风电变流器国产化趋势才逐步显现。表 5.3 列出了当前主流商用风电变流器的技术参数。目前 6MW 以内风电变流器以两电平并联拓扑为主，8～12MW 风电变流器多采用三电平并联拓扑[12]。

表 5.3　主流商用风电变流器技术参数

制造商	变流器系列	额定功率/MW	额定电压	拓扑结构
阿西布朗勃法瑞公司	ACS 880	0.8~8	690V	两电平并联
阿西布朗勃法瑞公司	PCS 6000	4~12	3.3/4.16kV	三电平并联
科孚德机电公司	MV 3000	0.5~6	690V	两电平并联
科孚德机电公司	MV 7000	5~8	3.3kV	三电平中点钳位（neutral point clamping，NPC）
阳光能源控股有限公司	—	2~8	690V	两电平并联
阳光能源控股有限公司	—	5~12	3.3kV	三电平并联
深圳市禾望电气股份有限公司	HW FP690	5.5	690V	两电平并联
深圳市禾望电气股份有限公司	HW 8000	5~8	3000V	三电平 NPC
海德新能源有限公司	HD04FPx000	4~8	690V	两电平并联

国际上，阿西布朗勃法瑞公司研发的中压风电换流器 PCS 6000 采用三电平并联拓扑结构，可覆盖功率等级为 4~12MW；低压变换器 ACS 880 则使用两电平并联拓扑结构覆盖 0.8~8MW 功率等级。科孚德机电（CONVERTEAM）公司的 MV 3000 与 MV 7000 分别为低压两电平并联与中压三电平 NPC 结构，分别满足 0.5~6MW、5~8MW 功率等级。

国内阳光能源控股有限公司、深圳市禾望电气股份有限公司、海德新能源有限公司等厂商多年来致力于变流器国产化，并取得了一定的突破，目前已成功研发生产了可覆盖 12MW 功率的两电平、三电平拓扑结构的风电变流器，在变流器国产化道路上迈出了宝贵的一步。目前国内阳光能源控股有限公司已研发出功率等级覆盖 1.5~12MW、电压等级为 690V/900V/1140V/3300V 的多款风电变流器，其全功率 4MW 级风电变流器应用于内蒙古乌兰察布风电基地一期示范项目。深圳市禾望电气股份有限公司自主研发的 HW 8000 系列 5~8MW 全功率中压海上风电变流器，继 2016 年 3 月在湘电风能有限公司风能新技术开放实验室完成地面实验后，2017 年顺利在张北实验基地实现挂机并网发电。

5.2.1.3　叶片

风机叶片是风力发电机的核心部件之一，用于获取风能，既要质量轻，又要满足强度与刚度要求。目前，国外厂家多采用碳纤维复合材料，而国内厂家受技术水平限制，仍然以玻璃纤维或碳-玻混合工艺为主。

在风电叶片长度发展方面，达到 100m 及以上长度的风电叶片包括西门子歌美飒为式样样机 SG14-222DD 配套研制的 112m 叶片、德国埃若旦（Aerodyn, AE）公司为 11～15MW 机型研制的 111m 叶片、西门子歌美飒发布的 108m 叶片、丹麦艾尔姆风能叶片制品公司（LM Wind Power）为 GE Haliade-X 12/13MW 海上风电机组设计的 107m 叶片。

我国叶片厂商也紧跟国际海上风电发展脚步，2020 年 2 月，在中国质量认证中心的见证下，上海电气风电集团股份有限公司自主研发的海上风电叶片 S90 一次性通过全尺寸静力测试，刷新了国内大型叶片测试的纪录。该叶片长达 90m，打破纪录成为世界最长的风电玻纤叶片。2021 年 11 月 22 日，东方电气风电股份有限公司自主研制、拥有完全自主知识产权的 B1030A 型风电叶片在东方电气风电（山东）有限公司下线，该叶片长度为 103m。国内外叶片参数对比如表 5.4 所示。

表 5.4　国内外叶片参数对比

制造商	叶片长度/m	材料
西门子歌美飒	108	碳纤维复合材料
艾尔姆风能叶片制品公司	107	碳纤维复合材料
东方电气风电股份有限公司	103	碳纤维
上海电气风电集团股份有限公司	90	玻璃纤维
中材科技股份有限公司	77.7	碳纤维和玻璃纤维
金风科技股份有限公司	64.2	全聚氨酯

5.2.1.4　轴承

轴承是风力发电机组的核心部件，需承受巨大的震动冲击，并具备防潮防腐、较高的抗疲劳性和载荷能力。目前大容量风电机组的传动系统轴承（包括主轴承、齿轮箱轴承）基本被国外斯凯孚公司、费舍尔公司、铁姆肯公司等垄断。国内实现了 6MW 以下主轴承的自主研制，主要厂家有洛阳 LYC 轴承有限公司（以下简称洛轴）和瓦房店轴承集团有限责任公司（以下简称瓦轴）等。

由于 2020 年开始，风电轴承的市场需求不断增长，且因全球疫情，位于欧洲的轴承工厂受到较大影响，目前已有风机制造企业在用国产的主轴承，主要是瓦轴、洛轴。2020 年 11 月，洛阳轴承研究所有限公司研制的 4.5MW 级风电主轴承成功下线。2020 年 12 月，瓦轴自主研制的用于 11MW 半直驱海上风电机组发电机的大型深沟球轴承和大型圆柱滚子轴承顺利出产，已通过客户验收并供货。但国内的主轴承制造在设计、仿真以及运行经验积累等方面与国外仍存在差距。

如图 5.7 所示，尽管如瓦轴、洛轴等企业已经可以生产主轴承，但大部分国产厂家只具备偏航轴承和变桨轴承的设计生产能力，在大兆瓦风机的主轴承、直驱机型的电机轴承、增速机的主轴承方面，与国外技术研究仍存在一定差距，且市场基本由斯凯孚公司（SKF）、舍弗勒公司（Schaeffler ）、铁姆肯公司（TIMKEN）等极少数国外品牌占据。

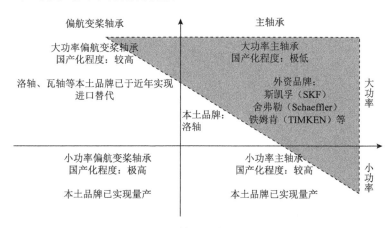

图 5.7　轴承国产化情况

5.2.1.5　变桨系统

全球投入的商业运行的风力发电机组均采用了变桨距控制技术，且主流变桨距控制技术为液压变桨和电动变桨两种。变桨距控制与变频技术相结合，使风机在任何工况下都能捕捉到最佳的风能，提高了风力发电机组的风能利用率，减少了风力对风机的冲击，变桨距与变频控制一起构成了兆瓦级变速恒频风力发电机组的核心技术。

变桨系统包括液压变桨系统和电动变桨系统。维斯塔斯风力技术集团、西门子歌美飒、西班牙阿驰奥纳（Acciona）公司、德国 Dewind 公司、日本三菱重工业股份有限公司等国外企业垄断了 5MW 及以上的大容量风电机组变桨系统。国内东方电气风电股份有限公司、深圳市汇川技术股份有限公司、恒丰赛特实业（上海）有限公司等企业具有液压变桨的制造能力，但变桨油缸、油泵等高精度核心机械部件基本为进口产品。变桨系统国内外现状对比如表 5.5 所示。

表 5.5　变桨系统国内外现状对比

变桨系统		现状
液压变桨系统	液压泵站	国外产品
	控制阀块	国外设计 国内制造
	液压油缸	中高端均为 国外产品
	蓄能器	中高端均为 国外产品
电动变桨系统	电动机	国内产品
	减速装置	国内产品
	控制器	中高端均为 国外产品
	传感器	中高端均为 国外产品

5.2.1.6　机组变压器

风电机组的箱式变压器，是升压变压器，含有高压限流熔断器、负荷开关、低压开关及相应的辅助设备。它将风力发电机组发出的电压升高，经高压电缆线路向上输出电能。常见的风电场 35kV 箱式变压器的作用是将风机出口的 690V 电压升压至 35kV，再经集电线路至升压站。

由于海上风电项目一般位于近海或滩涂地带，海上风机升压变压器被集成到海上风电机组的机舱或塔筒内。升压变压器一般选用干式变压器或者特殊类型的油浸式变压器。相对于陆上风机的箱式变电站，海上气候环境对升压变压器有诸多特殊要求，如防腐蚀、防潮、防火、免维护、安全、环保等。油浸式变压器怕潮、易燃、不防火、需经常维护并对环境会造成一定污染，而干式变压器具有优良的防腐蚀、防潮、防火、免维护、环保等性能，是 6MW 以下风电机组的首选。国外美国通用电气公司、阿西布朗勃法瑞公司产品技术成熟，国内广东明阳电气股份有限公司等也有自己的产品。

油浸式变压器具有一定的起火风险，但是体积小、重量轻、抗负载变化冲击能力强，适用于大容量机组，66kV 风电汇集系统多采用油浸式变压器。国外厂商有施密特工业（SMIT）公司、阿西布朗勃法瑞公司和西门子股份公司等，国内特变电工衡阳变压器有限公司研制的首台 35kV/12.5MV·A 植物油变压器已投入工程使用。

5.2.1.7　塔筒

常规风机塔筒的材料为钢板，国外制造商包括韩国的斗山集团、东国制钢有限公司等，美国的 Trinity Industries 公司、Broadwind 公司等，西班牙的 Windar Photonics 公司等，丹麦的 Valmont SM 公司、Welcon 等。其中美国通用电气公司已推出基于高性能混凝土的风机塔筒 3D 打印技术，塔筒高达 160m。在塔筒高大化发展过程中，主要有全钢柔性塔筒、砼钢混合塔筒以及全混凝土塔筒三种技术路线。相关技术在海外已经有近 20 年的历史，国际主流风机厂商西班牙阿驰奥纳公司、德国 ENERCON GmbH 公司、西班牙西门子歌美飒公司对相关技术均有大规模的应用。巴西、智利、丹麦已有数个风电场采用混凝土塔筒，西班牙和英国等国的新项目也有采用。我国目前已能满足 6MW 级风机塔架的设计生产，并为美国通用电气公司、维斯塔斯风力技术集团、西门子股份公司、法国阿尔斯通公司等一流国际风电设备整机厂商生产配套塔筒结构。我国塔筒主要生产厂商包括天顺风能（苏州）股份有限公司、上海泰胜风能装备股份有限公司、大金重工股份有限公司、青岛天能重工股份有限公司。

5.2.2　升压平台

5.2.2.1　升压变压器

升压变压器主要有双绕组变压器和分裂变压器两种技术路线。接线示意图如图 5.8 所示。

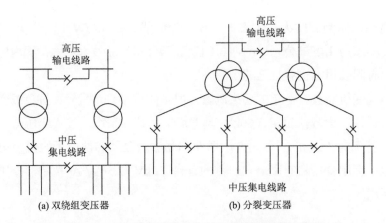

图 5.8　双绕组变压器与分裂变压器的接线示意图

　　双绕组变压器国内外技术水平相当，国外制造商有美国通用电气公司、阿西布朗勃法瑞公司等，其中 Hornsea One 工程参数为 220kV/250MV·A；国内制造商有江苏华鹏变压器有限公司、特变电工股份有限公司、中国西电集团有限公司等，三峡新能源江苏如东工程与国外基本相同（220kV/240MV·A）。分裂变压器国外已投运设备的最大参数等级为 220kV/350MV·A（阿西布朗勃法瑞公司），国内制造商暂无投运设备。

5.2.2.2　隔离开关

　　隔离开关主要用于系统维护期间的安全隔离，是电力系统中最为常见的设备之一，已拥有相当成熟的生产制造体系。目前国内外开关厂家都有一套成熟的用于不同电压等级及不同布置方式的开关系列产品。目前，海上平台的隔离开关根据具体布局要求具备多种形式，主要采用如下常见形式：中心断口隔离开关、双面隔离开关、双柱水平伸缩式隔离开关、单柱双臂垂直伸缩式隔离开关、V 形中心断口隔离开关、单柱单臂垂直伸缩式隔离开关。

5.2.3　换流平台

5.2.3.1　柔性直流换流阀

　　国外已投运的海上风电柔性直流并网工程容量均在±320kV/1000MW 左右，换流阀主要制造商有阿西布朗勃法瑞公司、西门子股份公司和美国通用电气公司，其中阿西布朗勃法瑞公司和西门子股份公司占据绝大部分市场份额。在工程技术方面，柔性直流输电技术的实际工程主要由阿西布朗勃法瑞公司和西门子股份公司建设，阿尔斯通公司也开始建设柔性直流输电工程。HelWin1 工程中西门子股份公司换流阀厅如图 5.9 所示。

图 5.9　HelWin1 工程中西门子股份公司换流阀厅

2013 年，南澳三端柔性直流输电工程正式投产，该项目最大输送容量为 200MW，直流电压为±160kV。2014 年舟山五端柔性直流输电工程正式投运，其直流电压为±200kV，最大传输容量为 400MW，是世界第一个五端柔性直流工程。2015 年厦门柔性直流输电工程正式投运，其直流电压为±320kV，传输容量为 1000MW，是世界第一个真双极柔性直流工程。2016 年鲁西背靠背柔性直流输电工程正式投运，其直流电压为±350kV，传输容量为 1000MW。2019 年，渝鄂背靠背柔性直流工程投运，其直流电压为±420kV，传输容量为 4 × 1250MW。2020 年，世界首个直流电网工程——张北柔性直流电网工程投运，其直流电压为±500kV，最大传输容量为 3000MW。2021 年，三峡新能源江苏如东项目在国内首次将柔性直流输电技术运用于海上风电，是国内首个±400kV 柔性直流输电海上风电项目，直流海缆输电距离超 100km，是目前国内电压等级最高、输送距离最长的柔性直流输电海缆。

国内具有柔性直流输电换流阀生产能力的厂家有中电普瑞电力工程有限公司、南京南瑞继保电气有限公司、荣信汇科电气股份有限公司、西安西电电力系统有限公司、许继柔性输电系统公司、特变电工股份有限公司等。其中许继柔性输电系统公司为我国首个海上风电三峡新能源江苏如东工程海上站供货，工程于2021 年 11 月正式并网。

5.2.3.2　直流控制保护设备

直流控制保护设备的发展是与柔性直流输电技术的发展分不开的。随着国际市场上柔性直流输电工程的增多，阿西布朗勃法瑞公司、西门子股份公司、阿尔斯通公司以及美国通用电气公司等国际知名厂商具备柔性直流输电工程的成套设计能力，包括直流控制保护设备。

自阿西布朗勃法瑞公司 1997 年第一个柔性直流输电工程投运以来，直流控制保护设备开始研制，历经了 20 多年的发展，如今直流控制保护技术已经非常成熟，且设备的先进性普遍高于国内厂商。国内柔性直流输电起步较晚，且发展历程也比较曲折，因此国外柔性直流输电控制保护并未进入国内柔直市场，目前国外工程等级和容量仅达到±320kV/900MW。

国内柔性直流输电技术起步较晚，柔性直流控制保护设备是从特高压直流控制保护设备发展而来的，并且随着柔性直流输电工程的增多，技术也趋于成熟。目前，具有全套柔性直流输电控制保护供货能力，且具有投运业绩的国内厂家主要有许继集团有限公司、南京南瑞继保电气有限公司及北京四方继保自动化股份有限公司三家公司，三家公司占据了柔性直流输电控制保护已投运工程绝大部分业绩，且三家控制保护皆基于其掌握的控制保护平台，保证了程序的易用性、可读性和统一性。柔性直流输电保护系统参数最高的为乌东德工程的±800kV 柔性直流控制保护系统。

5.2.3.3　联接变压器

海上换流平台一般使用三相一体的联接变压器，可节约占地和平台造价。国外已投运换流平台均采用对称单极系统，其变压器容量普遍为 500～700MV·A，制造商有西门子股份公司、美国通用电气公司和国微集团（深圳）有限公司等，国内三峡新能源江苏如东海上风电示范工程采用特变电工沈阳变压器集团有限公司制造的变压器，其容量为 850MV·A，为国际最大。海上变压器国内外应用场景如表 5.6 所示。

表 5.6　海上变压器国内外应用场景

工程	电压等级/kV	偏置电压	容量/（MV·A）	绕组结构	供货厂家
SlyWin 1（投运）	10/308	无	637	三相一体	西门子股份公司
BorWin 3（投运）	10/315	无	666	三相一体	西门子股份公司
BorWin 5（未投运）	66/330	无	525	三相一体	西门子股份公司
Sofia（未投运）	66/330	无	608	三相一体	美国通用电气公司
IJV（未投运）	66/285	263kV	527	三相一体	待定
三峡新能源江苏如东海上风电示范工程（投运）	220/400	无	850	三相一体	特变电工沈阳变压器集团有限公司

随着柔性直流系统输送容量的提高，德国 TenneT 推出 2×1000MW 双极柔性直流系统换流平台，其联接变压器的中性点存在直流偏置电压，国内外制造商尚无相应的工程经验。

5.2.3.4　GIS 设备

对于交流 GIS，国内外制造商均具备成熟的设备制造能力，电压等级分别达到 1100kV 和 1200kV，国外具备 380kV 交流 GIS 产品海上工程运行经验，国内暂无海上工程运行经验。

GIS 设备国内外情况如表 5.7 所示，国外制造商西门子股份公司、阿西布朗勃法瑞公司均具有 320kV 电压等级的示范工程应用，并且研制了 500kV 直流 GIS 样机。国内制造商平高集团有限公司已完成 200kV 直流 GIS 样机研制，正在开展 320kV 和 550kV 直流 GIS 研发。

表 5.7　GIS 设备国内外情况

设备	厂家	技术成熟度	海上运行经验
交流GIS	国外：阿西布朗勃法瑞公司、西门子股份公司、美国通用电气公司、日本日立公司等	商用阶段 具备 1200kV 设备制造能力	有
	国内：平高集团有限公司、西安西电高压开关有限责任公司、思源电气股份有限公司等	商用阶段 具备 1100kV 设备制造能力	无
直流GIS	国外：阿西布朗勃法瑞公司、西门子股份公司	示范工程阶段 具备 500kV 样机制造能力	无
	国内：平高集团有限公司	研发阶段 具备 200kV 样机制造能力	无

5.2.4 电缆装备

国外已商业化应用的交流海缆电压等级最高为 500kV，直流海缆电压等级最高为 320kV，525kV 直流海缆样品已通过型式试验。国外主要的海缆生产厂家分别有意大利普睿司曼集团（Prysmian Group）、瑞士阿西布朗勃法瑞公司、法国耐克森公司（Nexans）、德国 NKT 电缆有限公司、日本住友集团（SUMITOMO）等，其都具有连续生产超高压、大截面海缆的能力，并拥有海缆软接头技术。

国内已商业化应用的交、直流海缆主要参数与国外基本相当，交流海缆最高电压等级也是 500kV，直流海缆最高电压等级为 400kV（三峡新能源江苏如东直流海缆工程），制造商主要有中天科技集团、江苏亨通光电股份有限公司、宁波东方电缆股份有限公司和青岛汉缆股份有限公司等。目前已投运的浙江舟山 500kV联网北通道工程，应用了国内 3 家海缆企业生产的 500kV 交联聚乙烯绝缘光纤复合海缆，电压等级创世界之最。国内外海上风电海缆典型工程如表 5.8 所示。

表 5.8　国内外海上风电海缆典型工程

序号	工程名称	电压/kV	总长/km	容量/MW
1	挪威—德国海缆输电工程	±525	600	1400
2	浙江舟山 500kV 联网北通道工程	500	18	3000
3	三峡新能源江苏如东直流海缆工程	±400	99	800

5.3　海上风电装备的技术瓶颈

5.3.1 叶片技术

风机叶片相关部件材料、设计软件进口情况如表 5.9 所示。从总体上看，目前我国提供了全球最大的单一风电市场，国内叶片厂商在大型叶片的设计和制造技术上取得了长足进步，但与国外先进技术相比还有一定差距，轻量化大型叶片研制的技术瓶颈在于叶片原材料和设计两方面。原材料方面，核心原材料碳纤维及其工艺设备，以及高性能胶黏剂和织物等辅助原料供应链掌握在德国、日本等的企业手中。设计方面,柔性叶片弯扭与变桨系统耦合的稳定性、叶片变形动态测试以及超长叶片防雷等核心设计技术缺乏[13]。

表 5.9　风机叶片相关部件材料、设计软件进口情况

主要大部件	项目	类型/型号	进口比例/%	外资品牌国内生产比例/%	进口原因	主要技术来源及品牌
叶片	材料	碳纤维 UD(uni-directional)织物	100	0	技术领先	Saertex(德国)
	材料	碳纤维预浸料	50	30	技术领先	Saertex(德国)
	材料	聚氯乙烯(PVC)泡沫	50	0	国内产能无法满足	意大利、MiraCell、Diab
	材料	聚对苯二甲酸乙二酯(PET)泡沫	85	15	技术领先	3A(瑞士)、Armacell(比利时)、Gurit(英国)
	气动结构设计	LM75.1	0	100	技术领先	LM
	设计软件	GH Bladed、ANSYS、Focus	80	0	集成度高	GH、ANSYS

5.3.2　主轴承技术

主轴承在风机中的具体位置如图 5.10 所示,实物图如图 5.11 所示。国内高端精密轴承研究起步晚,主轴承在设计和制造等方面与国外存在较大差距。尽管国内的轴承厂家均是有着悠久的发展历史和多年的技术积淀的资深厂家,国内对

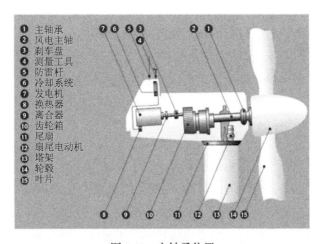

① 主轴承
② 风电主轴
③ 刹车盘
④ 测量工具
⑤ 防雷杆
⑥ 冷却系统
⑦ 发电机
⑧ 换热器
⑨ 离合器
⑩ 齿轮箱
⑪ 尾扇
⑫ 扇尾电动机
⑬ 塔架
⑭ 轮毂
⑮ 叶片

图 5.10　主轴承位置

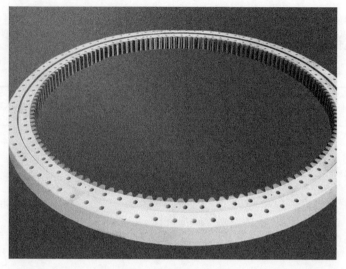

图 5.11　主轴承实物图

于轴承的产业发展所需要的材料、加工工艺、装备和试验条件均不逊于国外，理论上轴承的发展不存在技术瓶颈的问题，然而目前国产主轴承在市场上无力与其他品牌竞争，无论是从市场角度，还是从技术角度，轴承未能国产化的主要原因在于国产轴承的可靠性无法得到保证。

设计方面，国内仍以经验类比设计为主，受力分析与载荷谱研究很少，导致轴承对预紧力变化敏感、装配容差要求高，难以实现无故障运转 13 万 h 以上，并具有 95% 以上的的可靠度。制造方面，主要技术难点是实现长寿命所需的密封结构和润滑脂、特殊的滚道加工方法和热处理技术、特殊保持架设计和加工制造方法等。

大轴承的国产化难以进行的实际问题在于：主机厂不愿承担采用国产化轴承的风险，终端客户（风电业主）拒绝国产化轴承的应用，同时轴承厂家又不愿为自己产品的可靠性担保，因此大轴承的国产化工作无法开展。

5.3.3　液压变桨技术

电动变桨系统和液压变桨系统各自的技术优势很明显。综合来说，液压变桨系统优于电动变桨系统，由于国内液压变桨控制技术相对电动变桨控制技术落后，所以国内风力发电机组主流变桨系统依然为电动变桨系统。液压变桨系统与电动变桨系统相比，液压传动的单位体积小、重量轻、动态响应好、扭矩大并且无须变速机构，在失电时将蓄压器作为备用动力源对桨叶进行全顺桨作业而无须设计备用电源。

液压变桨系统原理如图 5.12 所示。液压变桨系统的瓶颈主要集中在液压缸、蓄能器、变桨阀块等高精密液压部件，在材料、工艺和控制技术方面与国外存在差距。

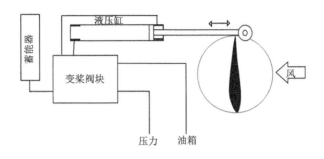

图 5.12　液压变桨系统原理图

材料和工艺方面，国内液压油缸等高精密液压部件的钢材在低温冲击、低温疲劳下的性能较差；机加工及表面处理与国外存在差距，国外内壁光滑度严格要求小于 0.1，国内多数为 0.3；尺寸较大的缸筒内壁表面镀铬等处理技术国内尚未完全成熟。

控制技术方面，电液伺服控制技术多使用国外的控制系统和软件，国内暂无批量应用的解决方案。

5.3.4　机组变压技术

机组变压器对绝缘可靠性、短路承受能力、过负荷能力及热寿命等有较高要求。

对于干式机组变压器，应在绝缘材料与浇筑工艺等方面限制其电压和容量的提升。绝缘材料难以适应更高电压等级更大容量的应用场景；现有材料的耐热等级无法满足容量的进一步提升；现有工艺浇筑界面的缺陷较多，导致局放现象难以得到有效控制。

对于油浸式变压器，目前最大的问题是油泄漏带来的消防隐患，以及维护复杂。

5.3.5　升压变压器

海上平台总体造价昂贵，空间宝贵。因此在海上平台的总体布局设计中，变压器的布置和承重是重要的考量因素之一。变压器作为海上平台变电站中重量和体积最大的电气设备，在考虑其安全可靠性的同时，还应兼顾其在海上平台整体布局中的经济性和合理性。目前海上变压器选型时在经济性方面的考虑依照传统陆上变压器的常规思路，仅考虑了电气参数和损耗等方面，而整体体积和重量的小型化方面通常还不在考虑之列。在基本电气参数和损耗以及冷却方式已经规定了的情况下，变压器的体积和重量的优化事实上仅取决于变压器制造厂是否可以提供更优化的方案。由于需要考虑更高的可靠性，海上变压器的体积和重量优化的空间并不大，仅依靠压缩内部绝缘距离和优化冷却结构不能从本质上将变压器的整体体积和重量做到小型化。

如果将变压器的整体尺寸和重量（包括散热部分）降低 20%～30%作为一个初步的目标的话，在提升海上变压器温升限值的同时，冷却方式也应重新考虑。因置于海上露天环境的散热风机的防腐问题很难处理，风机运维和更换成本在海上平台环境中过于昂贵，目前，海上变压器最常用的冷却方式是片式散热器自然冷却方式，没有散热风机或者油泵等其他任何辅助冷却设备。典型的布置是将几十组片式散热器置于平台的室外空间，而变压器本体置于有空调微正压的室内空间，本体和散热器通过导油管路连接。寻找更经济且更为有效的冷却方式也是未来海上变压器的发展方向之一。

5.3.6　隔离开关

高压开关虽然结构较为简单，但其触头、触指裸露在恶劣的环境下运行，如海上高盐碱性环境，其触头、触指接触处易氧化，导致接触电阻增大而发热。如果不对这些发热的接触部位的温度进行监测，将导致设备烧损甚至火灾的发生。虽然高压隔离开关在陆上已有成熟运行经验，但国内在海上的运用案例相对稀少。此外，海上平台对空间的要求较高，传统的敞开式开关设备往往存在占地面积大的缺陷。随着未来小型化交直流 GIS 的出现，海上平台中集中布置的敞开式设备将逐步被 GIS 所替代，以满足减少占地空间、提高可靠性的要求。

5.3.7　柔直换流阀

国内柔性直流输电换流阀技术的发展已经进入飞跃期，在换流阀产品功能设计上和可靠性方面都已经达到了国际先进水平，我国已经完全掌握了柔性直流输电换流阀的产品设计、制造和试验的全套能力。但是国内柔直换流阀仍然存在以下两个技术瓶颈。

柔直换流阀的绝缘栅双极型晶体管（IGBT）模块、直流电容器、核心控制芯片等核心零部件仍然受制于国外生产厂家，难以国产化，导致柔直换流阀的成本居高不下，限制柔性直流输电技术的发展。

IGBT 器件是柔直换流阀的关键器件，其直接影响柔直换流阀的性能。国内半导体厂商株洲中车时代半导体有限公司、国网智能电网研究院有限公司以及赛晶科技集团有限公司等，已经加大对直流输电用高压大容量 IGBT 模块的研发，并且已经应用到厦门柔直工程、渝鄂背靠背直流输电工程和张北柔性直流电网工程中，但是器件应用的可靠性仍然与阿西布朗勃法瑞公司、英飞凌科技公司、东芝等国外知名半导体厂商有一定的差距，大大影响了柔性直流输电工程业主推动 IGBT 器件国产化应用的信心。

直流电容器的价格占柔直换流阀子模块价格的 25%，但是由于长期被威世（Vishay）集团、爱普科斯（EPCOS）公司等国外厂家技术封锁，直流电容器的价格居高不下，严重限制了柔性直流输电技术的推广应用。

现场可编程门阵列（FPGA）芯片是柔直换流阀子模块的控制大脑，但目前几乎全部使用的是国外厂商的芯片。

当前，国内阀厂研制的柔直换流阀可满足 500kV 及以下陆上柔性直流输电工程的需求，但是针对海上换流平台的柔直换流阀的应用经验非常稀缺。

5.3.8　直流 GIS

海上风电换流平台用高压直流 GIS 的技术瓶颈在于 GIS 绝缘材料、系统设计困难。

材料与结构方面，直流电场导致气-固界面电荷集聚且不易消散，引起局部电场畸变进而降低沿面闪络电压和绝缘性能，含添加剂的电荷累积抑制型绝缘材料以及绝缘子结构设计亟待突破。其气-固界面电荷与电场分布特性如图 5.13 所示。

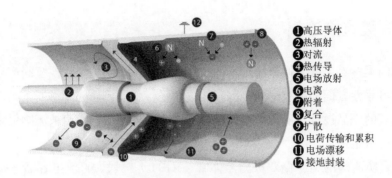

图 5.13　气-固界面电荷与电场分布特性

设计方面，直流电场下金属异物及微粒上浮至高压导体，在导体表面反复进行微小的震动（飞火现象），导致绝缘性能显著下降，防止金属异物及微粒混入工艺需有效提升。

5.3.9　直流控制保护设备

目前，国内直流控制保护系统基本都用于陆上换流站，海上风电柔直控制保护系统的应用经验较少，仅南京南瑞继保电气有限公司的柔直控制保护设备应用在三峡新能源江苏如东海上风电工程，其他控制保护厂家均无业绩，不利于整个行业的发展，且存在以下技术瓶颈。

（1）直流控制保护设备的架构有待优化。海上换流站对于设备的紧凑化、轻型化要求比较高，然而国内直流控制保护设备主要应用于陆上换流站，虽然从性能上和可靠性上可达到国外产品的同一水平，但是设计上仍然比较粗犷，不利于直接应用到海上换流站，市场竞争力较弱。

（2）直流控制保护设备的性能除了系统架构、软件架构的优越性，还体现在先进的控制器上，控制芯片仍然是核心。目前，几乎所有的控制芯片均来源于国外厂商，一旦控制芯片断货或受限，则直接影响直流控制保护产品的应用。高性能、高可靠性的国产化控制芯片研发势在必行，否则国内直流控制保护设备将无法走向世界。

5.3.10　电缆装备

高压交直流海缆的技术瓶颈主要集中在海缆绝缘材料和软接头工艺两方面。

绝缘材料方面，国内海缆交联聚乙烯绝缘材料在电导温度稳定性、击穿强度及长时挤出性方面与国外存在较大差距，导致国内绝缘材料难以满足长距离海缆连续挤出需求。交联聚乙烯电缆如图 5.14 所示。

图 5.14　交联聚乙烯电缆

软接头工艺方面，目前国内尚不掌握 500kV 软接头界面绝缘恢复与注塑等工艺，无法进行软接头自主制造。软接头工艺如图 5.15 所示。

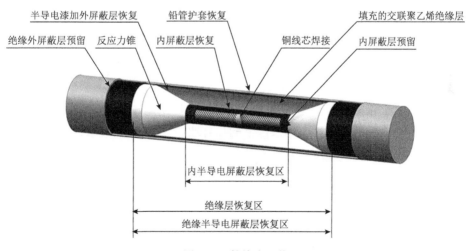

图 5.15　软接头工艺

5.3.11　风电设计软件技术

风电专用的核心设计软件，基本都来自美、德等国家，开发难度大、缺乏运行数据验证，属于我国风电发展的"卡脖子"技术。

开发难度大：风电专业软件开发急需综合性多学科交叉技术，国内单个科研机构或厂家很难独立完成软件开发。

缺乏运行数据验证：实时机组实际运行数据获取难度大，软件设计的有效性难以得到及时验证，软件优化迭代困难。风电设计软件对比如表 5.10 所示。

表 5.10　风电设计软件对比

软件名称	功能	开发公司或机构	所属国家
GH Bladed	水平轴风电机组专用载荷计算软件，国内整机厂商应用最广泛	挪威船级社	挪威
HAWC2	水平轴风电机组专用载荷计算软件，国外整机厂商应用最广泛	丹麦技术大学风能研究所	丹麦
FAST	水平轴风电机组专用载荷计算软件	美国国家可再生能源实验室	美国
BHawC	西门子风电专用载荷计算软件	西门子歌美飒	德国
其他（Aeroflex、Focus 6 等）	风电载荷计算、气动弹性仿真软件	德国埃若旦、美国通用电气公司等	德国、美国

5.3.12　风机传动链地面测试技术

我国风机传动链地面测试系统仅能满足 6～10MW 风机试验需求，落后于美、英、德等 15MW 级试验能力。

系统设计能力有待提高：未掌握大功率传动链地面测试系统的设计建设方法，以及不同风况、载荷和电网条件下的综合地面性能试验测试技术。风机传动链地面测试机构及其试验能力如表 5.11 所示。

表 5.11　风机传动链地面测试机构及其试验能力

序号	机构名称	综合试验平台参数
1	德国风能研究所	风能资源评估与微观选址、风电功率预测；噪声、载荷、10MW 以上功率曲线测试；风电并网与控制、电网品质测试、样机认证
2	丹麦国家可再生能源实验室	海上 70～120m 高度风机性能评估、气象测试；12MW 以上功率曲线认证、风机设计认证；载荷测试、电网品质测试、叶片测试

续表

序号	机构名称	综合试验平台参数
3	金风科技股份有限公司实验室	气液分离、扫描电镜、金相制样、齿形带和液压变桨、低频和高频疲劳； 叶片试验：静力试验、疲劳试验等； 6～10MW 整机传动实验

关键部件研制能力不足：多自由度加载装置等关键零部件与国际水平差距大，非扭矩载荷精确复现困难。

5.4　浮式海上风电装备及其发展

5.4.1　浮式海上风电装备发展的意义及必要性

海上风能开发因其资源丰富、风速大、切变小、规模化发展空间广阔等优点，已成为沿海国家的风电技术和产业发展的新战略。我国的陆地海岸线长约 18000km，海洋面积约 300 万 km²。欧洲风能协会认为，中国风能的发展潜力位居世界第一。而我国海上风力资源最丰富的区域，毗邻用电需求大的经济发达地区，可实现风电资源就近消化，降低电力输送成本。优先发展海上风能对于缓解沿海发达地区用电、调整完善国家能源消耗结构、拓展蓝色经济空间、为实现从制造大国向制造强国转变提供技术储备、提高全民海洋资源意识等方面均具有重要意义。

我国具备发展海上浮式风电资源的自然条件优势，一般而言，离岸越远，风速越大，风的品质越高，据统计，离岸距离 10km 的海上风速通常比沿岸高约 25%。由于近海风电资源面临与近海养殖、渔业捕捞、运输航线等争夺有限资源的问题，我国近海风电资源开发将逐渐饱和，而远海、深海风电资源储备量位居世界前列，随着能源需求的逐步增加，海上风电走向远海、深海是必然趋势，产业发展前景广阔而可期。

研制海上浮式风电装备则是深海风电开发的技术路径。现阶段近海风电常用的基础形式都为固定式基础，包括单桩、导管架和高桩承台等，它们适用的水深都有所不同。国外的研究表明一般在水深小于 30m 的情况下，单桩类的基础成本较低最为适用，水深在 30～60m 范围则是导管架类较为适用，当水深超过60m 后，固定式基础将不再具有经济性，必须采用浮式基础。60m 分界数据是国外研究得到的初步结果，国内尚未做过详细的经济性分析。但随着水深增加，固定式基础建造成本将逐渐高于浮式基础的趋势是肯定的。因为随着水深增加，固定式基础的地勘、水下结构和施工成本的增幅都将大幅高于浮式基础。首先是地勘成本高，固定式机组基本需要"一机一设计"，即每个机位点都需要做详细地勘，桩基设计（尤其是钢管桩长、壁厚等参数）可能都不相同。浮式平台本身为"机位点无关设计"，即每个机位点的平台设计都一样，锚固系统可能需要"一机一设计"（和锚固类型相关），但因机组载荷大部分将利用浮力平衡，锚固点载荷相对较小，锚固点入土深度也会相对较浅，即使需进行详勘，也仅仅是进行浅层勘测，难度相对较低。其次是水下结构成本高，水深增加，固定式机组基础水下结构部分高度增加，受海流作用更大，整体体量增大，成本上升较快；而浮式机组的基础仅系泊系统制造成本升幅较大。最后是施工成本高，对固定式机组而言，海上施工往往包括沉桩、基础主体安装、风电机组安装等，每部分工作都需大型吊装船，而随着水深增加可作业船只数量将大幅减少，因此安装成本较高；但对浮式机组而言，浮式平台和风电机组往往可在码头和水深相对较浅的区域完成组装，随后整体拖航至机位点进行系泊锚固即可，深海施工工作量不大，可选作业船只多，因此成本较低。从当前发展情况分析，预计在 2020～2030 年浮式基础风力机将实现商业化。

5.4.2　浮式海上风电装备简介及发展现状

5.4.2.1　浮式风电装备的构成

整个系统主要由四部分组成：风力发电机组、浮式平台、系泊锚固系统、输配电系统。

风力发电机组：安装在浮式平台之上的风力发电机组与传统机组并无本质区别，但必须对控制系统和部分零部件进行适应性修改，以使机组适用于浮式平台并使系统效能达到最佳。

浮式平台：利用浮力来支撑风电机组并平衡运行载荷，运行过程中会存在一定的横荡、纵荡、首摇、横摇、纵摇及垂荡运动。常见的结构形式有 Barge（驳船式）、Semi Sub（半潜式）、Spar（单立柱式）、TLP（张力腿式）。常见浮式体平台结构如图 5.16 所示。

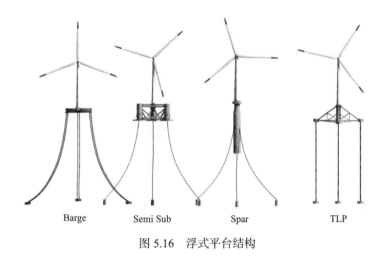

Barge　　　　Semi Sub　　　　Spar　　　　　　TLP

图 5.16　浮式平台结构

（1）Barge（驳船式）：驳船式基础不同于其他概念，目前以 Ideol 公司的阻尼池式（damping-pool）为主流形式。其浮式基础是四边形中间镂空的结构。方形镂空结构类似于月池，使得整体水线面面积较小的同时还能起到阻尼作用，从而改善整体运动性能。基础材质为混凝土或钢材，采用系泊定位。相对于陆上风电和其他浮式基础，该基础装配可在码头完成，更加容易实现批量化，成本较低；同时以混凝土为风机基础材料使得基础建造场地邻近目标风电场，可进一步减少运输成本。

（2）Semi Sub（半潜式）：主体多为三浮筒或四浮筒结构，设垂荡板、系泊锚固系统及压舱系统。通过调整各浮筒压舱程度来形成合理的浮力、重力分布，以此维持平衡。吃水较浅，机组运输安装难度小。可在船坞内完成整个风电机组和浮式平台组装，坞内放水起浮，出坞、拖航，整体拖拽到机位点进行系泊锚固。

（3）Spar（单立柱式）：单立柱式基础是通过压载舱使平台的重心低于浮心，以此保证结构稳定，由过渡段、浮力舱、压载舱以及系泊系统构成。该结构基础的主体是一个空腔钢制圆筒，下部为压载舱，中上部为浮力舱。浮力舱的作用是提供足够的浮力以支撑上部风力机和系泊缆的重量，通过底部压载舱可使浮体重心低于浮心，使平台及上部结构保持稳定。Spar 底部压载舱分为固定压载舱和临时浮舱，平台系统的很大部分压载是由固定压载舱提供的，临时浮舱可以在浮体结构拖航至指定海域后注入压载水使浮体自行扶正竖立。

（4）TLP（张力腿式）：张力腿式平台是通过张力筋腱系统使结构保持稳态，由中间浮体和系泊系统构成，结构较 Spar 更紧凑，较 Semi Sub 更简单。平台通过自身结构形式产生的浮力远大于重力，剩余浮力与张力腿的预张力平衡，张力腿的预张力使平台平面外的运动（横摇、纵摇和垂荡）较小；由于水平方向受到波浪和水流作用力，会产生面内运动（横荡、纵荡和首摇）。可以在码头完成整个风电机组和浮式平台的组装，但是在未连接张力筋腱之前，张力腿式平台本身自稳性较差，需采用一定工程措施才能进行整体运输。

系泊锚固系统：系泊锚固系统是系泊系统与锚固系统的合称，与海洋油气行业所采用的系统无本质区别。根据海床条件、所采用的平台类型、施工条件以及经济性，选择合适的类型。考虑该系统对浮式平台动力学性能的影响，系泊锚固系统形式主要可分为张紧式、悬链式、半张紧式。张紧式（图 5.17（a））是指锚具通过合成纤维或者钢缆拉住浮式平台，系泊绳保持较高的张力，具有占用海床面积较小、锚具仅承受纵向载荷、大量的载荷直接作用于锚具、稳性较高、对海床破坏较小、安装过程较复杂等特点。悬链式（图 5.17（b））是指上部悬链悬垂，下部悬链搁置于海床，具有占用海床面积较大、锚具承受水平载荷和纵向载荷、锚具所承受的载荷较小、平台运动自由度较大、安装较简单、对海床破坏较大等特点。半张紧式是指介于悬链式与张紧式两者之间的一种形式，充分利用两种形式的优点。系泊锚固系统主要类型有拖拽嵌入锚、沉管灌注桩、桶形负压桩、重力锚，适用类型以及优缺点如表 5.12 所示。

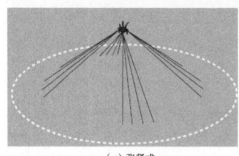
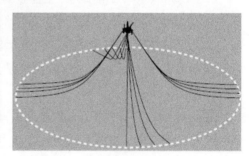

（a）张紧式　　　　　　　　　　　（b）悬链式

图 5.17　系泊锚固系统形式

表 5.12　系泊锚固系统适用类型以及优缺点

类型	拖拽嵌入锚	沉管灌注桩	桶形负压桩	重力锚
适用地质	适于黏性沉积物	适于广泛的海床条件	不适合松散的砂质土壤或坚硬的土壤	适用于坚硬的土壤环境
载荷特征	适于水平载荷	适于纵向或者水平载荷	适于纵向或者水平载荷	通常用于纵向载荷，但水平载荷也可以使用
安装特点	安装过程简单	安装过程锤击噪声较大	安装过程相对简单	较大尺寸和重量的锚具可能会增加安装成本

输配电系统：主要包括动态缆和静态缆两部分。动态缆主要用于浮式风力发电场内电力输送，如图 5.18 所示，一端连接至浮式风电基础，另一端与静态缆相连，汇总到海上升压站、另一台风机或直接输送至陆上。输配电系统如图 5.18 所示。

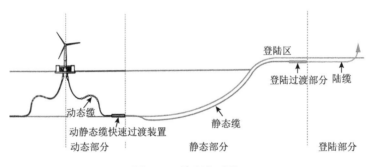

图 5.18　输配电系统

5.4.2.2　国内外发展历程及现状

1. 国外发展历程及现状

1972 年，美国麻省大学的 Heronemus 教授首次提出了海上浮式风电装备的概念。此后海上浮式风电装备发展经历了三个典型阶段。

1990～1999 年，海上浮式风电装备处于缩比模型的水池试验阶段。

2000～2008 年，海上浮式风电装备处于小功率样机测试阶段。

在 2008 年，荷兰蓝水（Bluewater）公司在亚得里亚海安装了世界上第一台海上浮式风电装备，主机为 80kW 风电机组，采用张力腿式（TLP）平台作为基础，安装区域距离海岸 22km，水深为 113m。

同年，丹麦开发商 Floating Power Plant 公司推出多功能半潜式平台（Semi Sub）。该样机除三台 11kW 的小型风力机外，还安装有波浪能发电设备。

2009～2016 年，海上浮式风电装备处于兆瓦级机组样机阶段。

2009 年，挪威 Hywind Tampe 项目建造了全球第一台采用单立柱式（Spar）基础形式的风电装备（2.3MW）。

2011 年 10 月，美国 WindFloat 样机项目建造了全球第一台采用半潜式平台基础形式的兆瓦级风力发电机组（2MW），如图 5.19 所示。项目由美国公司 Principle Power 和葡萄牙电力公司等单位合作，样机安装在离 Aguçadoura 海岸 5km 处；安装时，整个机组在葡萄牙海岸完成组装和调试，随后被拖曳至机位点进行系泊锚固；2016 年 7 月，样机测试完成后，启动了 WindFloat 退役流程。WindFloat 浮式平台与系泊缆和电缆分离，然后被拖回葡萄牙南部的锡尼什（Sines）港，风力发电机组随后被拆除。这是全球首次将风电机组从浮式平台上拆除，演示了可用于海上浮式风电装备的大部件更换流程。

图 5.19　WindFloat 项目（全球第一台兆瓦级机组用半潜式平台）

2011 年福岛核电站爆炸后，日本启动了弃核计划，并大力发展海上浮式风力发电机组；先后实施了三个浮式风电相关项目：风镜项目、樺岛项目和福岛项目。其中，风镜项目为科研性质项目，浮式平台结构和风电机组形式等均处于探索阶段。

2012 年，日本樺岛项目建造了全球第一台采用钢混结构的单立柱式基础（Goto Spar）的兆瓦级风力发电机组（2MW），如图 5.20 所示，该 Spar 基础上半部采用钢结构，底部采用预应力混凝土结构作为配重。

图 5.20　日本 Goto Spar 项目（全球第一台钢混 Spar 结构）

2013～2016 年，日本福岛项目建造了全球第一个浮式机组试验风电场，该风电场建有 3 台浮式风电装备，分别采用了三种不同的基础形式和风电机组，如图 5.21 所示。2013 年，建造了日本第一台采用半潜式平台基础形式的兆瓦级风力发电机组（2MW）；同年，建造了全球第一座浮式升压站；2015 年，建造了一台采用 V 形半潜式平台（V shaped semi sub）基础形式的 7MW 风力发电机组，这也是迄今为止单机功率最大的海上浮式风力发电机组；2016 年，又建造了一台采用新型 Spar（advanced Spar）基础形式的 5MW 风力发电机组。

2017 年是浮式风力发电系统取得突破性进展的一年。2017 年 10 月，全球首个海上浮式风电小批量项目在苏格兰投产，该风电场总容量为 30MW，由 5 台 6MW 的浮式风电机组组成，基础形式为 Spar。

总体而言，浮式风机在 2016 年后逐渐由样机走向了小批量，在 2020～2025 年装机量明显增多，说明浮式风机在技术上已趋于成熟，越来越多的国家开始重视对深水风能资源的开发。小批量项目浮式风机基础主要还是选用经过测试验证的方案，其中半潜式基础所占的比例最大，说明在当前水深条件下，半潜式方案在综合性能方面具有优势。当前项目系泊方案以悬链式方案为主，只有几个水深浅的项目采用半张紧式或张紧式系泊，说明悬链式系泊在施工和成本上具有较大的优势。

福岛紧凑型半潜式平台项目

V形半潜式平台　　　　　　　　　　　新型 Spar 基础

图 5.21　福岛浮式海上风电场示范项目

2. 国内发展历程及现状

我国浮式风机的研究起步相对较晚，2008 年底，中国科学院研制出了我国第一台浮式风力发电机组样机，如图 5.22 所示。该样机采用垂直轴风电机组，功率仅为 300kW。

图 5.22　浮式风机结构图

国家高技术研究发展计划在 2013 年启动了浮式风电项目研发，分别支持了两个项目：一是由湘电风能有限公司牵头开展的钢筋混凝土结构浮式基础研制，旨在完成 3MW 海上风力发电机组一体化载荷分析和机组优化设计；二是由金风科技股份有限公司牵头开展的浮式海上风电机组基础关键技术研究及应用示范，主要针对金风 6MW 机组提出了半潜式平台方案，并完成了载荷分析、水池试验研究工作。

随着国家政策对海上风电的利好，"十三五"期间国内对浮式风机的研究热度逐渐提高起来，并有了示范工程项目，表 5.13 给出了国内部分浮式海上风电示范项目情况。

表 5.13　国内部分浮式海上风电示范项目情况

开发商	风机厂商	机位点	风机功率	基础形式
中国长江三峡集团有限公司	明阳智慧能源集团股份公司	广东阳江海域	5.5MW	Semi Sub
龙源电力集团股份有限公司	上海电气集团股份有限公司	福建莆田海域	4MW	Semi Sub
上海绿能高科环保节能科技有限公司	华锐风电科技（集团）股份有限公司和上海电气集团股份有限公司	东海海域	6MW&3.6MW	TLP&Semi Sub
中船海装风电有限公司	中船海装风电有限公司	广东湛江徐闻罗斗沙海域	5MW 级	Semi Sub

1）绿能示范项目

2016 年由上海绿能高科环保节能科技有限公司牵头，启动中国首个深远海浮式风电重大示范项目，涉及项目可行性、资源勘查、基础设计、施工装备，电力传输系统和机组开发与运维等关键技术。项目团队由上海绿能高科环保节能科技有限公司、上海勘察设计研究院（集团）有限公司、上海电力学院（现为上海电力大学）、上海电力设计院有限公司、同济大学、上海交通大学、中交第三航务工程局有限公司、上海电气集团股份有限公司、华锐风电科技（集团）股份有限公司九方联合体组成，基本涵盖了浮式风机涉及的主要专业。项目以东海某海域环境条件为设计输入，水深 40m 左右，开展了张力腿式和半潜式两种方案研究。

2）中国海装湛江示范项目

2018 年底，由中船海装风电有限公司牵头申请的工业和信息化部浮式风电装备研制项目得到批复，该项目涉及海上浮式风电装备总体设计、系泊系统设计、制造与调试等，需按照要求完成大功率海上浮式风电装备研制，并实现海上浮式风电装备的工程示范研究。该项目参研单位主要包括中国船舶集团有限公司下属研究所和船舶装备单位、中国船级社和哈尔滨工程大学。该项目示范场址选定在广东湛江徐闻罗斗沙海域，水深 65m 左右。

3）三峡阳江示范项目

2018 年，由三峡珠江发电有限公司牵头，华南理工大学、明阳智慧能源集团股份公司参与，完成一台单机容量不小于 3MW 的浮式试验样机研究，于 2021 年完成了样机安装。该项目场址选定在广东阳江海域，水深较浅，平均水深 29m。

4）龙源南日岛固定式项目

龙源南日岛固定式项目在 2017 年开工建设，由于福建地区属岩石地质，采用嵌岩桩基础成本也较高。尤其是随着水深的增加，嵌岩施工难度也逐渐加大，因此南日岛预留机位拟采用浮式风机。根据当地政府和业主的要求，设计方案需兼顾风渔结合。该项目目前参与单位主要包括龙源电力集团股份有限公司、中国电建集团华东勘测设计研究院有限公司、烟台中集来福士海洋科技集团有限公司、上海电气集团股份有限公司等。

我国目前浮式风机的研究还在起步阶段，对浮式风机基础理论研究投入较少，如耦合分析方法、仿真工具、水池试验技术、规范适应性等，还有较长的一段路要走。国内浮式风机研发中，电力系统设计单位与海洋工程设计单位之间尚存在一定的沟壑，需探索建立一个行之有效的沟通合作的桥梁。国内示范项目规划周期较短，存在前期准备不充分导致返工甚至影响项目效果的现象。国内浮式风机设计创新性不足，要加强引进技术的吸收、消化和再创新，建立自己的核心知识产权和研发体系。

5.4.3　浮式海上风电的关键技术

5.4.3.1　浮式风电的环境适应性技术

相比于近海固定式风电，浮式风电离岸距离长，随着海域的加深，海洋环境条件变得复杂，受到的环境影响远远大于固定式风电，由于浮式风机系统被系泊系统牵引而不是直接被固定在海底，其可在海平面做一定范围内的运动，对于来自外部载荷的动力响应也更为敏感，主要需要考虑以下因素。

（1）来自风机运行时产生的气动弹性载荷及扭矩推力作用。

（2）来自目标海域不确定风、浪、流变化甚至冰、地震因素的影响。

（3）系泊缆受到极端海洋环境影响可能会失效。

（4）海床表面沉积物被冲刷影响锚固基础固定。

这些因素之间耦合作用、相互影响。因此更需要科学评估浮式风电场的场址条件，按照有关规范标准对目标海域的海洋环境做深入详细的勘测，形成满足海上风电场工程可行性研究阶段规定的海洋环境资源分析结果与评价结论，确保浮式风电的环境适应性，保障系统安全。

在对目标海域的海洋环境勘测阶段，应利用科学的分析方法，对目标海域的海洋环境条件进行合理的勘测评估。主要综合考量以下因素进行。

（1）风能资源：风能资源的评估是浮式风电场选址的核心，包括观测平均风速、极限风速、风切变指数、平均湍流强度、风能密度、风速频率等因素。

（2）最高波浪级别。

（3）对海平面表层至海底层进行垂直分层，观测各层平均、极限流速。

（4）海底深度及海床结构。

（5）海洋生物。

5.4.3.2　浮式风电装备的一体化设计技术

1. 设计思想

浮式风电装备的总体设计需要考虑性能、可靠性和成本这三项指标。但这三项指标很难同时具备，属于浮式风电装备设计的不可能三角。当性能和可靠性都满足要求时，成本就难以做到最低；当满足成本、可靠性要求时，又难以做到性能最佳；当满足性能和成本要求时，就会需要降低一定的可靠性。因此如何平衡这三者之间的关系，就需要采用一体化的设计思想。

2. 设计方法

浮式风电装备的一体化设计需要在设计之初就从总体上进行考虑，对各部分相互之间的关系予以充分的研究与掌握。浮式风电装备的一体化设计具体来说，需要在保证性能和可靠性的条件下，以降低浮式风电装备成本为目标，开展海上浮式风电装备一体化设计。将一体化仿真分析与一体化设计相结合，在设计初期就通过一体化仿真分析明确风电机组、塔架、浮式平台、系泊锚固系统等相互之间的耦合关系，为风电机组、塔架、浮式平台、系泊锚固系统的优化设计提供指导性意见，从而针对性地开展风电机组整体设计、塔架适应性优化、浮式平台结构优化、系泊锚固系统优化。经过迭代寻优之后，形成装备的总体设计，并通过水池试验对总体设计进行性能验证，最终总结规律，形成一套海上浮式风电装备一体化设计方法。

3. 浮式风电装备的一体化仿真分析技术

海上浮式风电装备结构体系由风电机组-浮式平台-系泊系统-基础系统构成，该结构体系是一个以承受动力环境条件为主的高耸柔性结构，各主要部件的质量、刚度对系统结构动力特性产生显著影响，风、浪、流等主要环境载荷与风轮转动惯性载荷之间产生较大的耦合效应，并且该系统具有较强的非线性特性。针对该整体耦合的动力学系统，应该采用一体化仿真分析方法进行建模和分析。浮式风电装备的一体化仿真分析技术涉及空气动力学、水动力学、结构动力学、控制系统、数值分析多学科交叉，属于海上风电领域的重大关键技术。

4. 浮式风电装备一体化仿真分析理论简介

浮式风电装备一体化仿真分析涉及的理论基础主要包括四大部分：气动载荷求解理论、波浪载荷及平台水动力计算、系泊动力载荷计算理论和全系统耦合计算理论。

虽然浮式风电机组气动力原理与海上固定式基础风电机组相似，但由于大型浮式风电机组叶片柔性更大，且风、波激励导致风轮是运动的，风轮气动力存在明显的非稳态气动特性，故浮式风电机组气动力计算面临巨大挑战。目前，风电机组气动载荷求解理论主要有叶素动量法、广义动态尾迹法、自由涡尾迹法及计算流体动力学（CFD）法。

波浪载荷及平台水动力计算主要借鉴海工结构物水动力计算方法。一般可概括为三类：第一类为半经验法，如莫里森（Morison）法；第二类为势流法，如弗劳德-克雷洛夫（Froude-Krylov）假设法和三维（3D）面元法；第三类为计算流体动力学法。

在海上浮式风电装备结构体系中，系泊系统动力学建模在预测浮式平台整体响应和系泊缆自身载荷方面作用重大。系泊系统的设计规模是根据设计寿命、极限载荷和疲劳载荷确定的，如能精确预测这些载荷就可以达到优化结构、降低成本的目的。目前，系泊模型有准静态系泊模型和动态系泊模型，动态系泊模型主要包括集中质量法和细长杆方法。

海上浮式风电机组主要由系泊系统、浮式平台、塔架、机舱、轮毂及叶片组成。其中的叶片和塔架属细长结构物，在动力学分析中必须视为柔性体，故海上浮式风电机组为典型的刚柔混合复杂多体系统。在气动力和水动力联合激励下，叶片、塔架变形与浮式平台、系泊系统、风轮旋转等运动相互作用或耦合，呈现出非常复杂的动力学行为。刚柔混合复杂多体系统的动力学计算方法通常有两种：非线性有限单元法和刚柔耦合多体动力学方法。

5. 浮式风电装备一体化仿真软件

目前用于浮式风电装备一体化仿真的主流软件有 Bladed、HAWC2、FAST、DeeplinesWT、Sesam 等。它们的理论基础统计如表 5.14 所示。

表 5.14　一体化仿真软件统计

软件名称	开发机构	结构动力学	空气动力学	水动力学	锚链动力学
Bladed	加勒德哈森伙伴有限公司（Garrad Hassan & Partners Limited）	风机：模态叠加/多体动力 浮式平台：多体动力	叶素动量理论或广义动态尾迹法+动态失速	莫里森方程	准静态
HAWC2	丹麦技术大学（Danmarks Tekniske Universitet, DTU）	风机：多体动力/有限元 浮式平台：多体动力/有限元	叶素动量理论或广义动态尾迹法+动态失速	莫里森方程	有限元/动态法
FAST	美国国家能源技术实验室（National Energy Technology Laboratory, NETL）	风机：模态叠加/多体动力 浮式平台：刚体	叶素动量理论或广义动态尾迹法+动态失速	势流理论+莫里森方程	准静态

续表

软件名称	开发机构	结构动力学	空气动力学	水动力学	锚链动力学
DeeplinesWT	PRINCIPIA	风机：有限元 浮式平台：有限元	叶素动量理论+ 动态失速	势流理论+ 莫里森方程	有限元/动态法
Sesam	挪威海洋技术研究所（MARINTEK）	风机：有限元 浮式平台：刚体	叶素动量理论+ 过滤动态推力	势流理论+ 莫里森方程	有限元/动态法

5.4.3.3 水池试验技术

为了证明原有设计的可行和可靠性，实现浮式风力发电技术的商业化发展，水池试验就成了从设计研发到实际全尺寸工程项目环节中必不可少的一环。而且水池试验比全尺寸试验所需的时间、资源和风险更少，同时可以为系统全局响应提供真实准确的数据。然而，实际海洋环境中风载荷、波浪、海流载荷存在耦合关系，且实际工况复杂，如何在波浪池试验环境中正确地模拟浮式风电机组的风浪流耦合载荷，目前还没有统一的规范，且存在一定的技术难度。浮式风电机组动力学特性复杂、变量众多，这些不同的环境载荷，加上具有挑战性的流固耦合、涡轮性能和柔性构件结构动力学现象，使得进行精确的比例模型试验成为一个重大挑战。

水池试验的目的是制造缩比模型模拟真实海况条件下浮式风电机组在海洋环境中的受力情况和空气动力、水动力及耦合效应等真实运动情况（包括风机模型、浮式基础模型、系泊系统模型及海洋环境模型），预报空气动力学性能、水动力学性能及耦合所产生的运动响应，通过采集相应运动数据研究浮式风电机组气动-水动全局响应作用下的特征，检验数值分析计算的结果，以此证明浮式风电系统工程设计的安全性和可靠性，也可为后期的优化改进设计提供数据试验支撑。

1. 水池试验相似准则

实物与模型之间应该满足几何相似等准则，具体应满足如下准则。

（1）几何相似。结构模型和海洋环境模型要与实际相同，但按照线性缩尺的原则，维度尺寸参数与实际不同，如塔高、叶片弦长厚度、水池长宽高、试验水深、波高波长等。

（2）施特鲁哈尔（Strouhal）相似。保持浮体在波浪上的运动和受力及风轮的旋转运动的周期变化特性不变。

（3）弗劳德（Froude）数相似。原型与模型之间应满足弗劳德数相似。弗劳德模型能表征影响水动力问题的主要因素——重力和惯性力，可以保持重力和惯性力正确的比例关系，也包含了除了空气动力的影响系统全局动态响应的大多数属性。因此普遍采用弗劳德数和严格的几何相似准则。

自由表面波的弗劳德数为

$$Fr_{\text{wave}} = C / (gL)^{1/2} \tag{5.1}$$

$$Fr_{\text{p}} = Fr_{\text{m}} \tag{5.2}$$

$$\frac{C_{\text{m}} T_{\text{m}}}{L_{\text{m}}} = \frac{C_{\text{p}} T_{\text{p}}}{L_{\text{p}}} \tag{5.3}$$

式中，C 为波的速度；g 为重力加速度；L 为特征长度；T 为温度；下标 p 和 m 分别代表原型和模型。

如果空气动力特征对雷诺数不敏感，则可以通过使用弗劳德数来标度风，定义为

$$Fr_{\text{wind}} = U / (gL)^{1/2} \tag{5.4}$$

式中，U 为平均风速，风弗劳德数和波浪弗劳德数的特征长度 L 相同。使用弗劳德数来标度风的另一种方法是保持从模型到全尺度的风速与波速之比。该比值由变量 Q 确定，表示为

$$Q = U / C \tag{5.5}$$

（4）雷诺数（Re）相似。保持原型与模型之间流体惯性力与黏性力的比例相等：

$$Re_{\text{m}} = Re_{\text{p}} = \frac{\rho V L}{\mu} \tag{5.6}$$

式中，V 为流速；ρ 为密度；μ 为动力黏滞系数。

（5）此外，原型与模型之间还应满足风机叶尖速比（TSR）相似：

$$\text{TSR} = \Omega r / U \tag{5.7}$$

$$TSR_p = TSR_m \qquad (5.8)$$

式中，Ω 为转子转速；r 为叶片半径；U 为平均风速。

保持 TSR 稳定可以确保涡轮转速以及任何由转子不平衡或与塔架气动相互作用引起的系统激励都具有正确的频率。此外，若风机翼型截面升力和阻力系数对雷诺数的依赖程度很低，保持 TSR 稳定将产生合适的推力和转子扭矩。

2. 海洋环境条件模拟

（1）造风系统：在海洋环境模拟中，风载是比较重要的参数。目前的模型试验中关于风载的考虑，大部分是将风机作用效果等效为旋转圆盘、按缩尺比制作小风机模型，或者直接等效为定常载荷。在风洞中测出浮式基础所受风载的大小，在上面安装风载测试设备置于水池中，利用风机造风设备形成风电场实时测量风载大小，并进行修正直到与风洞测试值相等。

（2）造波水池：造波水池应根据平台基础结构类型和设计水深来确定。

（3）洋流：通过水池底提供一个封闭的回流回路，水通过导管螺旋桨在水池内循环，水池内其他的则是带有泵和集合管的特殊硬件，可以任意角度安装在模型附近，产生洋流的硬件对水池中同时产生的波的影响小。

（4）工况模拟：模型试验可简化为运行工况和生存工况。运行工况测试从设计切入风速到切出风速范围内和一般海况下变化的数据。生存工况下测试极限风速和海况下的模型数据。

3. 模型技术

（1）浮式基础模型：按缩尺比对浮式基础进行尺寸校正。所有的动态特性（如位移、惯性矩、自然周期）使用弗劳德定律进行适当的缩放。结构特性（如弹性）不需要缩放。

（2）系泊系统：在设置系泊模型时，应重点考虑系泊索预紧力、系泊对环境荷载的刚度、结构在各种荷载作用下从系泊索引出的荷载参数对浮体结构的系泊性能的重要影响。

（3）缩尺比 λ：根据水池水深综合考虑缩尺比。

虽然浮式风电水池试验正在高速发展，但在一体化模型设计与风浪流同步加载方面有不小挑战。需要研究比例缩放模型与真实设备的尺度模拟关系，建立等效映射，开展一体化模型等效性研究；风载和波浪载荷、洋流载荷存在耦合，工况复杂，需要研究耦合加载方法。

5.4.3.4　浮式风电装备的建造施工技术

浮式风电装备的建造施工包含浮式风电机组的安装施工、浮式风电基础平台拖航运输，以及机位点的系泊锚固系统安装。浮式平台建造完成之后，需要在码头对风机部件进行组装，并整体拖航至机位点处，再根据预先安装好的系泊锚固系统，将浮体基础部分与系泊系统进行连接。

拖航施工是整个浮式风电装备建造施工的关键，首先需要设计出浮式风电平台的拖航路线。拖航的航线应该是根据最新的海图资料、通航环境资料、气象水文信息、拖船的性能、油水的消耗等设计出的。设计出拖航路线之后，需要制定出相应的拖航方式。拖航方式根据气象水文、交通环境、海上平台操作的手册以及拖船的拖带性能等条件选择。拖航方式中优先考虑单拖，单拖是由一艘拖船拖带海上平台进行拖航，通常会把拖船的主拖缆与浮式平台直接相连进行拖航，但是当单拖所提供的单艘船功率无法满足拖带要求，同时期望缩短拖航时间时，考虑采用并拖方式。并拖是由两艘或者两艘以上拖船的主拖缆分别与浮式平台使用的链（缆）相连接、并行拖带浮式平台的拖航方式。当离泊、起拖、过狭水道、通过受限航道、控制船位和进出港时，在海况较好、涌浪较小的情况下还可采用绑拖、前后拖等形式，也可组合两种或多种形式的拖航方式。

制定好拖航方式后，需要明确浮式平台拖航作业的特点及风险。浮式平台拖航作业具有复杂性、高风险特点，除了与陆地上一样受到天气的影响以外，浮式平台拖航还受到海洋环境的影响，包括海浪、潮流、季风等综合作用，复杂的海洋自然环境会给海上浮式拖航带来很高的风险。拖航时会受到拖带长度、航向航速、通航密度、海区条件等方面的制约，同时在拖航中还会存在受风面积大、重心高的问题，因此在实施拖航计划中，拖航的稳性计算就显得尤为重要。

针对浮式平台拖航过程中存在的风险，首先就需要从源头上杜绝不安全的因素，做好拖航的前期安全和准备工作。对于拖船，需要由负责设备操作的人员现场对锚泊、系泊、拖曳设备，以及动力、通导、应急设备进行功能试验，同时检查拖船的浮性、稳性、水密性，并在航海日志、轮机日志和拖航日志上做相关记录。对于浮式平台，因为浮式平台与风电机组是整体拖航，所以需要按照装载和系固强度计算书的要求对整体浮式平台进行绑扎和固定。对于浮体的所有舱室进行检查，根据实际装载情况，看是否处于满舱或空舱状态，同时看是否处于水密。检查处于开敞甲板的开口是否能够有效关闭，同时要确保除航行、安全或生活所需外的所有进水阀都处于关闭状态。对于处于浮体水下结构有疑问的，还需要进行水下检查。同时在浮式平台进行拖航之前，还需要对浮式平台进行倾斜试验，以确保在拖航过程中的稳定性。最后，对于所有与拖航有关的重要装置和设备都进行运转试验，以确保在拖航过程中安全正常运转。

在实际的浮式平台拖航作业过程中，充分分析海上拖航期间的海洋气候和海况，选择一年中无台风时间段作为浮式平台的拖航时间，及时确定好施工窗口期。此外，需成立拖航现场指挥机构，负责拖航过程中作业的实施及安全保障。在浮式平台上也需要有 24h 值班，并随时和拖船保持联系，定时检查易移动设备、水密设备、拖带索具状态及海上平台吃水情况，一旦发现异样，必须及时和拖航指挥机构取得联系。同时，在整个拖航作业过程中，需全程有护航船一起同行，对整体拖航起到护航、清道作业的作用。最后，在拖航作业过程可能发生突发事件，如碰撞、火灾、机损、搁浅触礁、恶劣天气、人员落水、油污染等，因此需要制定相应的应急计划。

当按计划将浮式风电平台拖至固定机位点后，根据预先安装好的系泊系统，通过工程作业船将浮式平台与系泊系统和锚固基础进行连接，完成机位点浮式风电装备的整体安装。

5.5 海上风电装备的技术路线和发展战略

中国海上风电资源位于东部沿海，其是中国经济发达且用电负荷大的地区，海上风电的发展和应用将对拉动当地社会经济发展、调整能源结构起到积极作用。中央对于海上风电的补贴已正式退出，海上风电要走上平价之路，不能只靠海上风电规模化发展来实现。海上风电属于技术密集型产业，产业链具有广泛的覆盖面和强劲的带动性，有望带动我国形成万亿元级规模的海洋高端装备制造产业集群，推进产业补链、强链、延链。

因此，为加快海上风电装备技术发展，建议大力推进关键原材料国产化、核心装备设计制造自主化，鼓励自主研发风电基础软件与测试平台，积极探索海上风电装备新技术，深入实施全产业链协同发展战略。海上风电装备发展战略如图5.23 所示。

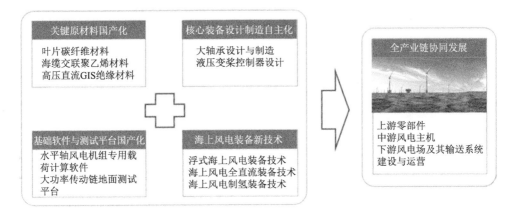

图 5.23　海上风电装备发展战略

5.5.1　关键原材料国产化

5.5.1.1　碳纤维

碳纤维叶片是未来超大型叶片的必然选择，应依托国内万吨级碳纤维生产基地，掌握高性能低成本大丝束碳纤维技术，加快实现碳纤维原材料的国产化，继而推进大型碳纤维叶片的设计、材料、工艺、测试的闭环验证，促进全供应链协同发展。

完整的碳纤维产业链包含从石油等化石燃料中制得丙烯，并经氨氧化后得到丙烯腈；丙烯腈经聚合和纺丝之后得到原丝；再经过预氧化、低温和高温碳化后得到碳纤维；碳纤维可制成碳纤维织物和碳纤维预浸料；最后与其他材料复合通过成型工艺形成风机叶片。

叶片研制一体化成型要求较高，只有打通上下游产业链，提高各环节材料、工艺参数之间的匹配度，大丝束碳纤维的生产和研发才更具优势。大丝束碳纤维全产业链如图 5.24 所示。

5.5.1.2　电缆绝缘基料

高压电缆产业链包括石化基料、绝缘料复配、电缆挤出、试验评价等诸多上下游相关产业，产业链长，输电电压等级越高，对电缆绝缘材料的要求也就越高。

国内用于制造高压电缆绝缘材料的基础原材料性能不足，击穿场强不到国外同类材料的 60%，且杂质含量高、流动稳定性也较差，必须实现上下游产业链协同，才能从根本上解决缆料基料开发能力弱、电缆料的产品性能不稳定等问题。海缆如图 5.25 所示。

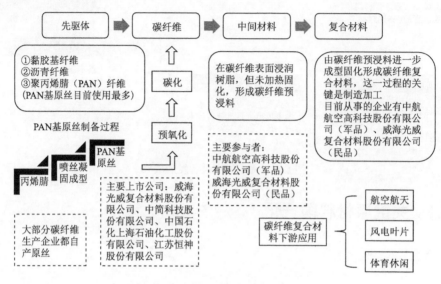

图 5.24　大丝束碳纤维全产业链

图 5.25　海缆

5.5.2　核心装备设计制造自主化

5.5.2.1　轴承

风电轴承的工况条件非常恶劣，需要承受的温度、湿度和载荷变化的范围很大。由于轴承厂商基础较弱、技术能力较低，无法保证自主产品的可靠性，风机厂不愿承担采用国产化轴承的风险，轴承厂商无法保证产品的可靠性，风电业主直接拒绝使用国产化轴承，大轴承的国产化工作步履维艰。

需从国家层面重点布局产业发展政策和技术发展规划，持续加大对相关企业的资金投入和政策扶持，重点突破轴承精密加工的技术壁垒，严格执行实验室测试、工程模拟试验、小批试用和规模推广的国产化进程；同时，正确引导轴承供应商和主机厂主动承担各自的风险。

5.5.2.2　液压变桨系统

变桨系统在风电机组成本中占比较低（<5%），且液压变桨系统结构复杂、品控难度大，资金和技术进入门槛相对较高，国内多数厂商尚未将其纳入重点攻关范畴。

必须加大对液压变桨系统的研究投入，一方面解决国内驱动器、电机等核心部件，以及液压装备制造水平偏低等问题，另一方面发展风电机组独立变桨系统技术，提高风机系统性载荷控制力，实现风机降载减重和运行性能提升。变桨系统在轮毂中的示意如图 5.26 所示。

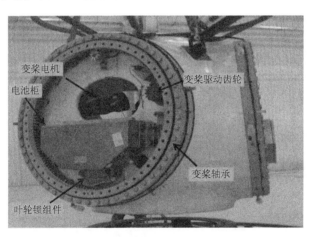

图 5.26　变桨系统在轮毂中的示意图

5.5.2.3　动态电缆

随着海上风电近几年的迅猛发展，我国海缆与国外先进水平的差距不断缩小，部分产品达到国际先进，甚至领先水平。未来应重点开展海缆在复杂工况下的动力分析、动态电缆附件设计与水下湿式连接等关键技术研究，以及动态电缆系统的设计、制造、测试及示范应用等基础研究。

5.5.3　基础软件与测试平台国产化

5.5.3.1　基础软件

风电专业涉及风能资源分析、关键设备（如叶片、齿轮箱）设计、整机载荷仿真，需要一系列核心工程软件开展仿真分析，通过多种软件的综合运用实现整体优化。软件模拟如图 5.27 和图 5.28 所示。

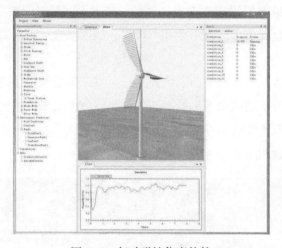

图 5.27　气动弹性仿真软件

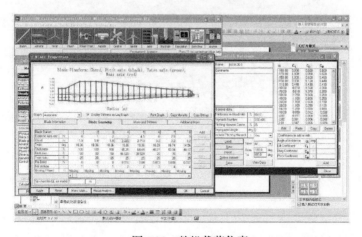

图 5.28　整机载荷仿真

依赖国外风机设计软件，我国企业无法对内部理论模型进行实时修正或优化，导致仿真结果失真、机组设计存在先天缺陷，增大了批量性故障或事故的风险，技术发展受阻。

应汇聚国内高水平科研单位、高校、行业龙头企业、生产建设单位、软件公司等优势资源，推动融合风能资源分析、整机载荷仿真等综合性风电专业软件开发，在该领域走上"自主创新"之路。

5.5.3.2　测试平台

阳江的国家海上风电装备质量监督检验中心一期工程投资 3 亿元建成叶片全尺寸结构实验室，具备 150m 叶片测试能力。

后续必须投入更多的资金和研发精力，整合机械、电气、力学等多个学科力量，建设轴承、整机传动链、并网测试等平台，以形成覆盖风电全产业链的风电装备试验体系。

5.5.4　海上风电装备新技术

5.5.4.1　浮式海上风电系统

浮式海上风电系统克服了海床地质条件限制问题，使海上风电向深海、远洋扩展，支持建设更大规模的风电场，实现更佳的经济性。引导与推动主机厂及零部件商提前布局浮式海上风电技术，借鉴固定式机组设计和运行经验以及海洋工程经验，充分利用现有供应链，大力研发浮式风电机组、浮式基础、动态电缆以及系泊系统性能评估等关键技术。全球首台抗台风型浮式海上风电机组和海上风电全直流输电系统如图 5.29 和图 5.30 所示。

图 5.29　全球首台抗台风型浮式海上风电机组

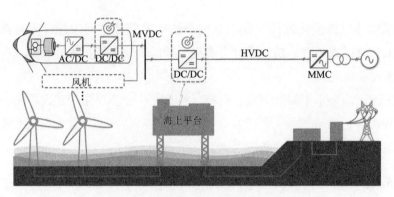

图 5.30   海上风电全直流输电系统

5.5.4.2   海上风电制氢系统

海上风电制氢系统，是解决远海大规模海上风电消纳、提高风能供给连续性和稳定性的有效技术途径之一。推动海上风电产业链系统集成商和装备制造商加大对海上风电制氢风机和外送管道系统的研究，着重开发海水淡化装置、电解水制氢装置、压缩储氢装置、风电机组监控系统及配套电气接入装置，形成海上制氢和岸上加氢一体化发展的海上风电制氢技术路线。海上风电制氢系统如图 5.31所示。

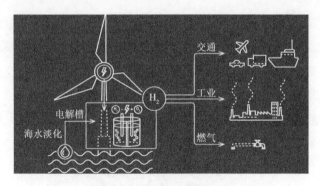

图 5.31   海上风电制氢系统

5.5.4.3   海上风电全直流输电系统

海上风电全直流输电系统，利用直流输送距离远、无须无功补偿、系统可控性好等特点，实现无海上升压站或/和换流站平台向陆上输电。积极探索海上风电并网新技术，研发新型高压直流风机、大容量直流变换器等核心设备，以及系统组网方式和控制技术，为降低海上风电开发建设成本提供可选方案。

5.5.4.4 海上风电装备维护技术

目前海上风电装备的设计使用年限一般为 20～25 年，而事实上，一些陆上风电场在建成不到 10 年已经面临维修问题，海上风电的工作环境更恶劣，国内对这一领域尚无系统的研究。"十三五"以来海上风电场的大规模建设，装机容量的不断攀升，使得未来海上风电运行维护的需求必将越来越大。此外，相较于陆上风电，海上风电整体运行维护成本较高，一方面是海上风电特殊环境的影响（如高盐雾高湿度对设备的影响、天气因素对维修窗口期的影响），另一方面也受到机组可靠性尚未充分验证、运维团队专业性还需提升、远程故障诊断和预警能力还不够健全等的影响。因此，深远海运维模式和装备能力提升将是下一阶段的发展重点。

5.5.5 推动海上风电装备全产业链协同发展

瞄准风电产业领域国际先进水平，发挥新型举国体制优势，联合国内优势研发力量，开展核心技术创新，实现材料-零部件-主机-设计软件-测试平台等全产业链协同发展，促进海上风电装备全产业链的健康发展，支撑我国海上风电建设。海上风电装备全产业链如图 5.32 所示。

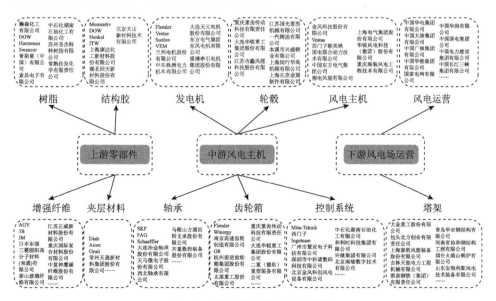

图 5.32 海上风电装备全产业链

5.6　中国海上风电装备制造业政策建议

5.6.1　政府支持

行业的大力发展离不开国家政府的支持，目前风电项目尚未实现商业化，风电项目的发展与开发仍需要政府政策与资金方面的扶持。现阶段，我国海上风电产业链仍有较大的降本空间。要全链条、全成本地来分析海上风电的发展，在现阶段，无论是对电价机制，还是对产业链各方的付出和承担，国家给予一定的政策的支持都是非常必要的。

应给予海上风电企业（包括设备制造商、投资建设方在内）政策支持。调动地方财政补贴积极性，通过补贴实现海上风电产业链延伸和推动地方经济转型升级的良性循环。此外，探索财政补贴模式，改度电固定补贴为项目定额补贴，提高财政使用效率。

还应该建立健全技术创新的保障机制，如风电设备认证标准、风电设备自主知识产权体系等，从源头上培育风电设备制造业的竞争优势。

5.6.2　加强行业法规监管

风电设备的采购招标工作应该严格执行《中华人民共和国招标投标法》的相关要求，通过法律规范及行业自律相结合的方式规定采购招标行为，避免出现不公平的竞争方式。推动建设电力市场化机制，应该充分利用供大于求的发展时机，坚定不移地推进电力市场化改革，形成市场决定电价的竞争机制。同时优化用电负荷特性，加大风电的消纳能力。严格控制风电装机规模，加强用电需求侧管理。根据市场需求情况，合理安排风电企业的装机进度和核准时序。

5.6.3　搭建技术创新平台

首先针对核心技术缺乏、产品质量问题凸显的现状，建议制造商搭建技术创新平台，建立健全产学研合作体系，实现技术资源的共享与利用机制，将风电设备制造商引到良性发展的轨道中。其次强化专业化人才梯队机制，充分激发员工的创新积极性，吸引越来越多的人才投身于风电设备制造行列。最后鼓励支持风电设备制造商加强与国际交流合作，汲取世界最先进的风电技术，并加以消化吸收，争取早日实现核心技术的自主化和国有化。

5.6.4　拓宽企业融资渠道

作为新兴产业的风电设备制造业有着巨大的发展潜力，因此仅仅依靠银行贷款和财政补贴是远远不够的，更需要多元化的融资渠道给予支持。对于风电设备制造业而言，清洁发展机制（CDM）无疑提供了一个全新的融资渠道，不仅可以促进技术的研发创新，还能带来显著的宏观效益，为风电设备制造业产业化、规模化提供了发展机遇。此外，建议企业培养多层次的融资渠道，加大银行的信贷支持力度，建立健全清洁能源发展的基金支持体系，加强与国际风投公司的合作交流，吸引战略投资者进行投资。

5.6.5　优化行业产业链结构

在实现风电设备制造业产业化、规模化发展的进程中，成熟合理的产业链是必不可少的环节。针对产业链非理性发展等问题，风电设备制造商需要结合实际，研究制定合适的产业发展模式。首先，调整我国风电设备制造业结构，在平衡投入产能分配机制的基础上，重点培育和扶持关键零部件的发展，对于耗能高、技术门槛低的非核心零部件采用许可购买或合资研发的方式。其次，在狠抓风电设备制造业产业链上游建设的同时，要从风电场项目的选址、风电并网情况等诸多方面入手。只有实现上下游的科学衔接，建立健全配套方案才能够优化产业链结构，带动产业链整体的良性发展。

5.7　中国海上风电装备未来发展趋势

5.7.1　风电机组大型化

风电在全球能源转型中发挥重要的作用，并帮助各国实现承诺的气候变化目标。但是，随着风电占比的提高，风电的特性也给电网带来了挑战。劳伦斯伯克利国家实验室的一项研究表明，除了降低度电成本之外，风机规格的增大也可以提高风电对电力系统的价值，并提供其他"隐形"效益，包括输电利用率提高带来输电费用的降低、风电输出的稳定性提高可以降低电力系统的平衡成本、风电长期输出的不确定性减少也将降低投资成本[14]。

根据全球风能理事会（GWEC）的预测，考虑到大型海上风机能提供的系统效益以及海上风电实现平价的压力，相信海上风电机组的规模会继续加大，从而进一步发挥风能的潜力。此外，全球海上风电的先行者 HenrikStiesdal 预测下一代风机将在 2030 年之前出现，功率在 20MW 左右，叶轮直径达到 275m。

采用大容量海上机组是海上风电场集中连片大规模开发所需，它将有效降低风电场度电成本，提高海上风电场规模化开发利用的整体经济性，为投资商创造更多价值。面向"十四五"和未来，国家层面和东南沿海省份层面都对未来海上风电做出了相关规划。海上风电呈现更加快速、更加规模化的发展态势。

5.7.2 风电机组深海化

海上风电有着巨大的潜力，也将在未来能源体系中扮演重要的角色。随着近海资源逐渐开发建设完毕，以及深远海风力资源更好，风机建设将逐渐向深海和远海发展。世界上 80%的海上风能资源位于水深超过 60m 的海域，为了充分发掘全球海上风能资源并加快能源转型的步伐，尽快使浮式风机实现商业化成为风电行业的一项迫切的任务。欧洲北部、美国东部及中国东部沿海大多水深 30～50m，适合固定式基础的海上风机。比较适合浮式海上风机的海域在欧洲、日本、韩国、美国西海岸以及中国南部沿海（包含中国台湾）。

虽然不同的浮式技术都在进行示范，但目前浮式风机尚未进入产业化阶段，仍然处于商业化的前期。根据 GWEC 全球浮式风电项目数据库的信息，浮式海上风电在 2025 年将会有大的发展，届时将有四个 150～200MW 规模的项目并网，在 2030 年之前将全面实现商业化，在欧洲和东亚将有吉瓦量的项目实现并网。预计到 2030 年，浮式海上风电将占到新增风电装机的 6%。海上风电势必走向远海、深海，风电机组进一步大型化是未来的发展趋势。

5.7.3 海上风电装备成本下降化

从政策角度来看，我国海上风电共经历了四个阶段历程。从示范项目阶段到特许权招标阶段再到固定上网电价阶段最后到达了竞争配置阶段。在竞争配置阶段，2018 年 5 月，国家能源局发布《关于 2018 年度风电建设管理有关要求的通知》；此外，2019 年 5 月，国家发展改革委发布《关于完善风电上网电价政策的通知》。

这些政策都指出，从 2019 年起，新核准海上风电项目全部通过竞争方式确定上网电价；将陆上、海上风电标杆电价均改为指导价，资源区内新核准项目通过竞争方式确定的上网电价不得高于指导价。通过竞争的方式也要求了厂商努力在实现相同功能的情景下，降低成本，以降低整体发电场发电成本，推动海上风电商业化。

全球海上风电平准化度电成本（LCOE）持续下降。根据国际可再生能源署（IRENA）的数据，2010 年 LCOE 平均约为 0.162 美元/（kW·h），2020 年降低至 0.084 美元/（kW·h），接近腰斩。其中中国从 0.178 美元/（kW·h）降低至 0.084 美元/（kW·h），与国际平均水平相当。浮式海上风机 LCOE 较固定式更高，2019 年约为 0.16 美元/（kW·h）。

国内风机招标价格显著降低。根据金风科技股份有限公司披露的数据，国内招标均价持续下降，2021 年 9 月，3S 机组投标均价为 2410 元/kW，2020 年同期为 3250 元/kW；2021 年 9 月，4S 机组投标均价为 2326 元/kW，2020 年同期为 3163 元/kW。

国内多个项目已接近平价。据调查，中广核象山、华润电力控股有限公司苍南两个海上风电项目投标报价均低于 5000 元/kW，而 5000 元/kW 是此前行业认为的海上风电项目要想做到平价，风电机组报价的临界点。我们认为，海上风电持续降低成本，未来有望加快实现平价上网。

5.7.4 运维需求快速增长

目前，海上风电运维基本照搬陆上风电经验，运维模式以计划检修为主、故障检修为辅，即运维人员根据厂家指定的定检周期对风机进行计划性保养与风机报故障时运行调度人员通知运维人员前往现场处理相结合。而由于海上环境的复杂性，海上风电项目运维面临机组故障率高、维修工作量大、安全风险大、海上维护作业时效短等难点。

整体而言，我国海上风电运维行业缺乏运维经验以及其运维体系也仍需持续完善，行业处于相对落后状态。此外，海上风电运维成本居高不下，占据海上风电全生命周期成本的重要部分。

5.8　结　　论

党的二十大报告中明确要求发展海洋经济，保护海洋生态环境，加快建设海洋强国。"十三五"期间，海上风电产业对沿海县域经济的拉动作用初步显现，广东阳江，江苏如东、大丰等地都在打造世界级海上风电基地。

"海上风电与新兴产业协调发展战略研究"显示，海上风电投资规模大，经济带动效应明显，但目前产业链四大核心——装备、建安、运维、关联新兴产业均存在着需加速推进等问题。

为解决装备产业中存在的问题，本章从发电装备、升压平台、换流平台以及电缆装备四个方面分析了国内外海上风电装备的关键技术和装备的发展现状；分析了现有技术和装备水平对海上风电发展的支撑能力；研究了国内外不同条件和要求下海上风电发展所亟待解决和突破的关键技术和装备；提出了待解决和突破的关键技术和装备的发展路线和发展战略。

第6章

海上风电工程技术发展

6.1 我国海上风电工程发展现状与关键技术差距分析

6.1.1 国外海上风电行业发展状况

国际能源署（IEA）2019 年 10 月 25 日表示，海上风能可能将成为欧洲最大的单一电力来源，预计到 2040 年，全球的风力发电量将增长 15 倍。为应对气候变化，国家主席习近平在第七十五届联合国大会提出"二氧化碳排放力争于 2030 年前达到峰值，努力争取 2060 年前实现碳中和"。世界其他国家和地区也相继制定"碳中和"目标。在"碳中和"目标下，一场以大力开发利用可再生能源为主题的能源革命正在大势兴起，海上风电在这一严肃目标中必将"担当大任"，迎来大好的发展趋势。

目前，虽然世界上许多国家都在大力发展海上风电，但欧洲仍然是全球海上风能资源利用最充分的地区和海上风电发展全球领跑区域，同时也是全球海上风电产业和技术的核心地区，在海上风电技术研发和应用方面一直保持领先优势。到 2030 年欧洲地区预计装机容量将达到 70.35GW。2020 年 7 月，总部位于德国多特蒙德的输电运营商 Amprion 公布了一个关于海上风电项目并网的全新计划——"欧洲海上风电母线"（European Offshore Busbar），旨在为海上风电建立专用的海上电网，降低并网成本，为德国和欧洲其他国家的气候目标做出贡献。目前，已有七家输电运营商（TSO）签署谅解备忘录，启动此项具有里程碑意义的计划，以互联整个欧洲的海上风电平台。在欧洲，受"欧洲绿色协议"等激励政策影响，2021～2030 年将新增 248GW 风电装机容量。

欧洲风能协会发布了 2021 年度欧洲海上风电统计数据。2021 年欧洲海上风电新增装机 3.4GW，累计装机容量达到 28GW 的规模。英国是新增装机规模最大的欧洲国家，得益于 Moray East 和 Triton Knoll 两座风电场完工，2021 年新增装机 2.32GW。丹麦紧随其后，新增装机容量为 605MW。荷兰排在第三位，新增 392MW。2021 年，欧洲新安装海上风电机组的平均单机容量为 8.5MW，比 2020 年的 8.3MW 有所提升。其中，英国新安装海上风电机组的平均单机容量最高，为 9.3MW。在现实预期情景下，预计欧洲海上风电在 2022～2026 年将新增装机 27.9GW。

我国海上风电起步较晚，但发展速度较快。从 2007 年我国第一座海上风电机组的建成，到 2021 年底，我国海上风电累计装机已达到 2639 万 kW，超越英国位居世界第一位。在此过程中，国家和地区有关部门颁布了一系列相关政策和规划为我国海上风电的快速发展创造了良好条件，使我国海上风电工程技术不断创新，取得许多突破性成果。

随着我国海上风电的大力开发，2021 年东部沿海经济发达、负荷集中地区的海上风电市场快速发展。我国华东地区沿海省份众多，海上风能资源丰富。以江苏省为例，到 2021 年底，江苏省海上风电累计并网装机规模超过 1000 万 kW，继续领跑全国。2021 年 4 月 19 日，三峡新能源江苏如东 H10 项目海上升压站吊装顺利结束，三峡新能源江苏如东（H6、H10）海上风电项目的两座海上升压站海上安装工作全部完成。同年 11 月 29 日，如东 H6 海上风电项目并网投产。这是中国长江三峡集团有限公司在江苏区域"百万千瓦级"海上风电基地建设中取得的又一重大成果，对我国探索大容量、远距离海上风电技术具有重要意义。三峡新能源江苏如东 800MW（80 万 kW）（H6、H10）海上风电项目，是国内乃至亚洲首个采用柔性直流输电的海上风电项目。

截至 2021 年 12 月底，全国沿海省份海上风电并网容量排名前三的是江苏、广东和福建，分别为 1183 万 kW、650 万 kW 和 314 万 kW。预计我国"十四五"期间海上风电年均装机有望达 9～10GW，复合增速约为 15%，并结合"十三五"期间各省总规划装机 6.6GW、实际装机 9GW 的超预期表现，预计"十四五"期间国内海上风电年均新增装机中数有望达 10GW 左右，对应复合增速约为 15%，成长空间值得期待。

总之，我国已形成了较为完整的海上风电技术产业链，在江苏大丰、广东阳江、福建福清建立了风电产业基地，具备生产 10MW 等级风机、大型变压器、各种电压等级海缆的能力以及 400MW 海上风电场的设计、施工经验，但核心技术领域空白较多，特别是在工程技术领域，即勘察工程、结构工程、岩土工程、施工建造、运营维护等方面还比较落后，不能满足海上风电的大规模、深远海发展。具体体现在：①勘察工程装备落后及相关技术发展滞后、现有风电勘察规范不完整；②岩土工程试验设备欠缺、土壤地质参数存在误差；③浮式风电机组、塔筒和基础设计等结构工程技术欠缺、一体化发展不足并缺乏规范指导；④欠缺用于大直径钢管桩等作业的先进风电安装船、大型沉桩锤、大直径和高效率钻岩设备等施工建造技术；⑤欠缺专业化运维船及运维控制系统。

6.1.2 我国海上风电工程技术水平差距原因

我国海上风电工程的战略目标为：形成支撑我国大规模海上风电中长期发展的工程技术体系，并处于世界先进水平，在关键工程技术方面具备自主创新发展能力。从海上风电行业发展的总体水平来看，我国与欧洲一些国家存在一定的差距，这些差距产生的主要原因基于以下几个方面。

1. 基础数据、资料不足

海上风电资源评估主要包括海洋水文测量、海洋地质勘察以及风资源评估等，其中风资源评估是风电场开发的首要步骤，也是影响海上风电效益产出的直接因素。目前，我国的风资源基础资料主要来自于气象部门，海上观测覆盖区域较小，不能全面系统地反映我国的海洋风资源状况，部分通过数据推算和模拟的方法获得的计算结果存在不确定性，可靠性不足。国内目前对于近海风资源的普查和详查工作还比较薄弱，尚缺乏高分辨率的近海风资源图谱，增加了风电场的选址、机位布局、风电机组选型等系列工作的难度。另外，除风资源测量外，海洋水文测量和海洋地质勘察需要对台风、海浪、海冰、海雾、海温以及海底地质结构进行全面的勘察，但国内目前主要针对近海海域的风资源进行评估，50km以外海域数据还不全面，难以为中远期规划提供数据支撑。综上所述，我国海上风电资源评估在全面性和精确度方面还存在一些薄弱环节，难以支撑海上风电的开发布局。

2. 工程技术发展战略目标清晰度不够

《风电发展"十三五"规划》中指出到2020年底，风电累计并网容量确保达到2.1亿kW以上，其中海上风电并网装机容量达到500万kW以上。除了此规模目标以外，截至2022年，我国尚未出台全国性的海上风电产业发展规划目标，并未出台海上风电产业发展的专项规划，缺乏国家层面的宏观统筹与整体规划。海上风电开发大部分都由地方政府或单一企业主导，与其他行业和部门之间缺乏协同，未来可能会导致弃风、各自为政、无序发展等现象的出现。海上风电产业的良好发展前景已促使各地"圈海"运动愈演愈烈。目前，全国

11 个沿海省份均已开展海上风电规划研究工作，江苏、福建、山东、广东、浙江、上海、河北、海南和辽宁九个省份编制了海上风电发展规划，并获得了国家能源局的批复。海上风电工程技术的发展目标不够清晰，没有形成一套完整的关键工程技术体系，企业和科研院所找不到重点突破的技术领域，缺乏行业主管和科技主管部门的统一规划和统一指导，相关单位各自为政，在一定程度上造成资源和资本的浪费。海上风电工程技术发展战略目标不清晰，还易造成全国各区域单向规划、发展，技术标准差异大，不利于海上风电行业形成标准体系，规范化、大规模、快速发展，对全国统一调配资源，形成"全国上下一盘棋"的局面产生阻碍作用。

3. 工程技术总体水平需要提升

目前我国已形成了较为完整的海上风电技术产业链，海上风电工程技术体系也已逐渐适应我国近海风电的发展，但深远海海域的海上风电工程技术与世界先进水平还存在较大差距，主要表现在以下三点。第一，海上风电装备方面，我国现有的海上风电装备自主创新能力不足，关键设备主要依赖于进口，国产化率低，且自主研发的设备大多处于小批量生产及试验阶段，并未广泛商业化运营。第二，海上风电工程技术规范缺乏，行业标准不清晰，对海上风电大规模、大批量发展形成制约。第三，工程技术力量不足，我国海上风电产业起步较晚，现有的技术多针对近、浅海领域风电的发展，对于远海风电使用的大容量风机、直流换流平台、海上施工运输等方面的技术研究还较少，与国外领先水平技术差距较大。

4. 适应大规模深远海工程技术的实践经验不足

与陆上风电相比，海上风电运行环境更加恶劣，并且面临台风、腐蚀等新问题。20 世纪 90 年代，欧洲已经开始了海上风电的研究和实践。1991 年，丹麦建成全球首个海上风电项目，共安装 11 台风电机组，单机容量为 450kW。英国第一座海上风电场于 2000 年并网，欧洲海上风电经历了一轮设计周期的实践，在装备制造、建设施工、运行维护乃至退役拆除方面积累了丰富的经验，支撑了近几年海上风电的大规模发展[15]。与国外差距的一个明显表现是，我国海上风电起步较晚，2010 年国内首个海上风电项目上海东大桥海上风电场开工建设，2014 年全部竣工投产，我国并网投入且商业化运营的海上风电场多在 2015 年后，商业运营时间短，因此大部分整机制造厂家研发的海上大机组都没有长时间、大批量的运行经验，基本处于机组设计研发、样机试运行阶段。

5. 适应大规模深远海工程技术的检验时间短

近两年，新型大容量机组密集投运，其可靠性仍需时间检验，若大规模快速发展产生质量问题，运维成本高昂，将造成较大损失。一般认为，离岸距离达到50km 或水深达到 50m 的风电场即可称为深海风电场。与近海相比，深海环境更加恶劣，对风电机组基础、海缆、海上平台集成等技术提出了更严苛的要求，再加上我国现行《中华人民共和国海域使用管理法》针对的是内水和领海，对深远海区域没有明确的海上风电政策，使得由近海走向深远海面临更大的挑战。

6.1.3　差距带来的启示

为了缩小我国海上风电工程技术水平与国际先进技术水平之间的差距，实现我国海上风电工程技术发展战略，认真分析产生差距的原因，具体得到以下启示。

1. 加强基础数据信息资料建设

基础数据信息资料是海上风电工程顺利进行的基础和先决条件，我国现有的海上风电工程技术的基础数据在准确性、完备性、精确性方面存在一定的问题，使得在进行海上风电工程设计时，缺乏设计参数，给海上风电工程的建设带来了较大的困难。因此需要尽快加强基础数据信息资料的建设，如海洋风电资源测量数据、海洋水文环境测量数据以及海洋地质勘察数据，深远海海洋水文观测数据的资料建设等。

2. 建立我国海上风电工程关键技术体系

在明确我国海上风电工程发展战略目标的前提下，结合目标设计和国际上先进的海上风电工程技术，从勘察工程技术、岩土工程技术、结构工程技术、施工建造技术、运营维护技术五个方面建立起我国海上风电工程关键技术体系，有利于海上风电工程技术标准的设计，集中力量进行关键技术攻关，提高海上风电工程技术发展速度。

3. 建立提升我国海上风电工程技术发展的路径

我国海上风电工程关键技术的发展与突破需要有科学合理的路径，路径是关键技术得以发展和实现的通道。在路径设计的过程中，需要充分考虑科学的战略定位、合理的技术突破方式、充足的人才储备及配套制度等。

4. 建立我国海上风电工程技术发展的政策

我国海上风电工程技术的发展，离不开国家政策的支持，制定合适的政策对海上风电工程技术的快速发展具有积极的引导、促进和支持的作用。政策的制定与颁布需要自然资源部、国家能源局、科技部、国家自然科学基金委员会等多部门的积极协调、配合。

6.1.4　小结

本节从我国海上风电工程技术的发展现状入手，对国内外现阶段的技术发展作出阐述。在此基础上，结合我国的具体情况，分析出产生差距的原因：一是我国海上风电勘察基础数据的不足，准确度及精确度远不能适应我国海上风电工程技术快速发展的需要；二是我国海上风电工程技术战略目标不清晰，除了规模目标以外，截至 2022 年我国尚未出台全国性的海上风电产业发展规划目标，并且未出台海上风电产业发展的专项规划，缺乏国家层面的宏观统筹与整体规划；三是工程技术的发展水平有待进一步提高；四是我国的海上风电工程起步较晚，运营及技术应用方面实践经验缺乏。通过对差距进行分析获得启示，进一步明确我国海上风电工程技术亟待突破的方向与目标，为未来我国海上风电工程技术又快又好地发展提供参考依据。

6.2　我国海上风电工程技术发展战略目标与需求分析

6.2.1　我国海上风电工程技术发展战略目标分析

大功率、规模化、集约化和向深远海发展是我国海上风电的发展趋势和发展方向，我国海上风电自起步以来，在短短十余年间取得了突飞猛进的发展，2021年一跃成为累计装机世界第一的国家。然而，在勘察工程、岩土工程、结构工程、施工建造和运营维护五个方面的关键技术以及深度和离岸距离上，与世界领先水平还存在一定差距。

我国海上风电技术发展战略总目标是：形成支撑我国大规模海上风电中长期发展的工程技术体系，并处于世界先进水平，在关键工程技术方面具备自主创新发展能力。我国海上风电技术发展战略目标的实现分为两个阶段："十四五"期间实现海上风电开发的"近海为主，远海示范"；"十五五"期间实现海上风电开发的"远海为主，综合利用"。

建立适应我国海上风电行业从浅近海向深远海的发展趋势，适合大功率单机的勘察工程、岩土工程、结构工程、施工建造与运营维护的关键技术体系，并提出相应的适用于我国未来海上风电工程技术发展的战略路径和政策体系，以实现海上风电工程规模化的低成本低风险设计、建造与运维，促进我国海上风电行业的快速转型，推动风电行业、能源行业以及我国社会的可持续建设与发展。我国海上风电技术发展战略具体分目标如下：①在海上风电工程技术领域形成明确的发展方向，突破我国海上风电中长期大规模发展的工程技术瓶颈；②建设深远海大规模海上风场是我国海上风电的发展方向，为此，必须深入分析并逐一解决我国海上风电工程技术中存在的一系列问题，这样才能突破我国海上风电进一步发展的工程技术瓶颈；③建立我国海上风电工程关键技术体系框架，并有效控制对关键技术产生影响的主要因素；④深入研究我国海上风电工程的关键技术及其基础理论，并培育持续创新发展的政策环境和实施机制。

6.2.2　主要关联领域对我国海上风电工程技术的需求分析

本节根据自然环境、风电机组、附属设施和关联产业等分类对我国海上风电工程技术发展的主要需求进行了分析。

6.2.2.1　自然环境

1. 大气环境

1）低温方面

严寒季节的海冰会影响风机基础、结构安全，在我国渤海和黄海较为突出；低温还会让风电机组中各种材料和润滑油的性能下降。应从基础抗冰撞设计、软土地基的基础抗侧能力设计、抗冲刷处理措施、液化处理技术、大直径嵌岩桩的设计与施工等技术等方面来应对低温给工程带来的影响。

2）台风方面

研究风电机组、基础结构的抗台风技术；提高风电机组的控制技术；提升新型的风电机组基础、施工船舶承载能力，提高风电机组、基础结构抗台风的能力；应针对台风等环境条件建设新型固定式基础；提高沿海及深远海风速预报水平；自主发展小尺度数值模拟和建立以数值模拟、卫星反演和实际观测为基础的风能资源综合评估技术方法；研究大容量大叶轮直径海上机组支撑结构设计中的载荷计算技术。

3）湿度、盐雾方面

高温度、高湿度、盐雾严重腐蚀设备进而影响其寿命与可靠性；水汽影响风轮旋转；海上湿度较大温度过低时，影响机组发电性能，可能导致叶片断裂，需要采用特殊的涂层或阴极防腐等保护措施。

2. 水文条件

水文条件对于发展我国海上风电工程技术的主要需求为：在海流冲击下的深桩稳定性及可靠性分析技术；风-浪-流耦合载荷分析技术；保证风力机在复杂海洋环境和不同运行条件下的安全运转；就浮式风电机组而言一体化仿真技术是一项非常关键的技术；加快发展海上专用综合勘察船、支腿平台勘察船、带波浪补偿装置的钻机等设备；加快发展海上物探、原位测试等手段；加强对结构和电缆的安全防护措施；风浪联合分布数据采集（同一时刻不同方向的精细化数据）；一体化分析技术对于浮式风电机组基础、塔架和叶片结构设计尤为重要；海上风电机组以其复杂的动力学特性和特有的技术难点成为我国的研究难点和热点。

3. 地质条件

1）场址对我国海上风电工程技术发展的主要需求

考虑发电量最高因素；考虑全生命周期的集电线路成本最低因素；在已有机位点排布的基础上根据地勘、水文详设数据给出终版的机位点排布。在考虑集电线路成本最低时应采用先进的自动化优化算法。

2）地质构成对我国海上风电工程技术发展的主要需求

对海底的"刚性短桩"进行改进，如带吸附式套环的刚性短桩方案。根据我国近远海、浅海、深海的不同特点，从结构设计、施工工艺等方面进行针对性研究；海上风电工程必须适应这种多变的地质条件，要充分利用这种变化中的有利因素来提高工程效率；重点关注对淤泥质海床的冲刷研究和针对该类海床的冲刷防护措施的研究。

3）地质安全对我国海上风电工程技术发展的主要需求

风电场工程建设一般会引起平均流速变化，引起工程区海域冲淤环境变化。选址时应考虑工程建设后的水动力和泥沙冲淤变化影响。

4）地震对我国海上风电工程技术发展的主要需求

我国海域辽阔，海洋水文气象和工程地质条件复杂多样。因此应针对台风、深厚软土、浅覆盖层或岩石、海冰、高烈度地震（特别是液化地基）等环境条件开发新型固定式基础；基于整体耦合分析方法的海上风电机组结构地震破坏机理研究；从国家层面提出我国海上地震区划图和相应参数。

6.2.2.2　风电机组

1. 成本方面

以相邻单桩基础互相加力，以综合卫星系统精确定位（±1mm）静力测试海上典型单桩，每个风电场仅进行一组静力测试，再以动测方法进行对比拟合，得出修正参数；海上风电机组向大容量大叶轮直径发展；大容量风电机组及大容量浮式机组的研制与样机示范、大型高效海上风电机组发电机研制；风电机组控制系统的开发。

2. 智能化方面

风电机组制造与设计过程中运用云计算与大数据的手段，以提高其现代化水平。

3. 定制化方面

根据我国不同海域的特点设计风电机组；研究大容量大叶轮机组及深、远海支撑结构设计技术。

6.2.2.3　附属设施

1. 升压站

1）成本方面

目前升压站一般采用钢结构且用钢量大，因此成本高。应对大型钢结构进行优化，也可采用钢混凝土结构；重点关注升压站集成设计优化技术。

2）安全防护方面

提高升压站本身的防腐蚀性能；关注海上升压站新型结构形式与安全高效安装技术。

3）装备方面

我国超大型起重船资源较少，海上起吊与安装存在一定困难。海上起吊与安装可采用浮托法，并关注海上升压站新型结构形式与安全高效安装技术。

2. 换流站

1）成本方面

对大型钢结构进行优化，并且采用钢混凝土结构。目前换流站一般采用钢结构且用钢量大，因此成本高。

2）安全防护方面

采用合适的结构布置方案与安装方案，实现其海上运输与安装；海上换流站平台的设计和建造将是未来关注的重点。

3. 汇流站对我国海上风电工程技术发展的主要需求

1）成本方面

目前汇流站一般采用钢结构且用钢量大，因此成本高。需求具体包括：对大型钢结构进行优化；采用钢混凝土结构。

2）安全防护方面

深远海环境的不确定性给汇流站的安全防护带来极大的挑战，应重点关注汇流站在深远海区域的安全防护。

4. 海缆

1）规划方面

电网公司统一规划接入点；减少海缆上岸的回数；尽量采用高电压等级电缆送出；对于远海电站尽量用柔性直流输电技术。

2）铺设方面

重点关注海缆在铺设阶段的工程技术的问题。

6.2.2.4　关联产业

1. 探索与海洋牧场等融合发展新模式

空间融合：科学布局实现海域空间资源的集约高效利用，探索出可复制、可推广的海域资源集约生态化开发之路。结构融合：结合海上风电机组的稳固性提高经济生物养殖容量。功能融合：研究海上风电与海洋牧场的互作机制，实现清洁能源与安全水产品的同步高效产出。

2. 实现海洋渔业与海上风电产业的协调发展

施工阶段：减少风电机组基础施工产生的噪声、灯光等对海洋生物及渔业养殖的影响。运营阶段：避免升压站运行的电磁辐射对周围的海洋环境造成的影响。建设和运营阶段带来的渔业空间压缩、可能的海洋生态污染，以及运维船舶的安全问题需要系统全面研究，促进海洋渔业与海上风电产业协调发展。

3. 实现海水淡化行业与海上风电产业的协调发展

关键技术的突破：风光互补和非并网海水淡化；风电功率平滑与储能技术；海水淡化变工况技术；过程协调控制与能量管理技术。适应国情的发展：结合我国国情，考虑风电局部消纳，针对为适应不稳定电源并网而进行电网建设、改造的巨额成本及调峰备用成本等进行区域经济综合规划研究。

4. 重点关注制氢技术的发展以及制氢设备的可利用率

开发电解水制氢技术；实现有效的电能匹配，提高氢气的可利用率。增加氢气的大规模使用途径。开展氢储能系统的研发，设计高压储氢系统，使之与电网调峰和运行模式相匹配；制定有关标准和政策，探索将氢气注入天然气管道中加以利用；促进燃料电池技术行业的发展，燃料电池技术发展将带动氢能的清洁利用，进而推动风电制氢技术的发展。

6.2.3 我国海上风电工程技术需求的归纳

6.2.3.1 勘察工程技术

（1）大气环境方面：自主发展小尺度数值模拟和建立以数值模拟、卫星反演和实际观测为基础的风能资源综合评估技术方法；重点关注提高风速预报水平，以及针对沿海及深远海风电场的功率预测；重点关注关于深远海测风技术的研究；做好台风的预测。

（2）水文条件方面：深化研究高浪、急流、深水等复杂水动力环境和复杂地质条件下的钻探及取样工艺、技术、方法；深化研究无人机平台的机载三维蓝绿激光探测技术，水下高精度、高密度的点云数据获取、处理与融合技术；精细化的风、浪联合分布数据采集技术。

（3）地质条件方面：需要开发应用以潜器（如深拖、遥控潜水器（remote operated vehicle，ROV）、自主水下潜航器（autonomous underwater vehicle，AUV））为作业平台的深水工程物探与检测技术；研究海洋环境条件下扰动土体测试技术；加快发展海上专用综合勘察船、支腿平台勘察船、带波浪补偿装置的钻机、SPT 等设备；加快发展以物探为主，辅以其他手段的大面积海域浅覆盖层勘测技术；开发适宜海上风电勘察的数值模拟技术；研发不同海洋环境条件下的海上勘探作业平台及钻井作业方法和相关的原位测试技术。

6.2.3.2　岩土工程技术

（1）大气环境方面：深远海地区大气环境变化更加复杂，容易出现腐蚀现象。应重点关注海洋腐蚀性测定与分析预测。

（2）水文条件方面：波浪和地震作用下海床地基液化，需进一步研究海上风电机组特殊受力状态下海洋岩土强度和变形理论。

（3）地质条件方面：对特殊岩土工程条件下的地基处理技术提出了新的要求；重点关注评估结构与土的相互作用机理，优化桩土结构设计；重点关注海洋地质灾害分析评价技术；从结构设计、施工工艺等方面对岩土工程技术进行针对性研究。

6.2.3.3　结构工程技术

（1）大气环境方面：关注海上风电机组、基础结构的抗台风技术；研发新型的风电机组基础、施工船舶，提高海上风电机组、基础结构抗台风的能力；研究针对台风等环境条件的新型固定式基础；重点关注风资源的评估问题，以及机位点的排布；从基础抗冰撞设计、软土地基的基础抗侧能力设计、抗冲刷处理措施、液化处理技术、大直径嵌岩桩的设计与施工等方面来应对低温对工程带来的影响。

（2）水文条件方面：对海上风电结构单桩基础水平承载力和刚度的检测方法进行研究；关注在海流冲击下的深桩稳定性及可靠性分析技术；结构和电缆的安全防护措施；较深海域中导管架基础；开发新型浮式基础结构体系；导管架结构焊接节点疲劳，需重点关注海洋腐蚀性测定与分析预测。

（3）地质条件方面：对海底的"刚性短桩"进行改进；岩土地基或浅埋岩石地基上的单桩基础设计及施工方法改进问题；应针对高烈度地震等环境条件开发新型固定式基础；基于整体耦合分析方法的海上风电机组结构地震破坏机理研究。

6.2.3.4　施工建造技术

（1）大气环境方面：施工工序及方案需要不断改进，尽量将海上作业转移至陆上，缩短海上作业时间；重点关注台风下的安全控制技术；重点关注利用台风风力抬升阶段发电的技术；需要采用特殊的涂层或阴极防腐等保护措施。

（2）水文条件方面：优化加工工艺，提高加工质量与精度，提高生产效率，促进新材料的引进与创新；采用高效率的施工方案以及高效率的管理方法。

（3）地质条件方面：需要加快发展以物探为主，辅以其他手段的大面积海域浅覆盖层勘测技术；大型多用途施工装备的研发；复杂地形的沉桩工艺与设备的研发；塔架基础存放及塔吊安装的防变形设计；提升塔架附件的拼装效率与吊装效率。相较于近海、浅海的施工安装，深远海的海上情况更加复杂，安装更加困难。

6.2.3.5　运营维护技术

（1）智能化、数字化方面：基于在线监测风电机组数据、无人扫海等技术的实时运行状态监控数字化平台；同步气象、水文、人员、船舶数据，采用智能算法的运维策略技术；根据在线监测数据及风电机组运行历史数据，开启提升发电量的控制策略技术，收集运行数据；建立大部件故障库的数字孪生平台；采用人工智能神经网络算法建立数学模型；采用机器学习优化算法提前预警；故障智能诊断，部分非硬件类故障的自动识别和处理，设备健康状态监测，关键部件的寿命预测，远程运维技术；海上风电全生命周期数据库系统开发与应用。

（2）成本方面：采用智能运维等技术降低整个海上风电工程的 LCOE ；重点关注台风工况下的机组载荷安全校核技术；重点关注台风下的安全控制技术；新型观测技术、大气环境机理性研究、大气环境的精细化测量和高精度数值模拟方法、极端天气过程监测与预警。

6.2.4　小结

通过梳理我国海上自然环境、海上风电机组、附属设施以及关联产业对我国海上风电工程技术未来发展的影响，将我国海上风电工程技术发展在勘察工程技术方面、岩土工程技术方面、结构工程技术方面、施工建造技术方面和运营维护技术方面的需求按上述的 5 个维度进行了归纳。本书课题组通过对相关内容的总结，归纳出我国海上风电工程技术的未来发展方向，不仅有利于厘清我国海上风电工程技术的关键技术体系，也为我国海上风电行业从近海走向远海、从浅海走向深海提供了一定的基础和支撑。

6.3　我国海上风电工程关键技术体系及我国重点突破领域

6.3.1　我国海上风电工程关键技术体系框架

1. 关键技术体系的要点提炼

1）面向深海、远海重点战略方向的关键工程技术

我国深远海海上风资源禀赋好，平均风速在 7~11m/s，"十五五"期间，我国海上风电工程建设亟待突破的方向将是深远海域海上浮式风电关键工程技术研究。建议定义水深大于 50m 的海上风电项目为深海海上风电项目，定义场区中心离岸大于 80km 的海上风电项目为远海海上风电项目。考虑我国海况等自然条件特点，海上风电自身关键工程技术是建立浮式海上风电机组一体化设计流程和仿真模型，建立一体化耦合动力学分析模型，通过水池试验与仿真结果对比进行一致性验证。为降低运维成本，应打造智慧风电机组。另外，还应积极探索深远海海域特殊环境条件分析及评估关键技术、高压交流输电技术和无功补偿站、柔性直流送出和换流器。

2）与关联领域协同创新和预防性管理的关键工程技术

从浮式风电机组及其关联领域考虑，浮式海上风电勘察工程的关键工程技术应是适合我国深远海海域的锚固系统的专属勘探平台、专用勘察船舶等；浮式海上风电施工工程方面的关键工程技术应是系泊系统、海缆安装。

3）引入前沿科技的关键工程技术与工程管理创新

海上风电智能"预测性"管理维护将成为海上风电高效、低成本发展的必要手段。

4）引领前沿和面向未来的关键工程技术

大型海上风电场多能综合利用关键技术，包括海上风电与制氢多能互补技术，海上风电与海洋能多效资源利用技术，海上风电制氢、储氢及氢气输送技术等融合发展领域。考虑充分高效利用海洋资源以及海洋产业融合发展，应重点布局海上风电+海洋牧场、旅游、海上风电制氢、海洋石油平台供电等融合发展领域。

2. 我国海上风电工程关键技术体系框架

结合我国海上风电资源条件及建设条件的特点，我国海上风电按照全过程建设流程，形成了涵盖勘察、岩土、结构、施工建造、运营维护5个重点发展领域的工程技术体系。勘察工程技术是勘察风电场区域的水深、地形和海底面状况，查明主要建筑物基础影响范围内的岩、土层分布及其物理力学性质，找出影响地基稳定和钻进施工安全等的灾害地质因素，进行工程地质条件评价等，为海上风电设计、施工、安装及不良地质防治提供基础资料。结构工程技术主要包括塔筒结构一体化设计技术、风电机组和基础一体化建模、一体化载荷计算和一体化结构优化设计、减灾防灾技术等。施工建造技术含风电机组、升压站及其他建筑、施工辅助工程的基础施工和海上风电机组安装、海缆等电气系统设备安装。运营维护技术是基于在线监测风电机组数据等技术，对风电机组进行实时运行状态监控，根据实时气象、水文数据，采用智能算法实现智能化运维。

6.3.2　我国海上风电工程关键技术总体成熟度

本书课题组通过向在海上风电工程领域具有一定影响力的高管一对一发放问卷，对我国海上风电工程关键技术成熟度进行了研究。成熟度由高到低依次为结构工程关键技术、岩土工程关键技术、勘察工程关键技术、施工建造关键技术、运营维护关键技术，但总的来说水平相差不大。经过对专家问卷结果的具体分析，可得到以下结论：①我国深远海海洋水文环境数据观测与分析预测技术发展水平相对落后。②我国海上风电岩土工程技术所涉及的关键技术中的海洋土室内土工试验技术和岩土分析及地基处理技术的发展水平较为领先，而工程地质评价技术，特别是原状土高保真取样技术成熟度水平需要进一步发展。③我国机组支撑结构（基础、塔筒）体系研发、塔筒结构先进设计技术、机组支撑结构防灾技术、海上升压站平台结构设计技术和其他附属工程技术发展水平相当，成熟度水平均较高。其中满足大功率风电工程的风电机组叶片和耐久性、防冰冻、抗腐蚀、耐火性海洋材料的研发和应用需要加大投入力度。④我国海上风电施工建造关键技术中，先进施工技术发展水平落后，先进施工装备发展水平相当。⑤我国海上风电运营维护所涉及的综合性、智能化运维设备和一体化智能化运维技术发展水平相对比较落后。

6.3.3 我国海上风电工程建设亟待突破的基础理论和关键工程技术

借助专家问卷和访谈，针对我国海上风电中长期、大规模的发展，本书课题组通过整理和分析得到了亟待突破的基础理论，主要内容如下。

1. 海上风电结构设计基本理论、方法及分析工具

我国海上风电机组支撑结构分析中面临的基础理论上的瓶颈问题：机组-支撑结构-地基基础多物理场耦合机理、支撑结构及基础阻尼计算、海冰与支撑结构的冰激振动机理等。其中海上风电机组地基基础结构设计中涉及波浪理论、工程环境与荷载、设计工况与组合、桩基设计与结构布置、模态与动力分析、疲劳分析、冲刷与腐蚀等。

2. 海上风电场岩土工程基础理论和分析方法

研究海上风电机组特殊受力状态下海洋岩土强度和变形理论，如海洋岩土动力学理论和分析方法、土体循环弱化理论和分析方法、波浪和地震作用下海床地基液化、浮式基础锚固和系泊系统承载机理等。

3. 海上风电控制理论

我国海上风电控制理论急需加强风电机组控制算法研究、验证、优化与仿真测试，如桶-桩-土联合承载失效机理与设计控制指标体系的设计、复杂环境荷载作用下全寿命失效机理与控制技术、深水固定式风电结构整体耦合设计、振动控制技术以及基于大数据的风机故障智能诊断和预警系统、基于物联网的安全管控系统等。

本书课题组从面向战略重点、协同与预防、引入前沿科技、引领前沿未来四个技术创新方向，并借助专家问卷和访谈，对海上风电工程技术从勘察工程、岩土工程、结构工程、施工建造、运营维护 5 个维度进行划分，建立了海上风电工程的关键技术体系，如表 6.1 所示。

表 6.1　海上风电工程关键技术

工程名称		关键技术
勘察工程	深远海气象数据观测与预报技术	基于漂浮式激光雷达测风设备的风能资源测量标准和方法（面向战略重点）
		漂浮式风电机组尾流模型及风电场发电量计算（面向战略重点）
		深海海域风能资源测量标准（面向战略重点）
		覆盖近海区域的高分辨率的风资源数据库（引入前沿科技）
		海上风能资源开发评估体系（面向战略重点）
		海上风电场热带气旋影响评估系统（面向战略重点）
		海上风电场风功率预测系统（面向战略重点）
		机位点选址及优化技术（面向战略重点）
	深远海海洋水文环境数据观测与分析预测技术	深远海海域海洋水文要素中长期观测监测方法（面向战略重点）
		基于深远海海域实测水文资料的水文要素特征分析技术（面向战略重点）
		深远海海域风电场水文要素精细化预报关键技术（面向战略重点）
		深远海海域海洋水文要素的现代化测量手段（面向战略重点）
		台风高发海域海上风电场水文设计参数评价方法（面向战略重点）
		深远海上风电规划区域的海洋水文成果数据库（面向战略重点）
		深远海海域海洋水文设计要素推算方法（面向战略重点）
		水文分析的水动力模型、波浪模型（面向战略重点）
	高性能勘探设备的开发与研发	具有高精度定位系统、专用室内土工试验中心等的自升式勘探平台（协同与预防）
		百米级水深智能勘探平台（协同与预防）
		拥有较大反力海床 CPT 作业系统的海洋综合勘察船（协同与预防）
		高精度定位、勘探取样等于一体的综合勘察船（协同与预防）
		钻探和测试于一体的数字化勘探装备（引入前沿科技）
		具有海浪补偿、自动升降和智能调压的海洋钻机（引入前沿科技）
		具有智能监测系统的钻探装置（引入前沿科技）
		配备无人艇等载体，3D 声呐等自动海洋调查设备（引入前沿科技）
		海床式孔压静力触探设备、球形静力触探设备（协同与预防）
		地貌扫测仪器、水深测量仪器、剖面探测仪器（协同与预防）
		单波束测探仪、多波束测探仪、侧扫声呐（协同与预防）
		浅地层剖面仪、单道地震仪、多道地震仪（协同与预防）

续表

工程名称		关键技术
勘察工程	复杂水动力环境和复杂地质条件下的勘探技术	潜器勘测技术（面向战略重点）
		勘察工程技术规范体系（面向战略重点）
		水下声学定位技术（面向战略重点）
		海底浅层声探技术（面向战略重点）
		水文条件勘测技术（面向战略重点）
		水下障碍物探测技术（面向战略重点）
		水下管线探测技术（面向战略重点）
		海底微地貌及地质结构探测技术（面向战略重点）
		海底地形勘察技术（面向战略重点）
		海底地形演变模拟技术（面向战略重点）
		海床地质条件勘察技术（面向战略重点）
		高灵敏土、钙质砂等特殊地质勘察技术（面向战略重点）
		静力触探试验技术（面向战略重点）
		海床式孔压静力触探技术（面向战略重点）
		海洋球形静力触探技术（面向战略重点）
		静探和钻探同步实施的井下式静力触探技术（面向战略重点）
		不同地质和水动力环境下地球物理三维综合勘探技术（面向战略重点）
		无人机平台的机载三维蓝绿激光探测技术（面向战略重点）
		精细化海底三维测深技术（多波束点云数据处理程序）（引入前沿科技）
		水下高精度、高密度的点云数据获取、处理与融合技术（引入前沿科技）
		基于互联网的勘察管理和数据采集系统（引入前沿科技）
		海洋勘测数据资源整合关键技术（引入前沿科技）
		基于三维平台的海洋勘测数据可视化管理系统（引入前沿科技）
		平台式波浪补偿自由伸缩套管和护孔技术（面向战略重点）
		新型护壁泥浆配合比和护壁方法（面向战略重点）
岩土工程	原状土高保真取样技术	无扰动或低扰动取样技术（面向战略重点）
		克服传统薄壁取样扰动大的缺点的新型取样装置设计技术（面向战略重点）
		复杂水动力环境和复杂地质条件下的取样工艺、技术、方法（面向战略重点）
		深水海底表层取样技术（面向战略重点）
		土样的非扰动保存与运输技术（面向战略重点）

续表

工程名称		关键技术
岩土工程	工程地质评价技术	土体力学特性评价技术（软黏土强度评价、沙土物理力学参数评价）（面向战略重点）
		地震效应评价技术（基于 CPTU 的沙土液化评价）（面向战略重点）
		不良地质作用评价（海底滑坡识别及评价技术、海底浅层气与沙丘沙坡评价体系）（面向战略重点）
		海底流沙移动影响及对策（面向战略重点）
		海洋地质评价模型（面向战略重点）
		高灵敏土、钙质砂等特殊地质评价技术（面向战略重点）
		海底浅层、海床冲刷和液化、活动沙丘沙坡等地质灾害的识别、评价和防控技术（面向战略重点）
		海底滑坡识别和评价技术（面向战略重点）
	海洋土室内土工试验技术	高灵敏度现场原位试验技术（面向战略重点）
		海洋土动力特性试验（面向战略重点）
		海洋土-结构界面剪切特性试验、界面环剪试验（面向战略重点）
		循环三轴：获取循环荷载下的土体抗剪强度（面向战略重点）
		动单剪，共振柱：获取土体动刚度和阻尼（面向战略重点）
		大直径桩试验技术（面向战略重点）
		海洋十字板剪切试验技术（面向战略重点）
		离心机试验：模拟原型土工结构的受力、变形和破坏，验证设计方案的数学模型及数值分析结果（面向战略重点）
	岩土分析及地基处理技术	不同岩层埋深设计技术（面向战略重点）
		大直径单桩的桩土相互作用曲线及相关参数的获取（面向战略重点）
		海上风电机组大直径单桩基础桩-土互相作用机理（面向战略重点）
		土体循环弱化对基础设计的影响（面向战略重点）
		土与结构相互作用机理研究及技术设计（面向战略重点）
		预测海洋岩土强度和变形理论（面向战略重点）
		动参数物理试验装备技术研究（面向战略重点）
		海洋岩土规范体系（面向战略重点）
		海洋腐蚀性测定与分析预测（面向战略重点）
		海底固化技术（面向战略重点）

续表

工程名称		关键技术
岩土工程	岩土分析及地基处理技术	海上风电基础防冲刷设计（面向战略重点）
		海床地基处理技术（面向战略重点）
结构工程	机组支撑结构（基础、塔筒）体系研发	浮式基础结构技术（面向战略重点）
		新型基础结构体系研发及设计技术（面向战略重点）
		复合筒型基础设计理论技术体系（面向战略重点）
		自安装式基础（面向战略重点）
		漂浮式风电机组基础研发与优化设计（面向战略重点）
		风电机组基础结构与本体优化（面向战略重点）
		装配式可拆卸、可更换、高性能基础结构（面向战略重点）
		表层深厚软黏土条件下的基础设计（面向战略重点）
		海洋环境和复杂地质条件的海上风电基础结构设计理论和技术标准（面向战略重点）
		软土地质海上风电大直径单桩基础设计理论和技术体系（面向战略重点）
		海上风电机组桩式基础结构整体耦合分析方法（面向战略重点）
		复杂环境荷载作用下全寿命失效机理与控制技术（面向战略重点）
		荷载仿真技术（面向战略重点）
		新型超大直径单桩、嵌岩单桩、复合单桩及成套解决方案（面向战略重点）
		海上浅覆盖层大直径嵌岩单桩成套技术（面向战略重点）
		大直径无过渡段单桩设计与应用技术（面向战略重点）
		大直径嵌岩单桩设计与应用技术（面向战略重点）
		深厚淤泥层新型超大直径单桩成套技术（面向战略重点）
		塔筒结构设计技术（面向战略重点）
		一体化设计技术（面向战略重点）
		组合结构设计技术（面向战略重点）
		复材结构设计技术（面向战略重点）
		高稳定性结构设计技术（面向战略重点）
		装配式可拆卸、可更换、高性能的塔筒结构设计技术（面向战略重点）
		远海深海浮式平台结构及其减振和防船撞系统设计技术（面向战略重点）
		自调频结构设计技术（面向战略重点）
		远海浮式风电机组的防船撞结构设计技术（面向战略重点）

续表

工程名称		关键技术
结构工程	机组支撑结构（基础、塔筒）体系研发	机型与结构设计标准（面向战略重点）
		海上风电机组支撑结构的阻尼研究（面向战略重点）
		结构工程设计规范体系（面向战略重点）
		复杂海洋环境荷载作用下的静、动力分析（面向战略重点）
	塔筒结构先进设计技术	附件连接优化（面向战略重点）
		加工制造等级提高（面向战略重点）
		先进数值屈曲计算方法+高等级材料（面向战略重点）
		塔架基础主体连接—T法兰（面向战略重点）
		塔架设计标准化系列化（面向战略重点）
		塔架"设计-制造-运输-吊装"一体化（面向战略重点）
		塔架基础存放及吊安装的防变形设计（面向战略重点）
	机组支撑结构防灾技术	结构抗震设计技术（面向战略重点）
		结构抗冰技术（面向战略重点）
		基于整体耦合分析方法的海上风电机组结构地震破坏机理（面向战略重点）
		海上风电机组结构全生命周期内的自振特性分析与疲劳损伤（面向战略重点）
		桶-桩-土联合承载失效机理与设计控制指标体系（面向战略重点）
		疲劳失效机理（波浪爬升）（面向战略重点）
		深远海风电机组基础及电气平台结构动力失效机制（面向战略重点）
		深远海极端环境荷载中结构健康监测及预警（面向战略重点）
		深水固定式风电结构整体耦合设计、振动控制技术（面向战略重点）
		海洋腐蚀性测定与分析（面向战略重点）
		振动监测技术系统（面向战略重点）
	耐久性、防冰冻、抗腐蚀、耐火性海洋材料	轻骨料混凝土（面向战略重点）
		珊瑚骨料混凝土（面向战略重点）
		海水海砂混凝土（面向战略重点）
		超高性能混凝土（面向战略重点）
		高性能纤维复材（面向战略重点）

续表

工程名称		关键技术
结构工程	耐久性、防冰冻、抗腐蚀、耐火性海洋材料	高强钢材（面向战略重点）
		耐蚀钢筋（面向战略重点）
		不锈钢/耐蚀钢（面向战略重点）
		铝合金（面向战略重点）
		疏盐材料（面向战略重点）
	满足大功率风电工程的风电机组叶片	研发轻质+高强+大型+模块化的风电机组叶片（面向战略重点）
	海上升压站平台结构设计技术	升压站导管架结构焊接工艺及管节点腐蚀疲劳（面向战略重点）
		装配式升压站平台结构及其基础结构设计技术（面向战略重点）
		海上升压站集成设计优化技术（面向战略重点）
		海上升压站新型结构形式（面向战略重点）
		海上电气平台核心连接结构与运营保障技术（面向战略重点）
		适合我国海洋环境和复杂地质条件的海上升压站设计理论和技术标准（面向战略重点）
		模块化和整体式海上升压站建设成套技术体系（面向战略重点）
		海上升压站关键部位的连接结构技术（面向战略重点）
		模块式升压站大变形条件下功能模块之间的连接可靠性研究（面向战略重点）
	其他附属工程	大型海上电气平台（特别是柔性直流海上换流平台）设计技术（面向战略重点）
		海上风电场新型高电压、长距离海缆工程技术（面向战略重点）
		海上风电场交流送出系统设计方案（面向战略重点）
		海上风电场交流海缆的选型及结构设计技术（面向战略重点）
		大容量远距离海上风电场交/直流输变电工程技术（面向战略重点）
		远海风电送出系统的交互动态特性及稳定性研究（面向战略重点）
		远海风电场多直流系统之间交互作用的稳定性研究（面向战略重点）
		海上风电场柔性直流系统设计技术（面向战略重点）
		远海海域直流海缆系统设计技术（面向战略重点）
		海缆选型与设计（面向战略重点）
施工建造	先进施工装备	专业施工安装船舶（协同与预防）
		海上风电安装船自运吊装装备（协同与预防）
		自动化海缆敷设机器人（引入前沿科技）

续表

工程名称		关键技术
施工建造	先进施工技术	漂浮式海上风电机组运输安装技术（面向战略重点）
		漂浮式基础的锚固技术（面向战略重点）
		漂浮式基础的施工技术（面向战略重点）
		施工建造技术规范体系（面向战略重点）
		高效率施工技术（面向战略重点）
		高效整体安装技术（基础-风电机组一步式安装技术）（面向战略重点）
		大直径单桩嵌岩施工设备和技术（面向战略重点）
		打桩能力方面的技术（面向战略重点）
		吊装能力方面的技术（面向战略重点）
		设备安装技术（海上分体安装技术、海上整体安装技术）（面向战略重点）
		大型钢结构制造技术（面向战略重点）
		沉桩精度控制和替打法兰防护技术（面向战略重点）
		嵌岩施工技术（面向战略重点）
		风电机组导管架基础的水下沉桩施工技术（面向战略重点）
		海上风电安装船自运吊装一体化（面向战略重点）
		能装载多台风电机组设备的自航自升式平台船的安装施工技术（面向战略重点）
		一体化施工技术（面向战略重点）
		附属设施（海上升压站、换流站等）运输与高效安装施工技术（面向战略重点）
运营维护	综合性、智能化运维设备	运维船舶（协同与预防）
		主动补偿式登乘栈桥（协同与预防）
		自主化水面无人船舶（协同与预防）
		无人直升机（引入前沿科技）
		高自持能力的水下机器人（引入前沿科技）
		高性能打桩设备（协同与预防）
	一体化智能化运维技术	海上风电行业智慧化管理技术规范和标准（引入前沿科技）
		基于大数据的风电机组故障智能诊断和预警系统（引入前沿科技）
		智能化运维技术（引入前沿科技）

续表

工程名称		关键技术
运营维护	一体化智能化运维技术	故障维护和定检维护技术（面向战略重点）
		结构监测技术（面向战略重点）
		海上风电机组集成结构健康状态评估和损伤识别研究（面向战略重点）
		采用机器学习优化算法提前预警技术（引入前沿科技）
		基于人工智能的运维决策系统（引入前沿科技）
		基于物联网的安全管控系统（引入前沿科技）
		电气设备专家系统研究（面向战略重点）
		风场能效评估系统研究（面向战略重点）
		基于大数据分析的运维决策系统研究（引入前沿科技）
		海上风电行业的数字化智慧化平台生态体系和框架（引入前沿科技）
		海上风电一体化数据采集协同平台开发（协同与预防）
		基于"物联网+"和人工智能技术的海上风电安全管理创新研究和平台开发（引入前沿科技）
		海上风电全生命周期的建筑信息模型（BIM）应用技术（引入前沿科技）
		海上风电物联采集技术标准（引入前沿科技）
		5G、区块链技术在海上风电中的场景应用（引入前沿科技）
		海上电气平台核心连接结构与运营保障技术（协同与预防）
		海上风电场一体化监控管理技术（引入前沿科技）
		远距离海上升压站多系统管理技术（面向战略重点）
		海上安全与救援技术（面向战略重点）

6.3.4　小结

本节基于专家问卷结果的整理与分析，对海上风电工程从勘察工程、岩土工程、结构工程、施工建造、运营维护五个维度进行划分，初步建立了海上风电工程的关键技术体系。结合我国海上风电工程技术发展的现状、与国际领先水平的对比结果以及我国海上风电中长期和大规模发展的目标，总结得出了目前亟待突破的基础理论与关键技术。通过对我国海上风电工程技术成熟度的评分，发现目前我国海上风电工程技术成熟度由高到低依次为结构工程关键技术、岩土工程关键技术、勘察工程关键技术、施工建造关键技术、运营维护关键技术。由此可见，施工建造关键技术、运营维护关键技术发展水平落后，而勘察工程关键技术、岩土工程关键技术发展水平相当。最后，本书课题组从面向战略重点、协同与预防、引入前沿科技、引领前沿未来四个技术创新方向及勘察工程、岩土工程、结构工程、施工建造、运营维护五个维度进行划分，建立了海上风电工程的关键技术体系。

6.4　我国海上风电工程技术发展路径

6.4.1　影响我国海上风电工程技术发展的因素

1. 关键影响因素的层次划分

通过整理汇总专家访谈问卷与相关文献，结合专家的补充意见得到了影响我国海上风电工程技术的因素。这些因素按照对相关技术影响的直接与间接关系，划分为三个层次四个类别。第一个层次包括工程技术和自然环境两个类别，影响最直接；第二个层次为项目管理，第三个层次为经济社会，详见图6.1。

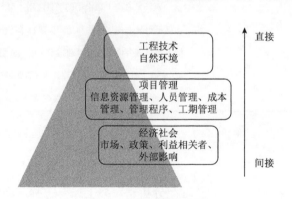

图6.1　影响因素层次图

2. 关键影响因素的归类分析

对勘察工程、岩土工程、结构工程、施工建造与运营维护五个方面的影响因素虽然较多，但却有很多共同性，因此对这些影响因素进行统一化处理和归类，得到表6.2。

表 6.2　基于影响因素层次的主要影响因素汇总表

因素类别		影响因素	
直接因素	工程技术		基础理论
			技术突破
			设备先进性
			技术规范标准体系
	自然环境	大气环境	海风、水汽、盐雾、台风、海冰
		水文条件	海水水质、洋流、海浪、流冰
		地质条件	地形地貌、地质、海床结构、地震
间接因素	项目管理	成本管理	建安成本、运维成本、资金使用成本
		质量管理	勘察准确性、设计科学性、施工合理性
		工期管理	窗口期
			进度计划
		安全管理	安全意识、安全管理体系
		人员管理	工作人员素质、经验
		信息资源管理	信息管理技术、信息管理平台
		管理程序	采购流程、内部决策审批流程
	经济社会	市场	市场竞争力、市场环境、投融资策略
		政策	上网电价与费用分摊政策、财政支持政策、金融支持政策、税收优惠政策、风电并网政策、顶层规划
		利益相关者	政府部门、投资商、整机商、勘察设计单位、施工建设单位、运维机构
		外部影响	海洋渔业、动物栖息地、海上交通、自然生态、国防、军事
		新兴产业协同发展	通用航空、气象行业、海洋牧场、海水淡化、储能、制氢

6.4.2　我国海上风电工程技术发展路径

1. 工程技术

针对基础理论、技术突破、技术规范标准体系与设备先进性四个方面梳理分析了发展路径。

1）基础理论

海上风电前沿基础理论是海上风电技术突破、行业革新、产业化推进的基石。具体实施路径为：建立激励人才创新制度；引进与培养尖端科研人才；鼓励海上风电工程技术与其他学科交叉；瞄准海上风电工程技术学科前沿；加强创新团队建设；打通国际合作交流渠道；鼓励产学研相结合；引进和研发先进实验设备；建立重点实验室加大科研投入。

2）技术突破

能否在战略性、前瞻性领域取得关键核心技术的突破，决定着我国海上风电行业能否持续保持核心的竞争力。具体实施路径为：建立"引进-消化-吸收-再创新"的技术突破路径；建立"完全自主科技创新，填补空白，补齐短板"的技术突破路径；引进和培养尖端科研人才；加大科研投入；建立重点实验室；引进和研发先进实验设备；鼓励产学研相结合；打通国际合作交流渠道。

3）技术规范标准体系

技术规范标准体系的不健全问题不仅需要借鉴欧洲风电先进国家等的经验，也要结合我国海上风电的特点逐步摸索创新方式，走出一条合适的发展道路。具体实施路径为：借鉴欧洲海上风电工程技术规范标准体系；以海上风电工程实践及成熟理论为依据；海上风电工程技术规范标准体系体现可持续发展理念；建立具有技术先进性的技术规范标准体系；国家能源主管部门与海上风电行业协会牵头；科研院所与高校主导；领军与标杆企业参与。

4）设备先进性

针对工程技术中存在的设备落后问题，应选取"引进-吸收-消化-再创新"的技术突破方式。具体实施路径为：建立"引进-吸收-消化-再创新"的技术突破路径；注重人才激励、评价与培养；增加科研投入；选择跟随战略。

2. 自然环境

针对大气环境、水文条件与地质条件三个方面梳理分析了发展路径。

1）大气环境

对深远海海上风能资源分布、风力、风向等信息的掌握是海上风电工程设计的基础，目前风能资源评估技术方面尚存在较大的提升空间，今后建议重点发展该项技术。具体实施路径为：发展风资源评估技术；发展荷载仿真技术；研发新型抗冻材料、结构；优化施工工序；将海上作业移至陆上；建立特殊天气作业规范和制度；对现场施工人员进行特殊培训；建立智能化的大气环境监测、评价、控制系统。

2）水文条件

海水水质带来的环境腐蚀问题、洋流、海浪与流冰等复杂的水文环境下的风机安全运转问题，成为制约海上风电工程发展的主要问题之一。具体实施路径为：发展海上风电基础防冲刷技术；研发或引进海洋腐蚀性测定与分析预测技术；研发引进新型防腐蚀涂层与材料；研发或引进专用安装维护设备；利用"引进-消化-吸收-再创新"的技术发展路径；加强对专业技术及管理人才的培养；建立专业的海上施工、运维团队。

3）地质条件

我国海域辽阔，海底地形、地貌、地质、结构等条件复杂多样，地震破坏性大，这些都给海上风电工程的设计、施工建造等带来了困难。具体实施路径为：发展海底地形勘察数值模拟与卫星遥感技术；发展静力触探技术；发展地质灾害的识别、评价和防控智能化技术；加强对人才的培养，提高相关人员的专业知识能力；发展以企业为主体的技术创新制度。

3. 项目管理

针对成本管理、质量管理、工期管理、安全管理、人员管理、信息资源管理与管理程序七个方面梳理分析了发展路径。

1）成本管理

海上风电项目的成本大约是陆上成本的两倍。海上风电场成本主要由以下几个部分构成：设备购置费、建安费用、其他费用、利息。各部分占总成本的比例不同，对总成本的影响也不尽相同。其中除了风电机组占总成本的比例较大外，建安费用占居于第二位。随着海上风电行业向深远海发展的趋势，大功率风电机组得到不断研发与应用，与之配套的新型结构急需跟进。海上风电工程需要在建设规模化，基础形式多样化，设计方案稳定化，勘察、施工专业化与智能化等方面实现全面升级，全面降低建安成本。特别是浮式基础的研发设计与大规模应用，对建安成本的降低具有重要的意义。

海上风电工程竣工交付使用后，未来 10 年甚至更长时间，都处于运营维护阶段。从海上风电工程全寿命周期成本构成看，运维成本占比最高。建立专业化海上风电运维机构，通过规模化运营、专业化维护、科学化调度、智能化管控的运作模式，将大幅提高运维效率，降低运维成本。

海上风电项目投资金额大、资金需求密集，应优化项目投资结构，合理设计资本金还款计划，使资金使用成本降低到合理的范围之内。

国家以及地方政府应明确政策预期，保持海上风电行业政策的延续性，出台相关补贴、奖励等政策制度，帮助海上风电行业进行顺利的转型。具体实施路径为：大功率风电机组的研发与规模化应用；钢-混结构的设计与应用；设计-施工-运维一体化体系的研发；建设规模化；勘察、施工的专业化与智能化；规模化运维、专业化维护、科学化调度、智能化管控的运维模式；优化投资结构，降低资金使用成本；海上风电行业价格补贴等相关政策的延续。

2）质量管理

质量管理方面，首先加强地质勘测质量控制，对地勘的各个环节实行有效监督，推行勘测设计监理制度，对地勘结果的准确性进行后评估，作为后续项目选择地勘团队的依据，确保数据的可靠性。具体实施路径为：建立施工过程的工程质量管理制度；推行设计-制造-运输-装配-运维一体化运作方式；推行勘察设计监理制度；专业人才的培养与储备。

3）工期管理

工期管理方面，在技术上，针对图纸以及现场施工中存在的技术难点，采取切实可行的专项技术方案、技术措施，以成熟的新技术、新工艺、新设备来缩短各施工工序的施工时间，做到既保证质量又缩短工期。具体实施路径为：采取切实可行的专项技术方案、技术措施；采用成熟的新技术、新工艺、新设备；优化施工计划；加强施工组织管理；发展整体吊装技术。

4）安全管理

安全管理方面，海上风电施工中无论是单桩插打、风机安装还是升压站吊装，都属于难度大、风险高的分部分项工程，如何确保安全顺利吊装到位是安全管理的重点。具体实施路径为：提前做好过程中的风险点分析；留够安全系数、设置安全冗余；加强施工人员的安全意识，进行安全培训；建设海上风电安全管理信息系统；发展无人机施工与运维。

5）人员管理

人员管理方面，积极吸收国外风电的技术经验，加强人才之间的交流培训，加强人员的知识储备量与实践经验，培育高水平海上风电的外业人员和内业人员。具体实施路径为：出台人才激励政策与机制；在高等院校和科研机构中，设立海上风电专业，增加博士学位、硕士学位授予点和博士后流动站；鼓励高等院校、科研机构与企业合作培养高端专业技术人才；建立我国海上风电技术职业教育体系；建立我国海上风电技术培训的人才培养基地；鼓励出国学习；加强企业之间的交流学习。

6）信息资源管理

信息资源管理方面，海上风电信息化建设的实施，必然对海上风电的施工、运行维护和有效管理提供很大的帮助。具体实施路径为：发展 GIS 技术；发展 BIM 技术；发展传感技术；开发自然条件信息系统；开发风电机组信息系统；开发支撑结构信息系统；开发海底建设条件信息系统；开发海上地震区划图与地震参数；培养海上风电与信息专业的交叉人才。

7）管理程序

管理程序方面，企业应调整精简管理程序，避免不必要的审批流程的重复，减少突发情况等给整个项目造成的风险。具体实施路径为：精简项目管理流程；优化采购流程；运维阶段单独设置管理权限。

4. 经济社会

针对市场、政策、利益相关者、外部影响和新兴产业协同发展五个方面梳理分析了发展路径。

1）市场

市场竞争力方面，当前我国海上风电产业发展主要依靠政策驱动。应通过政策引导使海上风电行业逐步实现市场化。具体实施路径为：建立强制性的市场保障政策，形成稳定的市场需求；通过技术创新和规模化开发，尽快摆脱补贴依赖；继续实施电价补贴政策，鼓励海上风电开发；打破地方保护主义现象，营造公平竞争的良好市场环境；鼓励公私合营，使海上风电行业逐步走向市场化。

2）政策

目前海上风电受重视程度不够，还有待有关层面的大力支持。具体实施路径为：出台鼓励研发资金投入的政策；设立海上风电工程技术重大（重点）专项基金；建立引进技术的配套制度与政策；从规划、政策、科技创新体系、重大产业和项目布局等方面给予海上风电行业明确引导；统一思想，建立行业规范和标准体系；出台相关政策，注重海洋环境保护和海域资源节约；建立与健全海上风电项目的全流程审批监管体系；对我国海上风电行业的发展进行统一规划和布局，制订我国海上风电发展的技术路线图；出台可再生能源补贴、海上风电工程立项、上网电价与费用分摊、财政支持、金融支持、税收优惠、风电并网等方面的政策。

3）利益相关者

海上风电产业链相对完整，但各利益相关者融合度不够。需要整合政府部门，投资商，整机商与勘察、设计方，施工建设单位，运维单位等各自的优势，打通接口，全方位、系统性地进行融合，共同解决海上风电项目问题。具体分为：总体要求是研发设计、制造、运输、安装施工与运维一体化的建造技术，建立海上风电产业园区；政府部门负责统一行业发展思想，健全全流程审批监管体系，建立行业规范与标准体系；投资商进行统筹规划，加强各方合作，建立供应商数据库；整机商与勘察、设计方负责打通设计施工一体化，增加结构设计安全可靠性和适用性；施工建设单位提前介入项目，结合工程实践提出设计建议；运维单位从设计阶段开始介入，施工阶段全程参与，结合运维实践在设计阶段提出建议，对最新运维技术和手段在施工建设阶段进行具体落实。

4）外部影响

海上风电的建造会对外部环境造成影响，具体分为：施工噪声、电磁辐射影响养鱼业；密布的风机、施工运维过程中的船舶和直升机，影响海上交通、民航、国防、军事。

5）新兴产业协同发展

具体实施路径为：海上风电与通用航空协调发展，大力发展直升机和无人机运维技术；海上风电与气象行业协调发展，建立联合监测、信息共享等机制，制定气象服务规范与标准；海上风电与海洋牧场协调发展，坚持生态优先、科学布局与定位；海上风电与海水淡化协调发展，探索"水电联产"的新型模式；海上风电与储能协调发展，加快技术突破，深入研究海上风电储能系统；海上风电与制氢协调发展，重点关注海上制氢技术、储氢技术、环境问题与燃气平台的安全共处等技术研究与突破。

6.4.3 小结

本节将影响因素按照对相关技术影响的直接与间接关系，分为工程技术和自然环境、项目管理、经济社会三个层次四个类别，对我国海上风电工程技术发展路径进行了分析。从基础理论、技术突破、技术规范标准体系与设备先进性 4 个角度梳理分析了第一个类别工程技术的发展路径；从大气环境、水文条件与地质条件 3 个维度梳理分析了第二个类别自然环境方面的技术发展路径；从成本管理、质量管理、工期管理、安全管理、人员管理、信息资源管理与管理程序 7 个维度梳理分析了第三个类别项目管理方面的技术发展路径；从市场、政策、利益相关者、外部影响和新兴产业协同发展 5 个层面梳理分析了经济社会方面的技术发展路径。得到了较为全面的我国海上风电工程技术的发展路径，为相关政策的出台提供了依据。

6.5　我国海上风电工程技术发展政策建议

我国海上风电工程技术发展政策的实施，需要科技部、工业和信息化部、国家自然科学基金委员会、国家能源局、财政部等多部门的配合与落实，因此，结合我国海上风电工程技术，分别将各项政策进行归口梳理和归纳。

6.5.1　科技部

科技部负责贯彻落实党中央关于科技创新工作的方针政策和决策部署，在履行职责的过程中坚持和加强党对科技创新工作的集中统一领导。海上风电行业目前正处于转型发展期，面对当前的全球经济形势，科技部应围绕勘察工程、岩土工程、结构工程、施工建造和运营维护 5 个方面提出我国亟待突破的海上风电工程系列关键技术，尽快实现海上风电工程关键技术创新和技术进步。

6.5.2　工业和信息化部

工业和信息化部承担着振兴装备制造业组织协调的责任，组织拟订重大技术装备发展和自主创新规划、政策，依托国家重点工程建设协调有关重大专项的实施，推进重大技术装备国产化，指导引进重大技术装备的消化创新。

中国沿海的极端气象海洋灾害（台风、寒潮大风、风暴潮、台风浪、异常流、海平面上升、海啸等）较多，特别是在风能资源丰富的海域，波浪条件更为恶劣，局部海域潮差大、波高、波长强度大，对勘探与实验设备、施工运维船只与设备、海上风电机组提出了更高的要求，工业和信息化部应尽快出台推动我国海上风电工程勘察、施工与运维发展的建议。

6.5.3　国家自然科学基金委员会

国家自然科学基金委员会根据国家发展科学技术的方针、政策和规划，有效运用国家自然科学基金，支持基础研究，坚持自由探索，发挥导向作用，发现和培养科学技术人才，促进科学技术进步和经济社会协调发展。海上风电工程经常面临台风、洋流、地震等恶劣的自然环境，复杂的荷载和动力等影响着工程结构的稳定性和可靠性，因此需要加强基础理论研究和设计计算理论与方法的创新，通过企业间的合作与协同，尽快实现关键理论的突破。

6.5.4　国家能源局

我国海上风能资源区域分布不均衡，缺乏系统的风能资源评估数据，为海上风电工程的科学规划、设计与建设带来了困难。在深远海区域，环境载荷与支撑结构的动力耦合效应往往变得显著，风-浪-结构耦合、冰激振动、流激振动等导致结构破坏。波浪、地震等的作用下，海床地基液化导致结构和电缆被破坏，我国抗震设计规范缺失海上地震区及地震动参数建议。强台风会引起较大的波浪载荷，可以直接摧毁外部设备。台风导致施工的窗口期缩短，也给施工安全带来很大的挑战。在渤海和黄海北部区域，海冰载荷往往成为支撑结构设计的重要载荷。杭州湾等区域是高流速潮流海洋，这些环境载荷具有较大的随机性和明显的动力特性，给支撑结构和机组设备正常及安全运行带来了很大挑战。我国沿海地质成因复杂、地质条件多变，加强基础数据调查研究对于海上风电工程的建设有着重要意义。

国家能源局可以从立法、监管体系、顶层规划等几个层面为海上风电工程技术的发展提供政策支持。自然资源部（原国家海洋局）在海域范围的基础数据获得、海上多产业协作等方面具有优势，可以与国家能源局进行一定范围的配合与协作。向国家能源局提出对完善我国海上风电工程技术规划管理体系及基础数据库建设的若干建议。

6.5.5　财政部

财政部负责拟订财税发展战略、规划、政策和改革方案并组织实施；管理中央各项财政收支；负责组织起草税收法律、行政法规草案及实施细则和税收政策调整方案；负责办理和监督中央财政的经济发展支出、中央政府性投资项目的财政拨款，参与拟订中央基建投资的有关政策。海上风电中央财政补贴已于 2021 年全部取消，财政部出台相应的过渡政策，以保证海上风电行业的转型发展。

6.5.6　其他

　　海上风电行业的发展离不开人才的培养、学科的发展、团队的建设，也离不开多专业、多行业的协调与配合。

第 7 章

海上风电与新兴产业协调发展

经过十多年的发展，截至 2021 年底，我国海上风电累计装机容量已经达到 2639 万 kW，初步形成较为完整的海上风电产业体系，整体实力获得提升，价值逐步显现，对相关行业及新兴产业的带动作用显著增强。

鉴于海上风电体量巨大，做好海上风电及关联新兴产业链的协同发展有利于政府、有利于企业、有利于全社会协同发展。

本章重点分析海上风电产业发展规模及其对其他行业的带动能力。海上风电产业链包含四大核心区块：海上风电装备、海上风电建安、海上风电运维及海上风电关联新兴产业。

7.1　装备制造业发展现状分析与建议

根据产业发展理论，结合产业发展基础，海上风电装备制造业发展的路径主要有两条。

一是以技术创新引领产业发展。技术研发是海上风电价值链的高端环节，关系到海上风电产业链各环节的发展，企业掌握核心技术就等于拥有了市场话语权，因此海上风电技术研发至关重要。现阶段国内海上风电技术研发整体实力不强，与国际一流水平差距较大，关键核心技术都依赖进口，产业发展较为被动。因此企业一要集中力量进行技术攻关和自主技术研发，二要积极开展海上风电国际合作，以合资、合作等多种形式吸引国外知名企业到国内设厂，引进其高端技术和专业人才，积极学习借鉴外国经营模式。从海上风电装备技术进步、海洋生态环境保护、海上风电场开发降本增效等方面出发，近期要重点攻克海上风电大容量风机装备制造技术、深海风电场开发设计技术、长距离柔性直流输电技术、精准海洋勘察与实验技术、海上风电电子信息化技术、海上风电生态环境保护技术等关键核心技术。也要注重核心技术的成果转化和核心产品的研发，重点突破 10MW 级及以上大容量海上风电机组、浮式海上风电机组及平台、高压柔性直流设备及平台、高压海缆、大型钢结构、海上风电安装施工船舶、全生命周期整体方案、智慧海上风电场、智能运维服务、储能装备等核心高端产品[16]。

二是以"补链强链"提升产业整体竞争力。产业链条完整有利于产业形成合力、做大规模。现阶段海上风电产业整体基础较弱，只有在主机、叶片制造等装备制造业具备产业基础，在海上风电施工、运维和专业服务业方面均比较欠缺，产业链条不完整，需要针对有基础的环节"强链"，针对薄弱和缺失环节"补链"。要以海上风电装备制造骨干企业为龙头，加快形成以海上风电整机制造、电力设备制造和大型钢结构加工为中心的高端装备制造产业集群；以整机制造带动零部件制造业发展，带动一批海上风电制造业上下游企业做强做大。以海上风电装备制造业的发展带动配套产业发展，推动海上风电施工安装加快发展，提前做好港口建设、码头规划、海上电网接入规划等方面的布局，适时引入和发展海上风电检测认证、融资租赁和保险以及整体解决方案等专业服务业，逐步形成较为完整的产业链条，摆脱关键环节对外的依赖。

7.1.1　海上风电主要装备配套产业链发展研究

海上风力发电机组设备主要包括：风力涡轮机、塔筒、海缆、升压站、控制保护设备等。海上风电机组部分关键零部件，如主轴承、PLC、超长叶片等尚需要依赖国外产品，面临"卡脖子"风险，国产化程度有待进一步提升。

1. 风机配套主轴承

大容量风力发电机组配套主轴承是大口径的重载滚动轴承，是采购周期最长的部件，处于风机制造的关键路径，国内厂家暂不具备制造能力。实现主轴承的自主化设计和制造，一方面，利用国内强大的制造能力，可缩短主轴承的制造周期，使机组产能得到充分发挥；另一方面，实现国产后，可大大降低机组的制造供货成本，使得海上风电机组逐渐逼近陆上风电机组的供货成本。

2. 风机配套超长叶片

目前，风机叶片主要以玻璃纤维复合材料作为增强材料，小容量风机叶片可以实现国产化。但玻璃纤维复合材料性能已趋于极限，不再适用于 100m 级超长叶片的制造。为了进一步减轻叶片质量，采用性能更好的碳纤维复合材料制造100m 级叶片是当前最优的选择。

3. 风机配套电气设备

风机配套电气设备包括发电机、变流器、箱变、35kV 开关柜设备，与常规电气设备相比较，主要技术要求的差异在于：抗腐蚀、抗震抗振抗倾斜及高可靠性、免维护性。发电机方面，需在抗腐蚀、抗震抗振抗倾斜及高可靠性、免维护方面进行专项研究。

4. 风电配套仪控设备

海上风电配套仪控设备主要包括：主控系统、变桨控制系统、风机状态监视系统、一次测量仪表。目前国内海上风电设备成套中，主控系统主要由风机厂家配套提供，目前市场主流使用欧美进口成熟控制器配置，如西门子、丹麦丹控、巴珂曼等品牌，陆上风电小容量机组国产化平台已有应用（如北京国电智深控制技术有限公司、南瑞集团有限公司等）；变桨控制系统多由第三方独立实现，与风机厂家进行配套，并采用通信方式与主控链接；风机状态监视系统与电气二次监视在主控室实现一体化平台，实现风机智能监视，基本实现国产化（如北京国电智深控制技术有限公司、南瑞集团有限公司等），国外系统也占有一定比例；一次测量仪表，主要随本体设备厂家成套，如液压系统等，目前基本采用国外较为成熟可靠的测量设备。

5. 结论和建议

政策引领不足，在关键部件零部件研发、国产化应用方面国家缺乏统一的政策引领，现提出以下建议。

一是充分发挥国家重大科技专项计划的引领作用，设立海上风电重大装备国产化等专项支持计划，鼓励开展关键零部件国产化替代研究，同时支持开展12～15MW 大容量海上风电机组国产化研究，抢占海上风电行业发展制高点。

二是发布开发政策，鼓励支持国内有关企业深入推进海上风电集中连片规模开发，从而带动海上风电装备制造业发展，实现资源开发和带动产业发展的良性循环。

三是设立专项资金，对关键核心部件国产化和/或采用新研发机组的项目提供贷款支持或给予一定的费用优惠，促进海上风电首台（套）国产化装备推广应用。

7.1.2 海洋测风与洋流测试设备产业链发展研究

1. 测风方案比选

目前应用于海上风电项目的测风方案一般有三种：传统固定式测风塔、漂浮式激光雷达及固定式激光测风雷达。

1）传统固定式测风塔

传统固定式测风塔是风电场工程的主要测风手段，国内相关的测风技术标准规范要求也是基于固定式测风塔规定的。

2）漂浮式激光雷达

激光测风雷达在风电行业已有多年的应用经验，应用于风能资源测量、风功率预测等领域，海上漂浮式激光雷达测风系统相较传统固定式测风塔具备绝对优势。

3）固定式激光测风雷达

除上述传统固定式测风塔和漂浮式激光雷达两种测风方案以外，市场上还有将激光测风雷达安装在固定式平台上进行测风的方案，该方案由基础、平台、激光雷达、电源系统、数据采集系统和通信系统组成。

2. 结论和建议

研究成果：漂浮式激光测风系统是"现场评估"领域的一个应用方向。其作为海上测风塔的替代品，具有更高的性价比。目前，市场中已有数个漂浮式激光测风系统的供应商，其中已有设备达到了"准商业化"的发展阶段。虽然，已有第一批依据漂浮式激光测风系统测量数据来规划的海上风电场，其仍旧面临许多的技术挑战，如严苛的海上条件、漂浮平台运动对测量的影响、足够的自用电电源等。

建议：随着海上风电项目向"远、大、深"方向发展，漂浮式测风塔将成为海洋测风与洋流测试的主流设备，要依托漂浮式激光测风系统平台的推广应用，逐步培育和打造我国海洋测风及洋流测试设备制造产业链。

7.1.3　设备维修检测技术与装备产业链发展研究

1. 设备维修检测技术与装备产业链现状分析

海上风电运维是海上风电产业中的关键一环。国内海上风电项目运行周期大多为 25 年，海上风机的维护模式仍以定期维护和故障检修的"被动式运维"为主。未来，海上风电行业将会愈加关注全生命周期整体解决方案。海上风电将向更远、更深的海域发展，将有更多的深远海运维模式和装备出现，以实现运维效率的最大化。

2. 海上风电机组退役与原材料回收

在海上风电项目启动之初，就充分考虑其全生命周期成本。此外，在陆上风电领域，我国已有个别项目面临机组退役问题。当我国风电产业进入机组退役周期时，退役成本问题会更加突出。未来，这些退役下来的机组也不可能一丢了之或弃之不顾，必须进行无害化处理甚至是资源再利用。

3. 结论和建议

研究成果：随着海上风电项目向"远、大、深"方向发展，未来会有更多的专业化、智能化海上运维装备研制推出，从而实现海上运维的降本增效；由于缺少国家层面政策的引领，加之缺少相应的标准、规范，机组延寿评估、退役后的回收处理目前还无规可依，这样势必造成不远的将来问题集中爆发，带来共性问题或环境问题。

建议：国家层面统一开展退役处理的规划设计，并指定相应单位开展退役标准、规范的研究，为今后退役处理建立起完善的产业链和监督执行机构，做到绿色发展。

7.1.4　测试认证技术体系与标准化发展研究

1. 新机型认证流程

每一款新机型都要进行认证，详见《风力发电机组　合格认证规则及程序》（GB/Z 25458—2010），包括如设计认证、型式认证、项目认证和部件认证。

2. 认证所依据的相关体系和标准

海上风电认证的依据是相关的标准，现国际上通行的海上风电机组相关标准包括：《海上风力涡轮机的设计要求》（IEC 61400-3-2009）、《漂浮式风机结构设计标准（修订版）》（DNV GL-ST-0119）、《漂浮式风机认证指南》（DNVGL-SE-0422）和《海上风电机组结构设计》（DNV-OS-J101）等。

IEC 61400-3-2009 属于 IEC 61400 风电机组标准体系，其主要目的是为海上风电机组设定一个适当的保护等级，保证海上风力发电机的使用寿命。由于该标准没有详细规范机组的材料、结构、机械组成、安全系统和电气系统等方面的内容，需要与其他国际电工委员会（IEC）标准联合使用。

3. 结论和建议

研究成果与建议：随着新机型研发和测试认证工作的开展，在推动海上风电大容量风机设计、制造、安装等领域工作的同时，逐步建立和完善我国海上风电机组测试认证技术规范和标准体系。

通过研究海上风电产业发展规模对相关行业的带动作用，包括对装备产业链、建安行业、运维行业、关联新兴行业等行业发展方向的影响，同时研究相关行业政策对海上风电发展方向的影响和带动作用，提出海上风电与相关新兴产业的协调发展战略，以及相关政策的建议和意见。

1）国家层面制定相应的产业政策，大力支持海上风电全产业链一体化发展，加快推进海上风电重大装备和关键零部件全面国产化，打造"中国制造"新名片

国家部委牵头，相关海域地方政府配合，统一规划建设首台（套）国产化装备应用示范，提供资金和政策支持，助推大容量风机研发；同时，项目所在地政府积极提供条件，协助取得相关认证，推进海上风电国产化装备实现规模化应用，实现国产化装备研发-应用-检验-提高的良性循环，不断提高国产化装备的市场竞争力和占有率。

制定相应的产业发展政策，推行海上风电领域项目认证和发证检验监督机制，引导多行业积极参与，培育保险与再保险、第三方担保、托管服务等实施跨行业合作，逐步建立和完善我国海上风电领域测试认证技术规范和标准体系、风险评估以及监督机制。

海上风电规模化正规化发展迅速，深远海探索不断深入，目前的审批流程、审批方式、连片审批等模式对深远海的探索开发不利，探索建立规模化、分布式发展、跨区域联合审批的政策，在多点实施验证后再批量建设的方式，降低风险和成本。

2）推进工程管理模式与国际接轨

我国海上风电行业从 2018 年起开始飞速发展，其健康的发展需要高效的行政监督和配套的行业标准保驾护航，这正是行业管理生态制度建设的良好契机，政府相关部门加强横向沟通，统筹行业的顶层制度设计，推行项目认证和发证检验监管机制，以助力行业长远发展。管理模式上与国际接轨，也有助于加强和国际再保险市场的沟通和联系，使之认可我国海上风电的风险管控能力，利于防范保险市场的风险。

3）统筹海上风电母港建设和船机装备发展

中国"海上风电母港"建设应从实际出发，建议由政府部门牵头进行短期、中期及长期的清晰规划，在政府、开发商等海上风电产业相关利益方共同努力下，减少重复投资，逐步建立工程母港的聚集效应，为项目成本降低发挥不可替代的作用，对新技术的研发起到引领。同时，我国船机装备的存量及其技术水平是我国海上风电平价发展亟待提升的方面之一。如果没有一定的市场空间规模和

稳定的行业发展预期，很难吸引船东投资建造新型的大型风电安装船，以支撑"深远海"风电场的开发。

4）统筹规划制定海上风电行业运维标准、规范

加强政策引导，加快海上风电行业运维标准、规范建设，支持建设我国海上风电运维数据共享中心和运维研发实验室，培育专业的海上风电运维人才团队，加大力度研发海上风电重要设备安全性能评估、安全预警等关键技术。制定相应的产业扶持政策，支持跨区域/跨业主的运维基地（包括岸基运维中心和离岸运维中心）、运维调度中心、运维数据中心建设，降低运维成本，提升运维效率；扶持面向深远海的海上专业运维船舶、海上运维人工岛等产业的发展，解决离岸长距离海上风电场运维的掣肘问题，为海上运维提速。

5）建立储能、氢能发展及海水淡化与海上风电发展路线图，统筹相关政策和科技研发

建议完善产业发展制度，提供政策环境，按照《中华人民共和国可再生能源法》的要求，依据《可再生能源中长期发展规划》、《国家能源发展"十四五"规划》和《"十四五"可再生能源发展规划》，尽快编制出台海洋可再生能源中长期发展规划，鼓励海上风电参与制氢和海水淡化处理，加大海水淡化关键技术与核心技术的研发力度，开展大型海水淡化技术与产业化研究。

建议加强政策引领，在储能方面加大科技创新政策扶持和资金支持力度，积极引导开发具有知识产权的关键材料和装备，降低储能系统投资和运营成本。推进规模化储能系统的研发和示范，完善企业储能技术布局。制定储能产业创新鼓励目录和应用补贴目录，鼓励企业做大做强储能市场，鼓励采用储能技术路线的企业参与地方电力辅助服务市场，建立电源端-电网-用户侧多端联动机制，拉动储能全产业链发展。

建议在国家层面将海上风电产业与氢能产业相互促进并协调发展作为能源转型的战略之一，首先，从政策上给予支持，鼓励企业加强关键材料和技术的国产化研究，改革创新，鼓励跨区域/跨业态合作，突破关键技术瓶颈，合力并举形成规模化优势，降低成本；其次，设立专项计划，提升从基础研究、关键技术攻关、应用示范到产业化转化的创新能力，保障氢能产业核心技术全面、自主可持续发展。

6）继续开展海上风电与海洋渔业融合发展研究

在前期开展海上风电与海洋渔业融合试点基础上，继续扩大试点的范围，探

索和完善集约用海、协同发展的配套政策，提升海洋经济效益；政府引导，产业扶持，鼓励建立海洋牧场海上自供电与能源供给融合发展新技术，创新海洋牧场与海上风电融合发展新模式，前期适度控制规模，因地制宜地开展海洋牧场与海上风电融合发展试点试验；鼓励跨业合作，支持科研院校（所）与企业、农（渔）业密切合作的产业技术创新联盟，促进成果转化；制定海洋牧场与海上风电融合发展标准、规范，为未来新技术推广应用提供良好市场环境。

7.2 建安行业发展现状分析与建议

7.2.1 国内海上风电建安行业发展现状介绍

由于涉及海洋工程，海上施工需要专业风电运输安装船以及起重船，海上风电项目施工成本远高于陆上风电。视海域的不同，施工成本可以占到总项目建造成本的 20%～33%，仅次于风电机组。

有别于欧洲海上风电施工企业多由海上油气行业传统巨头转化而来的特点，我国海上风电施工的龙头企业主要在码头和船坞施工等水工行业积累了丰富的经验，并以此为基础转而参与到海上风电的工程建设。以中交第三航务工程局有限公司、江苏龙源振华海洋工程有限公司和南通市海洋水建工程有限公司等为代表的施工单位，撑起了国内海上风电施工的整体业务。同时，交通运输部广州打捞局、交通运输部烟台打捞局和交通运输部上海打捞局等打捞事业单位凭借自身丰富的海洋油气行业施工经验和技术水平过硬的打捞船只队伍，在国内海上风电施工行业中扮演了重要的角色。

7.2.2 海上风电与船机装备的协调发展

1. 船机装备资源存量短缺的现状

截至 2022 年底，我国风电安装船 54 艘，其中 15 艘吊重在 1200t 及以上；在船舶供应方面，我国活跃的新建风电安装船和浮式风机基座安装船以及驳船之中，能够安装 8～10MW 风机基础的有 36 艘，可以满足 10MW 以上风电机组安装需求的仅有 2 艘，仅有 1 艘"白鹤滩"号具备 15MW 风机的吊挂能力。此外，随着风电安装船需求暴增，我国风电安装船的租金增长明显，由原来的 400 万元/月快速上涨至 1000 万元/月。经历了近年来的"抢装潮"之后，2022 年中国海上风电市场活跃度有一定下降，但是市场发展的大趋势没有改变。据预测，中国海上风电市场在未来 10 年将需要大约 10 艘大型风机和基座安装船舶，而缺口为 5～10 艘。

船机装备的短缺已成为我国海上风电建设成本过高的直接原因之一。一艘专业的海上风电安装船的造价在 4 亿元左右，建造周期约 2 年，投资回收期一般按 10 年左右考虑。当前"抢装潮"的不可持续性一方面使得船东对投资建设新的施工船持观望态度，使得船机装备无法及时更新换代，制约深远海风电项目的开发；另一方面，新投运的风电安装船数量较多，未来行业若进入寒冬，出现大量船东无法收回投资的局面，将严重打击船东对行业的投资信心，使得行业进入恶性循环。

2. 船机装备升级步伐滞后于机组大型化

船机装备与海上风电行业的发展相辅相成，除船机装备的存量会影响海上风电行业的发展规模外，船机装备的技术水平亦会制约机组大型化的发展趋势。在欧洲，一些海上风机单机容量已经超过 10MW，但已经投运的海上风电安装船大多尺寸较小，不能支持大型风机的安装。根据相关统计，2023 年欧洲市场约有 23 艘海上风电安装船，但只有 10 艘可以安装 12MW 或者更高容量的海上风机。船机装备升级换代的步伐未能跟上机组大型化的发展。在欧洲，一艘海上风电安装船预计至少需要 2.5 亿美元，而这些船有可能在未来五年就过时。例如，2020 年德国 Merkur 海上风电场使用的是 6MW 机型，2021 年英国 Moray East 项目则采用了 9.5MW 机型。相近时间的项目，容量相差悬殊。类似这样的案例在未来依然可能发生。

国内机组大型化导致施工船机装备过早过时的问题尚未凸显，但类似案例在某些项目上已经发生。中广核海龙兴业号风机安装平台，造价 4.9 亿元，2018 年投入使用，原计划 2021 年参与中广核惠州港口一个海上风电场的风机吊装工作，但初步的吊装可行性分析显示，海龙兴业号只能完成惠州港口一部分机位的风机吊装，其他机位由于对船机插桩深度要求太高而无法施工。

据统计，目前中国已下水的风电安装船共 22 艘，待下水的 16 艘。从风电安装船的起重重量和起重高度综合分析，安装能力主要集中在 5～7MW 风机，目前满足 10MW 风机安装的船总共仅有 2 艘。

3. 发展建议

成果：经济的发展过程像链条一样，主导产业先发展，并带动其他产业一起进步。我国海上风电未来的规划空间巨大，其每年的开发容量和机组大型化的趋势需与产业链的各个环节同步规划，方能实现协调发展。这就要求行业对未来风机技术和风电场开发有清晰的技术路线规划，以促进产业链重要一环的船东对船机装备进行有计划性的投资和更新换代，以达成行业发展规划的平稳落地。

建议：业内普遍认为目前的技术水平离平价还需 5～6 年的技术发展时间间隔，国家补贴的退坡让产业链各方对行业未来发展的预期出现了信心动摇，影响到了产业链各链条的有序发展。建议相应省份和区域给予适当支持，让船机装备投资方鼓起信心及时启动装备的更新换代，以支持海上风电行业的长远发展。

7.2.3 工程母港的集聚效应

1. 什么是工程母港

欧洲海上风电行业有句话，叫"港口是海上风电之母"，是说港口是海上风电产业不可或缺的重要一环。

港口是海上风电设备存放、运输、安装的基地和枢纽，成熟的港口基础设施为安装船提供更好的靠泊条件，为风电设备及组件预装配提供更大的堆场，因此被誉为"海上风电之母"。

风电母港的涌现首先因为产业需求。海上风电场不断向远海延伸，海上风机及其配件的质量和体积越来越大，运输难度不断提高，专业化的风电母港相比普通港口更能确保物流安装效率、降低风险。以风电母港为圆心，集聚并优化产业链，可以树立新的优势，成为产业链的最新关键一环。以埃斯比约港为中心形成的垂直供应链整合，能够推动海上风电成本的降低，促进工程建设和项目开发。

欧洲风能协会预测，到 2030 年，在新的欧洲港口基础设施上投资 5 亿～10 亿欧元（合 38.6 亿～77.2 亿元），就可能使海上风力发电资本支出总成本减少 55 亿欧元，即 5.3%。

2. 我国母港建设现状

中国已经成为海上风电第一大国，确实需要自己的"埃斯比约港"。然而，风电母港的规划建设也有其科学规律。航运界人士分析，欧洲建设母港的主要目的是锁定项目资源，在港口储存装备，减少因供货不足而导致的施工待机时间。因此母港分为两种，安装母港，辐射周边 1000km；运维母港，辐射周边100km。规划细致，分工明确，避免同质化竞争。而且，丹麦埃斯比约港、德国不来梅哈芬港、英国赫尔港、荷兰埃姆斯哈文港等世界领先的风电母港，都建立在这些欧洲国家成熟的海上风电产业体系的基础之上。

国内母港的"产业链生产基地"则与欧洲明显不同。当前国内海上风电供应链尚未成熟，加之"抢装潮"汹涌，母港建设主要服务于大型制造基地，重在吸引产业链聚集，彼此之间功能重合，规划集中于开发热点地区。虽然投入不小，但长期看难以充分降低风电场的海上物流成本。

造成这种现象的背后原因是，一方面，中国海上风电项目开发模式与欧洲国家不同，类似欧洲国家的"海上风电母港"的建设难以由单一或多个开发商完成，而国内"产业链生产基地"一般为单一开发商主导；另一方面，中国海上风电产业链尚未成熟，目前行业处于"抢装期"，不少"产业链生产基地"均是近年才得以投用或还在规划建设中。中国海上风电供应链暂时主要围绕着制造基地、船边交货模式，在短期内业内难以将精力投入到产业链的供应储备这方面。

同时，目前的产业园建设由于受"抢装潮"的影响，出现较多的重复建设，满足了当前"抢装"的需要，在国补退出后将出现产能过剩，造成资源浪费，侵占了新技术的研发资金，打击了企业的积极性，不利于长期稳定发展。

3. 发展建议

成果：我国海上风电产业规模逐步扩大，并走向深海，港口和船舶在海上风电产业发展中扮演着越来越重要的角色，港口建设必须与整个产业联系得更紧密。

目前，中国已在长三角、珠三角、渤海、东南沿海和西南沿海形成了密集的港口集群，而在黑龙江、淮河水系、京杭大运河沿线也建有港口集群，中国现存港口将为海上风电母港的实践带来便利，但集群效应还不突出，未充分发挥引领作用。

建议：中国海上风电母港建设应从实际出发，在海上风电供应链逐步成熟后，由政府部门牵头做短期、中期及长期的清晰规划。在政府、产业链企业、项目开发商等参与主体共同努力下，逐步建立海上风电母港的聚集效应，进而降低建设成本和引领新技术研发。

7.2.4 海上风电行业工程管理模式发展战略

海上风电是近年来才逐渐兴起的新业态，在此之前我国海上设施主要有浮式的船舶和浮式或固定式的海洋油气设施。船舶业和海洋油气业作为海洋工程的主要代表，区别于陆地上的建筑工程，其工程管理不使用监理制度而使用与国际市场一致的第三方发证检验的认证制度。

欧洲海上风电市场的各主要开发商和参建方主要来自于传统的油气行业，欧洲海上风电的发展建立在海洋油气技术和管理经验的沉淀上，故不少欧洲国家对海上风电采取强制第三方项目认证的管理要求，以求将项目建设的风险降到最低。

我国海上风电与欧洲在市场发展路线上存在差异。在国内，海上风电的开发商和参建方主要为陆上的发电企业或水运施工单位，即业内常说的"由陆入海"的市场格局。国内各开发商在进入海上风电市场时，习惯性地引入了陆地建筑工程常用的监理制度来对海上风电工程进行管理。

由于我国工程监理的制度设计问题，陆上建筑工程的监理制度发展至今已经暴露出了种种问题。近年来"取消监理资质"、"不再强制要求进行工程监理"、"推行全过程工程咨询"、"推行工程质量保险制度"和"由保险公司委托风险管理机构"等新政策接连出台，揭示出监理行业在陆上建筑工程所处的困境。考虑到陆上电力监理公司本身就缺乏海洋工程的管理业绩和适应海洋工程的专业人才，监理公司更无力在海上风电行业上扮演其行业监督者和保障者的角色。

在上述的大背景下，为了确保海上风电工程建设的安全稳定，业内涌现了主导不同工程管理制度的各方。以北京鉴衡认证中心（China General Certification Center，CGC）和中国质量认证中心（China Quality Certification Centre，CQC）为主的国内认证公司和以挪威船级社和南德意志集团（TÜV SÜD）等为代表的国际认证公司推广基于 IEC 标准的海上风电项目认证制度；中华人民共和国海事局和中国船级社则基于《中华人民共和国船舶和海上设施检验条例》要求海上设施必须申请检验的法律依据，要求海上风电行业在制度上必须采取发证检验的制度，国际市场的再保险公司在承担国内海上风电场再保险时亦提出了海事检验的附加保险要求。

凡此种种，说明了我国海上风电行业还处于起步阶段，"百家争鸣"的大好局面正需政府主管机关在制度上进行顶层的规划设计，为行业未来的健康长远发展打下基础。

1. 发展成果

我国海上风电行业未来发展潜力巨大，从 2018 年起开始飞速发展，其健康的发展需要高效的行政监督和配套的行业标准保驾护航，这正是行业管理生态制度建设的良好契机。

2. 发展建议

政府相关部门加强横向沟通，统筹行业的顶层制度设计，管理模式上与国际接轨，推行项目认证和发证检验监管机制，以助力行业长远发展。加强和国际市场的沟通和联系，使之认可我国海上风电的风险管控能力，利于防范保险市场的风险。与国际接轨既是我国海上风电行业消化富余产能，走上国际市场参与国际竞争的需要，更是我国海上风电行业未来发展的大势所趋。

7.3　海上风电运维行业现状分析与建议

7.3.1　海上风电运维行业背景

海上风电场运维成本占项目全生命周期总成本的 20%～30%，环境恶劣的海上风电场的运维成本甚至占全生命周期成本的 40%左右，约为陆地风电运维成本的 10 倍。

根据国家能源局 2018 年以来的海上风电新政策，新增核准风电项目将全部通过竞争方式配置和确定上网电价。因此，以降低运维成本、增加机组可用率为目标，研发先进的海上风电运维技术及推动相关新兴产业发展应用是影响海上风电行业可持续发展的重要因素。

7.3.2　海上风电运维行业发展现状

由于中国海上风电行业起步较晚，海上风电场运维及配套产业仍不成熟，基本参考陆上风电经验，采用计划检修为主、故障检修为辅的模式，整体水平较低。

1. 运维组织模式

已投入商业运行的海上风电场主要有以下三种运维组织模式。

1）风机制造商负责

风机制造商熟悉风电机组技术和性能，运维效率较高，但运维费用较高。

2）风电场开发商自行负责

风电场开发商负责运维主要采用两种方式，一是招聘专业的运维人员以部门的形式负责运维工作；二是成立专业的运维公司负责运维工作。

3）第三方提供服务

风电场开发商委托第三方负责运维，费用介于上述两者之间，由专业技术人员来保证运维的质量，保证风电机组可用系数，同时降低成本。

2. 运维方式

目前国内海上风电的运维方式大致可分为常规巡检、计划检修、故障检修等。

1）常规巡检

常规巡检只能发现明显的缺陷，无法对设备系统的健康状况进行评估。

2）计划检修

计划检修过程中往往出现过检修、欠检修、盲目检修及故障抢修等情况。

3）故障检修

针对临时故障情况采取检修，因为气象条件和海上交通等问题，存在极大的不确定性，对风电场效益产生较大影响。

3. 面临的问题

运维中存在的主要风险有智能化运维技术水平偏低、专业的运维船舶缺乏、可达性差、水下工程防护不足、运维模式落后等。

7.3.3　海上风电运维发展分析与建议

通过改善运维策略，包括各种技术措施、管理措施和供应链措施等，提高可达性、可靠性与效率、经济性，方能保障海上风电行业产业链生存和可持续发展。

1. 运维基地

1）岸基运维中心

岸基运维中心作为海上风电运维的基地和枢纽，集聚并优化运维相关产业与技术人员，树立产业集群优势，成为区域运维产业链的中心。

2）离岸运维中心

（1）离岸运维基地。离岸运维基地可结合海上升压站建设，建造永久性的海上固定基地。其平台如图 7.1 所示。

图 7.1　一种未来新型海上风电固定式平台概念图

（2）海上浮式基地。海上浮式基地是指使用运维母船替代海上永久基地进行运维，运维母船位于风电场附近的海上，可以参与维护活动，并在恶劣天气限制时提供更好的机动性能。

（3）海上运维岛。海上运维岛设有港口、机场等交通设施，还有简易的设备生产装配线、大型备件仓库、办公室和人员住宿场所，可以大大改善运维团队分散、运维船只利用率低、备件不齐全的状况。

2. 运维调度中心

海上风电场需要专用交通工具来实现通达性，所以对于海上风电，一套行之有效的运维调度系统和交通工具至关重要。

1）运维船舶

海上风电运维需要根据离岸距离及不同海况定型几种专业运维船舶。

（1）运维交通船。运维交通船主要作用是运送维护人员至机位，此外还可以携带小型的备品备件和工具等。

（2）专业运维船。专业运维船的选择取决于技术人员或所需专用装备的体积、风电场离海岸的距离以及可操作性。

（3）运维母船。运维母船是海上风电行业需考虑的远洋海上风电场运维策略的一部分。运维母船使运维人员可以留在海上，而不必搭乘交通船往返于海岸基地。

（4）拖船及自升式运维船。不同的风电机组部件需要被拖运到海上风电场所在海域。此外，目前海上浮式风机也是通过拖船安装的。所以，根据不同情况可以使用不同的拖船和更具创新性的解决方案。欧洲现有海上风电运维船性能对比如表 7.1 所示。

表 7.1　欧洲现有海上风电运维船性能对比

运维船型	抗风浪性	特点
运维交通船	较差（有效波高<1.5m）	一般为交通艇，航速低（20km/h 以下）
专业运维船（主力船型）	较强（有效波高 1.5～2.5m）	一般为双体船，航速较高（20km/h 以上），载员 12 人左右
运维母船	较强（有效波高>2.5m）	提供 40 人以上人员住宿，存放维修备件
拖船及自升式运维船	适应 40m 水深以内大多数海域作业	具有一定起重能力，主要用于大部件更换

2）风机登入系统

风机登入系统应主要考虑两种类型：专业运维船系统和平台接入系统。

3）专业化运维工装工具

为缩短海上风电运维时海上作业时间、提高运维安全性、减少运维成本，未来海上风电运维市场需要研制推出更多的船载专业化、智能化运维装备。

4）直升机运维

直升机也可以更好地接近风机，但是直升机运输能力有限，成本较高，适合需要快速响应而且不需要更换大的部件的风机故障维修，不适合大量部件需要更换的维护。

5）调度系统平台

海上风电运维调度策略主要分为基于运维船舶、运维船舶+直升机、固定式或漂浮式离岸运维等三类，离港口的距离决定了运维策略的选择。

3. 运维数据中心

1）智能监测预警平台

智能监测预警平台对海上风电安全运行所需数据进行一体化远程监测和故障预警，并采取有效的应对策略。

（1）海缆监测。为确保海缆的安全运行，对海缆的在线监测，是海上风电场面临的重要性课题。

（2）海上风机、升压站结构监测及安全分析。国内外对整体风机及支撑结构振动安全的监测较少，亟须研发可有效针对海上风电结构的实时在线监测与安全评估的方法与系统来在线判断和分析结构运行的安全性。

（3）海上风电机组安全预警。目前针对海上风电机组预防性运维应用效果较好的就是风机故障预警模型，但是目前我国海上风电机组安全预警应用程度较低，且多用于小容量机组。因此迫切需要开发 5.5MW 以上大容量海上风电机组的故障预警模型并开展推广应用。

2）运维决策平台

基于平台发生的故障，还有计划类的任务如定检、巡检、技改等工作，考虑到运维船、人员以及备品备件、气候环境限制因素，通过智能算法形成运维任务排布的计划，形成单日的运船的运维路径，从而实现发电量损失最小，包括交通成本最小，追求风电场最优的可利用率。

3）运维管理平台

（1）在海上建立备用库房。随着海上风电项目风电场容量增大，离岸距离越来越远，为了应对海上风电场运行的突发情况，降低突发情况带来的经济效益损失，应在海上建立备用库房，以满足临时需求。

（2）库房-机组一体化管理。基于备件数据库的管理，当从库房领取备件时，就能知道其功能作用及其在风机上的安装位置、所属系统，该备件损坏后可能会引发哪些故障等与备件有关的所有信息。

（3）人员管理。从海上风电运维技术培训、考核授权、上岗及监管等方面建立管理体系，并形成人员数据库，不断提升运维人员的综合技能，控制运维过程中的风险。同时建立海上风电场运维人员生命跟踪系统，为人员安全提供信息保障。

4. 结论和建议

（1）加强政策引导，制定行业运维标准、规范，立足于我国现有海上风电运维历史数据和运维经验，进一步做好海上风电运维数据积累与共享，培育专业的海上风电运维人才团队，加大对海上风电运维关键技术，如海上风电重要设备安全性能评估、安全预警等关键技术的研发投入。

（2）制定相应的产业扶持政策，支持跨区域/跨业主的运维基地、运维调度中心、运维数据中心建设，降低运维成本，提升运维效率；扶持面向深远海的海上专业运维船舶、海上运维人工岛等产业的发展，解决离岸长距离海上风电场运维的掣肘问题，为海上运维提速。

7.4　新兴产业发展现状分析与建议

7.4.1　海上风电与海洋牧场融合发展

1. 概述

海洋蕴藏着丰富的生物资源。现代海洋牧场是一种基于生态系统、利用现代科学技术支撑和运用现代管理理论与方法进行管理，最终实现生态友好、资源丰富、产品安全的新型海洋渔业生产方式。海洋牧场和海上风电产业作为海洋经济的重要组成部分近年来发展迅速，二者的融合发展，不仅能够提供更多优质蛋白，而且能够促进能源结构转型[17]。

1）海上风电发展趋势

经过多年的发展，海上风电开发技术基本成熟、设备不断升级，海上风电向规模化发展。近海风电场开发建设基本完成，海上风电开发正逐步向深远海推进，且规模不断扩大。

随着离岸距离增加，水深加大，风电场规模日益扩大，挤占了传统海上水产养殖、渔业捕捞的生存空间，带来产业发展矛盾。为解决上述问题，海域空间的集约高效利用是海上风电未来发展的重要方向。

2）海上渔业养殖发展趋势

随着经济社会的发展，鱼、虾、贝类等高蛋白水产品的需求量不断增加，全球大部分沿海国家的海水养殖业急剧扩张。为保障海水养殖产业可持续健康发展，提出了建设"蓝色粮仓"战略，即海洋牧场战略，当前海水养殖产业已经远超捕捞业，成为"蓝色粮仓"的关键支撑产业。我国作为深海高端鱼类消费第一大国，为保障国家粮食安全，建设空间广阔、水质优良的离岸深水区海洋牧场是必然选择。近海水产养殖场景如图 7.2 所示。

图 7.2　近海水产养殖场景

3）海上风电与海洋牧场综合开发的意义

风电综合利用：目前海上风电场离岸距离越来越远，导致电力在输送过程中普遍存在损耗大、电网运维成本高的现状。同时海上风电风机基础施工难度大，导致海上风电建设过程中存在风机基础造价高、运维成本高却无法得到有效利用的现状。

而海洋牧场内存在"供电难、供电不足"的现状，导致大型现代化牧场增养殖设备、资源环境监测设施等无法使用、维持，导致海洋牧场生产过程中普遍存在增养殖效率低、捕捞效率低、劳动强度大、危险系数高等综合性难题。另外，由于海洋牧场内海洋空间开发不足，目前仅水下部分空间通过增养殖得以开发，而水上空间无法得到有效利用。海上风电与海水养殖用海如图 7.3 所示。

因此，以海上供电难、立体开发技术模式缺乏为核心的现代化海洋牧场建设技术体系落后问题已经成为海洋牧场产业升级的关键技术瓶颈。而以运维成本高、水下风机基础无法得到有效利用为核心的单一发展模式落后问题已经成为海上风电产业可持续发展的关键技术瓶颈。将二者融合则可以有效利用海洋空间，并进一步解决上述突出的技术问题。综合考虑海上风电、海水养殖用海特点及发展需求，近年来，两者融合的集约用海新型产业模式成为广受关注的热点，国内外正在积极试点研究，推动相关产业的发展。

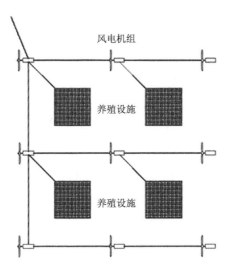

图 7.3　海上风电与海水养殖用海示意

2. 国内外研究进展及发展现状

1）发展技术分析

欧洲国家已于 2000 年实施了海上风电和海水增养殖结合的试点研究，其原理为将鱼类养殖网箱、贝藻养殖筏架固定在风机基础之上，以达到集约用海的目标，为评估海上风电和多营养层次海水养殖融合发展潜力提供了典型案例。以韩国为代表的亚洲国家也于 2016 年开展了海上风电与海水养殖结合项目，其结果表明双壳贝类和海藻等重要经济生物资源量在海上风电区都出现增加。我国首个"海上风电+海洋牧场"融合发展研究试验项目于 2023 年 3 月全容量并网，亟待通过研究海上风电与海洋牧场的互作机制，查明海上风电对海洋牧场的影响机理，建立海洋牧场与海上风电融合发展新模式，实现清洁能源与安全水产品的同步高效产出。

2）国外发展现状

（1）国外海洋牧场发展历程。从日本和美国人工鱼礁技术开始，到 21 世纪生物技术和产业革命，国外海洋牧场经历了萌芽阶段（1960 年以前）、初步发展阶段（1960～1979 年）、快速发展阶段（1980～1999 年）、深入发展阶段（2000

年至今）四个阶段，随着海洋经济时代的来临，各国对海洋牧场的人工鱼礁建设、生物行为控制、环境资源保护与监测及管理等技术进行了更深层次的研究，结合生物、化学、物理等领域尖端技术，研发海洋牧场新技术，并制定了更为详细的海洋牧场规划，建立海洋牧场示范区，收益颇丰。

（2）国外海洋牧场与海上风电融合发展现状。目前，养殖提供的海产品约占全球海洋食物总量的 50%。近年来，欧洲推出"蓝色革命"计划，希望通过大力发展海水养殖业来弥补过度捕捞造成的海洋渔业产量和效率的下降，以保障食物安全。

目前，海水养殖业主要集中在近浅海水域，已趋于饱和，养殖空间狭小、养殖密度增加，导致海域生态环境恶化，海上风电与海洋生态渔业融合发展的"风渔结合"模式，有助于解决海上风电开发成本上升、风电开发与海洋渔业冲突等日益突出的问题，是集约用海的重要发展方向。

3）国内发展现状

（1）国内海洋牧场发展历程。海洋牧场是基于海洋生态学原理和现代海洋工程技术，充分利用自然生产力，在特定海域科学培育和管理渔业资源而形成的人工渔场。我国海洋牧场经历了以原始人工鱼礁投放、渔业资源增殖放流、工业化人工鱼礁投放和海洋牧场系统化建设为标志的 4 个主要发展阶段，主要经历了萌芽阶段（1979 年以前）、初步发展阶段（1980～2006 年）、快速发展阶段（2007～2015 年）、深入发展阶段（2015 年至今）四个阶段，近年来我国已完成了以岛礁型、海湾型、滩涂型、离岸深水型为主要类别，覆盖渤海、黄海、东海与南海四大海域的上百个国家级海洋牧场示范区建设；计划到 2025 年将达到178 个国家级海洋牧场示范区，这标志着我国海洋牧场的产业基础初具雏形。

（2）国内海洋牧场与海上风电融合发展现状。近年来，国内沿海省市大力推进海上风电和海洋牧场建设，风渔融合发展产业模式日益受到重视，海上风电和渔业大省积极开展风渔结合的研究和实践工作。

其中福建、江苏、山东、广东等省开展了多营养层次立体综合养殖、悬浮养殖网箱试验、人工鱼礁等多方面试验和试点工作。

4）小结

总体看来，目前国内外风渔结合的产业模式尚处于前期探索阶段，国内外基本同期发展。我们发现，风渔结合是两个完全不同行业的产业升级复合式发展，国内外的探索主要从渔业对风电的影响和风电对渔业的影响两方面进行。

渔业对风电的影响主要体现在的渔业设施对风电的影响和风险，如海洋生物对油漆的破坏、网箱对基础安全的影响，渔业活动对海上风电的潜在风险，如船舶碰撞、渔业人员擅自活动对海上风电的潜在威胁；风电对渔业的影响主要体现在海上风电在运行过程中产生的噪声、振动和电磁辐射是否会对养殖鱼类产生影响甚至危害，如鱼类生长缓慢或者鱼类死亡等。这些研究的空白是风渔结合的最大疑虑，也是目前学术研究的主要方向。

3. 产业和产业链发展趋势

1）政策支持

（1）海上风电用海政策。2010 年，国家能源局和国家海洋局联合印发了《海上风电开发建设管理暂行办法》；2011 年两部门又联合印发了《海上风电开发建设管理暂行办法实施细则》；2016 年，两部门再次联合印发《海上风电开发建设管理办法》。至此，海上风电用海政策完全确定。根据《海上风电开发建设管理办法》，海上风电的用海主要遵循"双十原则"和"框架用海原则"。因此，海上风电场中大面积的连片海域并未确定海域使用性质，完全可以利用风电场基础设施，开展渔业养殖。

（2）海洋牧场用海政策。2000 年，农业部"双转专项"将内涵拓展为包括"人工鱼礁建设"和"海洋牧场建设"；2006 年，国务院发布了《中国水生生物资源养护行动纲要》，国家投入 400 亿元资金用于人工鱼礁、增殖放流、水生生物养护等渔业工程建设；2008 年，农业部召开专题会议检查"海洋牧场专项"资金；2013 年，国务院发布《关于促进海洋渔业持续健康发展的若干意见》，明确提出"发展海洋牧场，加强人工鱼礁投放"；2015 年农业部下达了《关于创建国家级海洋牧场示范区的通知》，确定了包括浙江在内的首批 20 个国家级海洋牧场示范区名单。同时，政策主要从大方向上鼓励海洋渔业向深远海方向发展，同时为深水网箱应用、海洋牧场建设提供一定的资金补贴。

2）产业未来发展分析

根据我国海洋牧场与海上风电产业特征与技术限制瓶颈，二者融合的理念与机制主要包括以下三个方面。

空间融合。水上水下、集海面与海底空间立体开发，综合利用海面风能与海洋生物资源，可实现清洁发电与无公害渔业产品生产空间耦合。

结构融合。通过开发增殖型风机基础，实现风电基础底桩与人工鱼礁的构型有机融合，进而实现资源养护、环境修复的功能融合。

功能融合。综合利用季节性渔业生产高峰（春季、夏季、秋季）与风力发电高峰（冬季），实现海洋牧场内生物资源与风力资源周年持续利用生产时间耦合。

3）海上风电与海洋牧场技术的结合分析

当前，海洋牧场与海上风电融合发展亟待开展的工作，包括海洋牧场与海上风机融合布局设计、环境友好型海上风机研发与应用、增殖型风机基础研发与应用、环保型施工和智能运维技术的研发与应用、海洋牧场与海上风电配套设施研发及应用，以及海上风电对海洋牧场资源环境影响观测与综合评价等。

4）存在的问题及风险

（1）科学问题。海上风电与海洋牧场的互作过程和机制是二者融合发展的核心科学问题，主要包括：风机基础部分是否具有人工鱼礁的集鱼作用？浪花飞溅区等对海上风机的腐蚀如何作用？海洋牧场生产管理和海上风机运营应该保持怎样的协调机制？海上风电建设与运维期间所产生的噪声、振动与电磁场会对牧场生物造成何种影响？

（2）技术瓶颈。海洋牧场与海上风电融合发展新模式创新是二者融合发展的主要技术瓶颈，即在海上风电建设的过程中必须重视与海洋牧场的融合发展问题，依托海上风电能源、结构优势，探索发展海上休闲垂钓、海上智能微网、潜水观光、海上住宿等相关产业，实现海洋牧场与海上风电融合发展，拉长产业链，实现产业多元化拓展，而不是仅关注风电效益。

4. 发展战略思考

1）发展路径

（1）生态优先，创新海洋牧场与海上风电融合发展技术体系。在远离生态保护红线区域，严格控制规模，因地制宜地开展海洋牧场与海上风电融合发展试点试验；坚持生态优先，优化风机基础与人工鱼礁的融合方式，为牧场生物资源繁殖、生长构建优质的生态环境；坚持技术创新，加强环境友好型海上风机研制、生态型运维技术研发；推动形成科研院所与企业、农（渔）民密切合作的产业技术创新联盟，促进成果转化应用。

（2）科学布局，构建海洋牧场与海上风电融合发展监测体系。加强调研学习，总结国际海水增养殖与海上风电融合发展案例，结合本底调查和模型评估，科学选择适于海洋牧场与海上风电融合发展的区域；科学布局，优化实施方案，保障生态环境，降低海上风电对海洋牧场生物资源的影响；坚持科学发展，稳步推进，探索出一条可复制、可推广的海域资源集约生态化开发之路。

（3）明确定位，完善风险预警防控和应急预案管理体系。明确海洋牧场与海上风电融合发展试点目标定位，依法、依规、依政策稳步推进，严格遵守海岸线开发利用规划、重点海域海洋环境保护规划等政策要求；加强海上风机建设、运行过程对牧场环境资源的实时监测，健全海洋牧场与海上风电融合发展风险预警防控体系和应急预案机制。

2）应用前景

海洋牧场与海上风电联合开发选址与养殖品种筛选如图 7.4 所示。海洋牧场与海上风电融合发展主要应用场景有环境友好型海上风机研发与应用、增殖型风机基础研发与应用、环保型施工和智能运维技术的研发与应用、海洋牧场与海上风电配套设施研发及应用等。同时从以上场景中，我们也能够看到，海洋牧场与海上风电融合发展的风渔结合形式，在技术发展、工程应用、经济效益、环境效益等方面存在着巨大发展潜力。养殖设备如图 7.5 和图 7.6 所示。

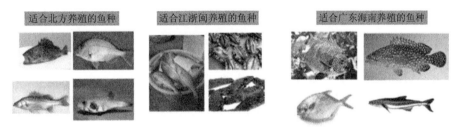

图 7.4　海洋牧场品种筛选

图 7.5　海上浮式风电机组及渔业网箱养殖

图 7.6　深远海养殖设备

5. 海上风电与海洋牧场融合发展结论和建议

思考：海洋牧场与海上风电是两个差别很大的行业，要融合发展，一定会存在很多不足，也会有很多工作亟待开展，但是我们必须认识到，海上风电与海洋牧场两者并不是为了结合而结合，其根本目的在于集约用海，协同发展，提升经济效益。

具体建议如下。

（1）政策支持：鼓励跨业合作，支持科研院所与企业、农（渔）业密切合作，形成产业技术创新联盟，促进成果转化。

（2）产业创新：鼓励建立海洋牧场海上自供电与能源供给融合发展新技术；探索升降式筏架、智能网箱、观光垂钓平台、监测系统等设施装备与海上风机的融合机制，创新海洋牧场与海上风电融合发展新模式；同时，前期适度控制规模、因地制宜地开展海洋牧场与海上风电融合发展试点试验，制定海洋牧场与海上风电融合发展标准、规范，为未来新技术推广应用提供良好的市场环境。

（3）资本引入：发展过程中循序渐进，大力引入市场资本发展休闲渔业，综合利用季节性渔业生产高峰（春季、夏季、秋季）与风力发电高峰（冬季），实现海洋牧场内生物资源与风力资源周年持续利用生产时间耦合，逐渐加深功能的融合，最后达成深度高效融合。

7.4.2　海上风电与海水淡化融合新兴产业

1. 背景

1）海上风电发展及制约问题

我国陆地海岸线长约 18000km，岛屿 6000 多个。近海风能资源主要集中在东南沿海及其附近岛屿，风能密度基本都在 300W/m^2 以上，全年风速大于或等于 3m/s 的时数约为 7000h，大于或等于 6m/s 的时数约为 4000h。

我国海上风电产业起步晚，发展快：近年来我国海上风电发展迅速，产业链和市场已初具有规模，整体呈现出由近海到远海，由浅水到深水，由小规模示范应用到大规模集中开发的特点。

我国海上风电发展模式单一：风电是一种间歇性能源，风电的随机性与波动性将对电网造成巨大的冲击，将使电网安全稳定特性发生深刻变化。大规模的海上风电场的开发，在没有水电、燃气等发电调峰的情况下，风电贡献率很难超过电网的 10%，这是一个世界性难题。

2）海水淡化发展及制约

水是生命之源，是人类赖以生存和生产不可缺少的基本物质。随着全球人口的增加和经济的发展，人类对水的需求的增长也越来越快，再加上水资源分布不均匀，已出现了全球性的水资源缺乏危机，因此寻求高效的造水方法势在必行。大力发展海水淡化技术产业，对缓解当代水资源短缺、供需矛盾日趋突出和环境污染日益严重等系列重大问题具有深远的战略意义。

新能源发电与反渗透法海水淡化融合发展：在众多的海水淡化方法中，反渗透法由于经济性高、建设周期短、安装维护简便，成为海水淡化的主要发展方向。目前，反渗透技术已是最经济的海水淡化技术手段，然而即便如此，其运行电能消耗成本仍占制水总成本的 44%。沿海地区的风能资源十分丰富，若能将海上风电无法并网或者无法消纳的电力，与海水淡化技术相结合，既可解决淡水能源问题，又能够减少对环境的污染，同时还可以解决局部区域大规模风电的并网与消纳问题，利用风能进行海水淡化一直是业界的技术探索方向[18]。

3）海上风电与海水淡化综合开发意义

风电综合利用：近年来，随着多能融合技术的发展，有部分学者提出海上大规模风电综合利用方案，如风电制氢、风电制水、风电供暖等互补系统是当前研究的热点。风电综合利用突破大规模海上风电并网的单一模式，将大规模海上风电与其他能源产业直接耦合形成一个完整的多能源的互补系统，也可以变海上风电场输电上岸为直接输产品上岸，总之，相关研究表明风电综合利用可以大幅降低风机制造的难度和成本，可以为大规模海上风电综合利用提供一种可行的应用方式，可促进大规模风电的进一步发展。推进我国跨行业部门的区域资源综合规划与开发，对实现我国能源与资源的可持续发展具有重大意义。

2. 国内外发展现状

1）海水淡化发展现状

海水淡化，又称"海水脱盐"，是通过物理、化学或物理化学方法从海水中获取淡水的技术和过程。海水淡化的规模化发展开始于 20 世纪中叶，最早在中东地区得到大规模应用。经过长期的发展，淡化技术方法按照分离过程，主要可分为相变法和非相变法，有热过程和膜过程两类，热过程有多级闪蒸、多效蒸馏、压缩蒸汽等；膜过程有反渗透法和电渗析等；其中比较常用的有多级闪蒸、多效蒸馏和反渗透等。

2）主要技术的比较

表 7.2 和表 7.3 对主要海水淡化的能耗进行了对比，多级闪蒸和多效蒸馏的主要能耗为热能，电能消耗占比较小；反渗透海水淡化的能耗只有电能。近年来虽然各国多级闪蒸、多效蒸馏和反渗透的能耗都有明显的降低，但反渗透膜研究也取得重大进步，以及采用能量回收装置对浓盐水余压进行回收，使得反渗透海水淡化相比多级闪蒸、多效蒸馏具有明显的优势。

表 7.2　三种主要海水淡化方法的耗能对比

淡化方法	单位能耗/[（kW·h）/m³]	单位电耗/[（kW·h）/m³]
多级闪蒸	10	4
多效蒸馏	7	2
反渗透	0	4.5

表 7.3　几种主要海水淡化方法比较

项目	多级闪蒸	多效蒸馏	反渗透
操作弹性	较差	好	好
水质（含盐量）/（mg/L）	5	5	< 500
设备使用寿命	长	长	长（需换膜）
投资费用	较高	较低	低
运维费用	较低	较低	较低
海水预处理费用	较高	低	高

从投资费用来看，在不考虑海水预处理费用的条件下，反渗透总投资最低，多效蒸馏较多级闪蒸投资费用更低，主要是因为多效蒸馏采用相变传热，传热系

数大，降低了传热面积。从运维费用来看，三种方法的运维费用相当，反渗透主要消耗电能，多级闪蒸和多效蒸馏则主要消耗热能，需要根据具体的能源供应条件来选择海水淡化方式。从设备使用寿命来看，三种方法相当，但反渗透需要更换渗透膜。从产品水质看，反渗透的效果最差，而多效蒸馏和多级闪蒸相当。从操作弹性看，反渗透和多效蒸馏较好，多级闪蒸较差。

3）风电海水淡化发展现状

风电海水淡化系统可以提高风电利用率，并可解决缺水问题。拥有电网备用的风电海水淡化系统可实现大规模应用，并且经济可行。对于离网的风电海水淡化系统，其产水成本较高，但是对于类似于孤岛，需远距离运水的地区，这种产水方式具有一定的经济性，并且随着风力发电和海水淡化技术的进步，产水成本将会逐步下降。

3. 利用风能进行海水淡化理论研究与关键技术

1）利用风能进行海水淡化的途径

利用风能进行海水淡化主要有两种途径：①分离式，风力机发电，然后利用电能进行海水淡化；②耦合式，直接利用风力机输出的机械能进行海水淡化。

2）利用风能进行海水淡化理论研究

海上风电与海水淡化在理论上具有很好的结合性，并网和非并网两种方式均是行业研究热点，其中美国通用电气公司对这两种供电方式的风电海水淡化厂均进行了系统的理论和实体模型研究。实体模型由风力发电机系统（容量1.5MW）、反渗透（reverse osmosis，RO）系统、能源回收系统和能源储存系统等组成，研究内容包括：2 种供电方式对海水淡化成本的影响，分析联网方式对不稳定风能的适应性和对输出淡水质量的影响。该研究结果显示在电价一定情况下，并网式海上风电制水成本较非并网式低 40%，在风电功率一定的情况下，RO 海水淡化产能较蒸馏时高 4 倍。

研究表明非并网风电直接进行大规模海水淡化，变输电上岸为输水上岸，直接向沿海地区供给大量淡水。通过非并网风电与大型空气源、海水源、地下冷井源相结合的海水淡化，可使风电利用效率提高 8%～15%，海上风电场投资成本下降 15%～25%，具有良好的经济效益。同时，根据生态原理，反渗透海水淡化系统电源来自风力发电系统，并从海水淡化浓盐水中提取钾、镁、氯化钠等盐化工产品，将风能、海水淡化与制盐结合成三位一体的生态经济技术，实现了各种资源的充分有效利用和全产业链污染物的零排放。

3）风电海水淡化关键技术

风电海水淡化适用的环境条件为：一是拥有丰富的风能资源，年平均风速在 5m/s 以上；二是淡水资源缺乏，有海水淡化或苦咸水淡化的需求。符合上述条件的地区多为滨海地区或海岛。

风能具有间歇性和不稳定性，而传统海水淡化工程一般基于稳定供能设计，如何适应风能的不稳定性，是风电海水淡化技术需要解决的关键问题。

4. 风电海水淡化产业分析及存在的问题

1）海水淡化产业及构成

随着海水淡化应用的不断增加，以海水淡化技术为核心的海水淡化产业蓬勃发展，已经形成了一个以工程设计与安装、设备制造、淡化水产品提供、技术服务为主，延伸辐射高性能机械设备（高压泵、能量回收装置、阀门与仪表等）研发与制造、腐蚀与防护材料与工程、高分子材料、浓盐水综合利用等行业的海水淡化产业群。

2）海水淡化产业发展存在的问题

（1）产业规模问题。作为水资源缺乏的用水大国，我国海水淡化规模与国外相比有较大差距，截至 2015 年底，仅为世界规模的 1%左右。而目前风电海水淡化仍然有技术不成熟问题，市场容量更小。

（2）海水淡化技术装备问题。目前全国已投建的海水淡化工程特别是万吨级以上工程多采用国外技术，反渗透海水淡化的核心材料和关键设备，如海水膜组器、能量回收装置、高压泵及一些化工原材料等主要依赖进口，按工程设备投资价格比，国产化率不到 50%，这也导致我国海水淡化市场进展缓慢。

（3）成本问题。海水淡化技术就是能源换水源的技术，将海水变为淡水。根据公开资料，海水淡化成本由投资成本、运维成本和能源消耗成本构成，能源消耗成本约占总成本的 40%，目前最好的海水淡化项目吨水成本要 4~5 元，淡化水出厂成本高于民用水价的倒挂现象导致海水淡化无法形成有效产业，无法进行大规模发展。

（4）国家政策扶持问题。我国风电产业与海水淡化产业与世界先进发达国家相比还存在一定差距，面临诸多问题，如淡化工程投资、税收政策待落地，大型海水淡化工程能力有待提升，产业配套服务能力需要尽快协同跟进，国产化装备需要深度整合满足市场期望，国产设备性能需要进一步提高。

5. 风电海水淡化发展政策建议

建议：在制定风电海水淡化产业发展战略的基础上，基于对海水淡化产业发展现状以及现有政策的分析，借鉴海洋经济发达国家在海水淡化产业发展政策上的成功经验，以科学发展观为指导，从政策环境、技术、资金、人才的不同角度入手来构建风电海水淡化产业的发展政策，推动我国风电以及海水淡化产业实现跨越式发展。同时，在如下几个方向上提出建议。

（1）提供政策环境，完善产业发展制度。

（2）重视基础研究，加强重点任务建设。

（3）投融资政策支持。

（4）人才政策支持。

7.4.3　储能应用

1. 概述及其发展意义

储能即能量储存，是通过某种介质或者设备，将一种能量形式用同一种或者转换成另外一种能量形式储存起来，在需要时以特定能量形式释放出来的循环过程。现有的储能以多种形式存在，主要包括物理蓄能、化学储能、电磁蓄能、热能储能和氢能储能等多种类型。根据不同的储能方式的能量/功率等级、响应速度、经济性等特点，其可应用于电力系统的削峰填谷、调频/调峰、稳定控制、提高电能质量乃至紧急备用电源等不同的场合。

2. 储能技术应用现状

（1）国外储能发展现状。从全球范围看，储能技术还在发展前期。因国情不同，储能在不同国家的发展战略不同步。美国、日本、英国和德国等发达国家已将储能产业上升到战略性新兴产业的层面，通过政策扶持、政策导向和资金投入等综合性措施激励，国家储能技术和产业正在快速实现规模化和产业化。全球电网级储能应用的一系列重大推进举措表明，储能参与电力系统容量、能量和辅助服务应用正在展现出良好的势头和巨大的潜力。

（2）国外储能发展政策环境。作为新兴产业，储能产业的发展离不开政策的支持与推动，目前各个国家正在构建有利于储能产业发展的政策环境，也在通过示范项目、安装激励等措施充分展示储能的应用价值，帮助构建成熟的储能应用市场。

（3）国内发展现状和政策环境。中国地域辽阔，不同区域资源禀赋和用能特点差异较大，导致对储能的应用需求各不相同。在各区域储能项目持续推进的带动下，中国储能市场呈现多元化的发展趋势，未来储能将在帮助解决电力系统的各项问题方面持续发挥重要作用，成为实现提升电力系统调峰能力和消纳可再生能源能力的关键技术手段。

3. 储能技术在海上风电中的应用及难题

风电是成熟的可再生能源发电技术之一，相比陆上风电，海上风电具有更好的风能质量和更为集中的开发条件，是未来风电发展的重要方向。我国东南沿海风能资源储量丰富，沿海省份又是电力负荷中心，具有充分接纳可再生能源电力的基础优势。海上风电与陆上风电的特点类似，具有无污染、投资周期短等优点，发展很迅速，但同样具有波动性、不确定性和出力难以控制的特点。

而储能技术可以在发电、输配电、用户及调度等各个环节的不同应用场景下发挥不同的功能，目前主要应用于集中型可再生能源大规模并网，可实现可再生能源的电量转移、发电容量固化和平滑出力三种价值。风电自身的并网控制能力具有局限性，储能技术的快速发展，给大规模风电并网问题提供了新的技术方案，储能技术应用在风电中，具有如下的几个优点：提高风电系统的低电压穿越能力、平抑功率波动、参与系统频率控制、提高风电电力稳定性、优化风电调度。

通过以上措施，间歇性的风电输出变得可控、可预测、可调节，将弃风弃光电能储存在储能系统中以增强可再生能源消纳能力，大大增加可再生能源的并网率，减少系统备用容量机组的使用。目前，大规模的储能有很多益处，但也面临以下难题。

（1）电池储能系统的数学模型不实用。

（2）没有可行的储能系统规划方法。

（3）储能系统控制策略不成熟。

（4）大规模风储系统广域系统技术不成熟。

（5）缺少含风储联合运行系统的电力系统可靠性评估。

（6）缺少利用储能系统提高风电调度入网规模的经济评价。

未来，优化储能能量管理策略、延长运行寿命、提高利用效率、探索更为清晰的商业模式，是商业化配置储能的思路，如青海省实现的共享储能，将储能电站通过市场化交易为多个市场主体提供电力辅助服务，储能电站利用率高达85%，是一种新颖的储能运行模式，而类似共享储能的大规模应用模式，不仅要考虑共享储能的特性、政策机制以及对风光消纳的需求，更大的发展空间还要关联政策、需求、机制等多项因素，降低投资成本是未来研究的主要方向。

4. 海上风电与储能发展的建议

储能技术可以改善风电电力系统的动态特性和运行经济性，解决大规模海上风电并网中遇到的"瓶颈"问题，能发挥重要的作用，但是，储能产业也面临着发展挑战，经济性和营利性仍然是目前储能商业化阶段的障碍，储能项目盈利模式单一，价值回报空间有限，依托峰谷价差收益不仅无法弥补项目投资，而且存在着巨大的不确定性和政策风险；相关管理规则和制度的欠缺直接制约着储能市场的快速发展；当前储能技术路线众多，但技术标准缺位成为行业的隐患，全球性的储能体系也尚未形成，为了更好地发挥储能技术的特长，需要进一步加强研究工作。

建议重点在下述几个方面开展研究工作。

（1）建立储能产业机制。

（2）加大科技创新和资金支持力度。

（3）开展储能电站的示范性运用。

（4）改革创新，试点跨域/跨业态合作。

（5）开展相关标准研究。

第 8 章

海上风电发展的技术经济性

近年来，我国海上风电快速发展，在推动我国能源转型中的作用逐步显现。然而，海上风电面对平价上网时代的经济性仍有待提高。需要深入分析海上风电发展的技术经济性，并研究降本增效措施，为海上风电发展提供经济参考和依据。

本章分析了我国海上风电发展的技术经济性。首先，详细分析我国海上风电的建设投资成本、运营维护成本、财务成本的构成及其各部分占比。然后，建立涵盖经济效益指标、环境效益指标、社会效益指标的海上风电综合效益评价指标体系。在此基础上，对海上风电全生命周期技术经济性及社会环境效益进行了分析。最后，分析"十四五"期间海上风电平价上网的经济性。

8.1　海上风电成本构成及分析

与陆上风电对比来看，海上风电场的前期工作时间相对较长，施工难度大，运营维护难度大，使得建设投资成本、运营维护成本和财务成本都较陆上风电更高。明晰海上风电的主要成本构成是开展技术经济性分析的基础。本节重点对海上风电的建设投资成本、运营维护成本和财务成本的构成进行分析，对其在各项成本中的占比进行量化分析。

8.1.1　建设投资成本构成及分析

海上风电建设投资成本是指用于建设海上风电场、海上升压变电站（或海上换流站）、海缆、陆上集控中心（或陆上换流站）等所投入的资本支出，主要包括施工辅助工程成本、设备购置成本、建筑及安装工程成本、其他费用、预备费、建设期利息等。各部分占总成本的比例不同，对总成本的影响也不同。

8.1.1.1　施工辅助工程成本

施工辅助工程指为辅助主体工程施工而修建的临时性工程及采取的措施，包括施工交通工程、大型船舶机械进出场、其他施工辅助工程、安全文明施工措施。施工辅助工程成本约占工程总成本的1%。

8.1.1.2　设备购置成本

设备购置指购置构成风电场固定资产项目的全部设备，包括风电场设备、海上升压站、陆上升压站（或集控中心）、其他设备等，如图 8.1 所示。设备购置成本（不含集电线路）约占工程总成本的 50%。

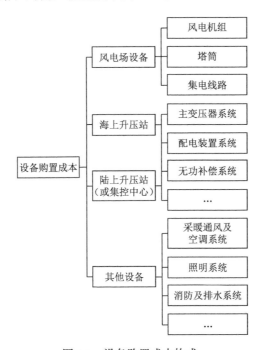

图 8.1　设备购置成本构成

风电场设备指风电场内的发电设备、集电线路等，包括风电机组、塔筒、集电线路。风电机组及塔筒成本占设备购置成本的 85%～90%，单位千瓦成本为 6500～8500 元，对于设备购置成本的影响较大。风电机组价格受不同的风电场开发区域、开发规模和单机容量的影响。集电线路海缆成本占设备购置成本的 5%～10%，其价格受到海上风电场的离岸距离、总容量等影响。

海上升压站指海上升压站内的升压变电、配电、控制保护等设备，包括主变压器系统、配电装置系统、无功补偿系统、变电站用电系统、控制保护设备等。海上升压站设备成本占设备购置成本的 2%～3%。

陆上升压站（或集控中心）指陆上升压站（或集控中心）内的升压变电、配电、控制保护等设备，包括主变压器系统、配电装置系统、无功补偿系统、变电站用电系统、控制保护设备、送出工程等。陆上升压站（或集控中心）成本占设备购置成本的 2%～3%。

其他设备指除上述之外的设备，包括采暖通风及空调系统、照明系统、消防及给排水系统等。其他设备成本占设备购置成本的 2%～3%。

以国内某 300MW 海上风电场为例，设备购置成本明细如表 8.1 所示。

表 8.1　某 300MW 海上风电场设备购置成本明细

序号	工程名称	单位工程造价/万元	单位千瓦造价/元	占设备购置成本比例/%
	设备购置	269744.01	8991.47	100.00
一	风电场设备	252425.27	8414.18	93.58
1	风电机组	210293.04	7009.77	77.96
2	塔筒	23237.46	774.58	8.61
3	集电线路	18894.77	629.83	7.00
二	海上升压站	6192.56	206.41	2.30
1	主变压器系统	2278.90	75.96	0.84
2	配电装置系统	1762.58	58.75	0.65
3	无功补偿系统	956.62	31.89	0.35
4	变电站用电系统	188.44	6.28	0.07
5	控制保护设备	1006.02	33.53	0.37
三	陆上升压站（或集控中心）	5451.35	181.71	2.02
1	主变压器系统	1107.95	36.93	0.41
2	配电装置系统	756.01	25.20	0.28
3	无功补偿系统	476.38	15.88	0.18
4	变电站用电系统	103.39	3.45	0.04
5	控制保护设备	1653.06	55.10	0.61
6	送出工程	1354.56	45.15	0.50
四	其他设备	5674.83	189.17	2.10
1	采暖通风及空调系统	603.69	20.12	0.22
2	照明系统	232.66	7.76	0.09
3	消防及给排水系统	720.78	24.03	0.27
4	劳动安全卫生设备	183.90	6.13	0.07
5	安全监测设备	793.80	26.46	0.29

续表

序号	工程名称	单位工程造价/万元	单位千瓦造价/元	占设备购置成本比例/%
6	生产运维船舶车辆	1800.00	60.00	0.67
7	航标工程设备	440.00	14.67	0.16
8	远程监控系统	500.00	16.67	0.19
9	其他	400.00	13.33	0.15

8.1.1.3　建筑及安装工程成本

建筑及安装工程成本包括建筑工程成本和安装工程成本两部分，如图 8.2 所示。建筑工程指构成风电场固定资产项目的全部建（构）筑工程，包括风电场工程、海上升压站工程、陆上升压站（或集控中心）工程、登陆海缆工程、房屋建筑工程和其他工程。安装工程指构成风电场固定资产项目的全部设备的安装工程，包括风电场设备安装工程、海上升压站设备安装工程、陆上升压站（或集控中心）设备安装工程、登陆海缆安装工程、其他设备安装工程等。相比陆上风

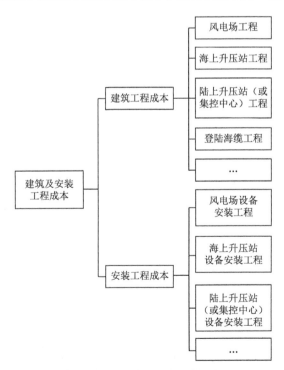

图 8.2　建筑及安装工程成本构成

电，海上风电的建筑及安装工程成本占总成本的比重较大，为 25%～40%，单位千瓦成本为 4500～7000 元。建筑及安装工程成本也受海水深度和离岸距离的影响。离岸距离越远，安装船的航行距离越远，导致船机费用越高。海水深度的增加也导致风电机组基础造价的提升。

风电场工程主要指风电场内的风电机组基础工程和集电线路工程。不同风电场的风电机组基础的造价受到海水深度、地质条件、风电机组单机容量、基础形式等因素的影响，会有明显的差别。风电机组基础成本占建筑及安装工程成本的 50%～60%。

风电机组吊装需要专业码头、大型船机设备等，受风电场的开发规模和单机容量等因素的影响。风电机组吊装成本占建筑及安装工程成本的 10%～15%。

升压变电站工程包括海上升压站工程和陆上升压站（或集控中心）工程。海上升压站成本主要受到总容量和水深的影响。陆上升压站（或集控中心）成本主要受到总容量的影响。升压变电站工程成本占建筑及安装工程成本的 5%～8%。

登陆海缆工程指海上升压站高压侧（110kV 及以上）至陆上升压站（或集控中心）的海缆穿堤工程和陆缆工程。登陆海缆及其工程成本占建筑及安装工程成本的 7%～15%。

其他工程指除上述之外的工程，包括环境保护工程、水土保持工程、劳动安全与职业卫生工程等。

以国内某 300MW 海水风电场为例，建筑及安装工程成本明细如表 8.2 所示。

表 8.2　某 300MW 海上风电场建筑及安装工程成本明细

序号	工程名称	单位工程造价/万元	单位千瓦造价/元	占建筑及安装工程成本比例/%
	建筑及安装工程	144701.25	4823.36	100.00
第一部分	建筑工程成本	105476.38	3515.87	72.89
一	风电场工程	79416.30	2647.21	54.88
二	升压变电站工程	10246.44	341.55	7.08
三	登陆海缆工程	5794.62	193.15	4.00
四	房屋建筑工程	5264.22	175.47	3.64
五	其他工程	4754.80	158.49	3.29
第二部分	安装工程成本	39224.87	1307.49	27.11
一	风电场设备安装	23981.52	799.38	16.57

续表

序号	工程名称	单位工程造价/万元	单位千瓦造价/元	占建筑及安装工程成本比例/%
1	风电机组	20691.00	689.70	14.30
2	集电线路	3290.52	109.68	2.27
二	海上升压站设备安装	1085.26	36.18	0.75
1	主变压器系统	61.20	2.04	0.04
2	配电装置系统	82.98	2.77	0.06
3	无功补偿系统	28.83	0.96	0.02
4	变电站用电系统	4.95	0.17	0.00
5	控制保护设备	130.20	4.34	0.09
6	电力电缆及母线	777.10	25.90	0.54
三	陆上升压站（或集控中心）设备安装	329.13	10.96	0.23
1	主变压器系统	32.55	1.08	0.02
2	配电装置系统	34.95	1.16	0.02
3	无功补偿系统	26.63	0.89	0.02
4	变电站用电系统	2.77	0.09	0.00
5	控制保护设备	164.53	5.48	0.11
6	电力电缆及母线	51.18	1.71	0.04
7	送出工程	16.52	0.55	0.01
四	登陆海缆	12984.38	432.81	8.97
五	其他设备	844.58	28.15	0.58
1	采暖通风及空调系统	120.79	4.03	0.08
2	照明系统	46.55	1.55	0.03
3	消防及排水系统	180.20	6.01	0.12
4	劳动安全卫生设备	45.98	1.53	0.03
5	安全监测设备	158.76	5.29	0.11
6	航标工程设备	42.30	1.41	0.03
7	远程监控系统	50.00	1.67	0.03
8	其他	200.00	6.67	0.14

注："占建筑及安装工程成本比例"一列中数据经过四舍五入处理。

8.1.1.4　其他费用

其他费用指为完成工程建设项目所必需的，但不属于设备购置成本、建筑及安装成本的其他相关费用，包括项目建设用海（地）费、工程前期费、项目建设管理费、生产准备费、科研勘察设计费和其他税费。其他费用占工程总成本的5%～10%。

8.1.1.5　预备费

预备费由基本预备费和价差预备费组成。基本预备费指用于解决可行性研究设计范围以内的设计变更而增加的费用、预防自然灾害所采取的措施费用，以及弥补一般自然灾害所造成损失中工程保险未能赔付部分而预留的工程费用。价差预备费指在工程建设过程中，国家政策调整、材料和设备价格上涨、人工费和其他各种费用标准调整、汇率变化等引起投资增加而预测预留的费用。预备费占工程总成本的1%～2%。

8.1.1.6　建设期利息

建设期利息指为筹措债务资金在建设期内发生并按照规定允许在投产后加入固定资产原值的债务资金利息，包括银行借款和其他债务资金的利息以及其他融资费用。其他融资费用指某些债务融资中发生的手续费、承诺费、管理费、信贷保险费等。建设期利息与风电场建设周期及贷款利率相关，占工程总成本的2%～5%。

8.1.2　运营维护成本构成及分析

海上风电项目运行期成本主要是运营维护成本，主要包括风电场运营期间人员的工资及福利，设备的修理维修费、材料费、保险费等。海上风电场的运营维护内容主要包括风电机组、塔筒及基础、升压站、海缆等设备的预防性维护、故障维护和定检维护。

运营维护成本取决于很多因素，如风电场规模、离岸距离、水深、到达方式、运维策略、风电机组机型选择等。通常，风电场的离岸距离对运营维护成本来说至关重要。随着离岸距离的增加，场址可达性降低，交通成本增加，通常离岸距离越远，水深越深，海浪和潮流对场址可达性、基础维护难度及海缆维护难度产生的影响越大，最终影响维护成本。根据已建成的海上风电场经验，年运行维护费用为初始投资的 2%～5%，在海上风电场运营初期，运行维护成本通常较高，随后会逐步降低至稳定水平。在海上风电全生命周期内，运营维护成本占整个海上风电项目成本的 18%～23%。

8.1.3　财务成本构成及分析

海上风电财务成本主要是指财务费用，即企业为筹集生产建设和经营所需资金等而发生的费用。具体包括利息支出、汇兑损失、金融机构手续费以及筹集生产经营资金发生的其他费用等。

（1）利息支出，指企业长期借款利息、短期借款利息、贴现利息、债券发行费和利息等。

（2）汇兑损失，指企业因向银行结售或购入外汇而产生的银行买入、卖出价与记账所采用的汇率之间的差额，以及月度（季度、年度）终了，各种外币账户的外币期末余额按照期末规定汇率折合的记账人民币金额与原账面人民币金额之间的差额等。

（3）金融机构手续费，指发行债券所需支付的手续费、开出汇票的银行手续费、调剂外汇手续费等，但不包括发行股票所支付的手续费等。

（4）其他费用，如融资租入固定资产发生的融资租赁费用等。

目前在进行国内海上风电财务成本测算时，一般主要考虑的是利息支出，当涉及国外项目时才考虑汇兑损失、手续费等。

8.2　海上风电综合效益评价指标体系

海上风电项目是一种具有可再生能源发电属性的基础设施建设项目。为了更加全面、真实地反映海上风电项目的经济价值及合理性，不仅要对项目的财务效益进行分析评价，还需要分析项目的环境效益和社会贡献。本节建立了海上风电综合效益评价指标体系。

8.2.1　指标构建原则

海上风电项目属于电力基础设施建设项目，具有公共产品特征，且涉及国家海上风电战略性资源的开发。海上风电综合效益评价指标体系涵盖面较大，影响因素众多。为了全面、准确、合理地对海上风电的综合效益进行总体评价，需要围绕海上风电的经济效益、环境效益、社会效益建立各级各类分析评价指标，应遵循以下原则。

1. 全面性

全面性原则要求从经济效益、环境效益、社会效益等多个角度考虑，既要考虑项目的直接效益，也要考虑间接效益，既要考虑项目的正面影响，也要考虑可能产生的负面影响，从而全方位考察海上风电项目带来的效果。

2. 准确性

准确性原则旨在正确把握海上风电发展对于我国能源转型的战略定位，立足于海上风电项目对经济有序高效运行和可持续发展的促进和保障，并重点研究项目与区域发展战略和国家长远规划的关系。

3. 综合性

综合性原则要求考虑将主观评价与客观数据相结合，将定性分析与定量计算相结合，将直接贡献和间接贡献相结合，并综合利用各类信息和数据进行分析。

4. 实用性

实用性原则要求对关键指标进行重点筛选，重点考察海上风电项目对区域或宏观经济的直接贡献和间接贡献，避免指标体系的繁杂，同时指标建立应选用易于获取、来源可靠的数据。

8.2.2 海上风电经济效益评价指标

海上风电经济效益评价指标可以分为时间型指标、价值型指标和比率型指标。

8.2.2.1 时间型指标

时间型指标是从时间角度评价项目方案的经济效果，主要指标为投资回收期。投资回收期是指项目投产后获得的收益总额达到该投资项目的投资总额所需要的时间，用来衡量回收初始投资的速度快慢。根据是否考虑资金的时间价值，投资回收期可以分为静态投资回收期和动态投资回收期。

1. 静态投资回收期

$$静态投资回收期 = 累计净现金流量出现正值的年数 - 1$$
$$+ \frac{出现正值年份的上年净现金流量绝对值}{出现正值年份当年净现金流量} \tag{8.1}$$

2. 动态投资回收期

$$动态投资回收期 = 累计净现金流量的折现值出现正值的年数 - 1$$
$$+ \frac{出现正值年份的上年累计净现金流量折现值绝对值}{出现正值年份当年净现金流量折现值} \tag{8.2}$$

8.2.2.2　价值型指标

价值型指标是从货币量的角度评价项目方案的经济效果的指标，主要指标包括净现值、度电成本、平准化度电成本等。

1. 净现值

评判投资是否成功最简单的指标是投资回报率（ROI），其反映了通过投资应得到的回报价值。但是，电力建设投资期一般较长，投资回报率的评价未考虑货币的时间价值，因此采用净现值（NPV）指标来进行投资经济性分析。

净现值是考虑资金收支净额，以及按照一定的折现率折现之后的现值，其计算式如下：

$$\mathrm{NPV} = \sum_{i=0}^{n} \frac{M_i}{(1+a)^i} \tag{8.3}$$

式中，a 为项目基准折现率；n 为项目建设和运维总年限；M_i 为项目第 i 年的现金流。

2. 度电成本

海上风电项目成本可以分为静态初始投资（capital expenditure）和项目运营成本（operating expenditure）两大部分。其中，静态初始投资包括设备投资成本、设备安装施工费用、建筑施工费用等；项目运营成本包括工资费用、维护费用、保险费用、税金等。海上风电项目的收益主要来自于风电场年发电量（annual energy production）。

度电成本（cost of energy，COE）是在项目总收入等于总支出的条件下，所采用的单位度电价格。海上风电项目 COE 计算公式如下：

$$COE = \frac{CAPEX + \sum OPEX}{\sum AEP} \qquad (8.4)$$

式中，CAPEX 为海上风电项目的静态初始投资，包括风电机组、塔筒及基础、电缆、海上升压站等设备及其安装费用，以及施工费用、陆上集控中心费用、用海费用和辅助工程费用等；OPEX 为海上风电项目运营成本；AEP 为海上风电场年发电量。由式（8.4）可知，影响海上风电成本的主要因素为年发电量、投资成本和运行维护成本。

3. 平准化度电成本

平准化度电成本（LCOE）考虑了资金的时间价值，按一定的折现率将各年的投资、成本费用折现到同一时间点，能够更加直接地反映投资项目的成本水平，可以实现不同发电项目之间的横向比较。海上风电项目 LCOE 计算公式如下：

$$LCOE = \frac{\sum\limits_{t=1}^{T} \dfrac{CAPEX_t}{(1+r)^{t-1}} + \sum\limits_{n=T+1}^{N+T} \dfrac{OPEX_n}{(1+r)^n}}{\sum\limits_{n=T+1}^{N+T} \dfrac{AEP_n}{(1+r)^n}} \qquad (8.5)$$

式中，T 为建设周期；t 为建设期年份；N 为运营周期；n 为运营期年份；r 为折现率。

8.2.2.3　比率型指标

比率型指标从资源利用效率的角度评价项目方案的经济效果，主要指标包括内部收益率、资产负债率等。

1. 内部收益率

投资经济性是衡量一个产业是否健康发展的重要指标之一，本章基于内部收益率综合成本模型定量计算未来我国海上风电发展的基本情况，基于我国沿海省份发展清洁能源的需求，分析现阶段大规模海上风电项目的合理性。

内部收益率（IRR）指项目投资实际可望达到的收益率。本质上，它是项目净现值等于零时的折现率，其计算式如下：

$$\sum_{i=0}^{n} \frac{M_i}{(1+\text{IRR})^i} = 0 \tag{8.6}$$

如果项目内部收益率大于项目基本折现率，则代表项目收益超出预计，具有较大投资价值。根据《国家发展改革委、住房城乡建设部关于调整部分行业建设项目财务基准收益率的通知》，电力行业的税前财务基准收益率应取 8%，因此本章计算时将项目基本折现率取为 8%。

2. 资产负债率

资产负债率是指各期末负债总额与资产总额的比值，反映了项目的清偿能力。计算公式为

$$\text{资产负债率} = \frac{\text{负债总额}}{\text{资产总额}} \tag{8.7}$$

8.2.2.4　环境效益评价指标

海上风电项目可替代部分火电机组，从而节约煤耗、减少碳排放及污染物排放。据此，建立环境效益评价指标。

（1）节约煤耗指标。利用项目单位装机容量年煤耗节约量表示。计算公式为

$$\text{单位装机容量年煤耗节约量} = \frac{\text{年发电量折算成煤耗}}{\text{项目装机容量}} \tag{8.8}$$

（2）碳减排指标。利用项目单位装机容量带来的年 CO_2 减排量表示。计算公式为

$$\text{单位装机容量带来的年}CO_2\text{减排量} = \frac{\text{同等年发电量火电}CO_2\text{排放}}{\text{项目装机容量}} \tag{8.9}$$

（3）污染物减排指标。利用项目单位装机容量年污染物减排量表示。计算公式为

$$\text{单位装机容量年污染物减排量} = \frac{\text{同等年发电量火电污染物排放}}{\text{项目装机容量}} \tag{8.10}$$

式中，污染物主要包括烟尘、NO_2、CO。

此外，开发海上风电还需要由具备甲级资质的机构进行生态环境影响评价，

主要从海上风电所在区域的功能划分和工程环境影响两方面进行评价。如果海上风电所在区域为港口航运区、海洋保护区以及特殊利用区，则评分结果为 0 分。对于其他区域，则根据对海上风电项目环境的影响进行评价，评分范围为 0~10 分。

8.2.2.5 社会效益评价指标

海上风电项目开发会促进当地经济的发展，包括增加当地财政收入，提升当地就业率，并优化当地能源结构。建立社会效益评价指标对海上风电项目对于区域经济与宏观经济的影响进行分析，主要包括增加财政收入指标、增加直接就业效果指标、降低外送电力依赖度指标。

1. 增加财政收入指标

开发海上风电可以带动当地海上风电产业发展，有利于地区经济结构的升级，拉动地方固定资产投资。利用海上风电项目当年上缴的税费占当年本地政府财政收入的比例表示。计算公式为

$$\text{增加财政收入指标} = \frac{\text{本项目上缴的年税费}}{\text{本地政府年财政收入}} \tag{8.11}$$

2. 增加直接就业效果指标

增加直接就业效果指标利用项目投产后新增就业人数与项目直接投资的比值表示。计算公式为

$$\text{增加直接就业效果指标} = \frac{\text{本项目新增就业人数}}{\text{本项目的直接投资}} \tag{8.12}$$

3. 降低外送电力依赖度指标

海上风电可直接向东部沿海地区电网供电，增加当地电力供应，缓解当地对外部地区电力输送的依存度。利用项目投产后每年向当地供应电量占当地每年用电量的比例表示。计算公式为

$$\text{降低外送电力依存度指标} = \frac{\text{本项目每年向当地供应电量}}{\text{当地每年用电量}} \tag{8.13}$$

另外，海上风电场对区域经济和宏观经济的影响，还包括大量难以用量化指标进行衡量的效果，如优化地方产业结构、促进能源电力结构调整、推动地区经

济结构升级等，对于相应的效果可以进行定性分析或描述。

8.2.2.6 综合效益评价指标体系

根据海上风电经济效益评价指标、环境效益评价指标和社会效益评价指标，构建海上风电综合效益评价指标体系。指标体系的基本框架如图 8.3 所示。通过针对经济效益、环境效益和社会效益建立分级分类的综合指标体系，能够更加准确全面地认识海上风电项目投资所产出的全部效果，为海上风电项目综合效益评价提供基本框架。在进行具体评价时，由于不同的参与评价方会有不同的侧重点，可对各类评价指标的权重进行主观设定或客观计算，从而得到综合效益评价结果。

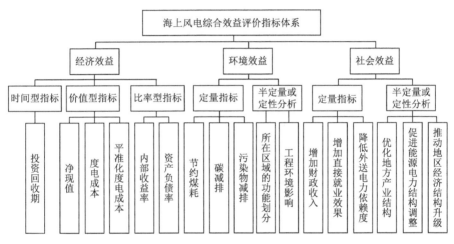

图 8.3 海上风电综合效益评价指标体系

8.2.3 海上风电全生命周期技术经济性分析

本节建立了海上风电全生命周期技术经济性分析方法。根据我国沿海省份的风能资源和建设特点，对沿海省份海上风电技术经济性进行分析。以某典型海上风电场为例，详细分析了海上风电场投资收益情况。

8.2.3.1 全生命周期的概念

工程项目全生命周期是指涵盖项目的规划、设计、建设、运行、退役等全过程所经历的时期。对于海上风电场工程项目而言，全生命周期包括从项目规划、设计、设备及材料购置、风电场建造、安装、运行及维护直至拆除等整个寿命阶段。海上风电全生命周期成本为整个寿命阶段所发生的全部费用的总和。单位电力的全生命周期成本被广泛用来评估不同区域、不同规模、不同发电方式的全生命周期经济性。

从投资企业的视角，将全生命周期成本归类为建设投资成本、流动资金成本、运维成本、财务成本、税费成本、拆除成本 6 部分。

（1）建设投资成本是指海上风电场项目按照所规定的设计规模，用于建设发电场、海上升压变电站（或海上换流站）、海缆、陆上集控中心（或陆上换流站）等所投入的资本。

（2）流动资金成本是指海上风电场项目在生产运营期内用于生产、销售环节长期占用并周转使用的资本。

（3）运维成本是指海上风电场项目在运营期间，为保证风电场正常运行所发生的运行及维护费用，包括运营期间发生的人工成本、材料费、修理费、保险费和其他费用。

（4）财务成本是指风电场运营过程中需要支付的长期、短期以及流动资金债务的利息。

（5）税费成本是指在我国境内投资的企业生产经营过程中所必须缴纳的所得税、增值税及其附加税等税费。

（6）拆除成本是指海上风电场工程在使用寿命结束后，对固定资产进行清理的过程中产生的人力、物力费用等。

8.2.3.2　全生命周期平准化度电成本模型

计算海上风电场全生命周期 LCOE，需要考虑海上风电场的勘测设计、风电机组的购置和安装、风电场的运行和维护、退役等全生命周期各个阶段产生的所有成本，并将其折算成相同时间点的现值，分配给预期的风电场发电量，从而得到单位发电量需要的成本。在计算海上风电场全生命周期 LCOE 时，OPEX 部分应充分考虑国家政策。在我国，风电项目可以享受即征即退和固定资产增值税抵扣的政策。同时，也应该考虑到回收资产残值的影响。以上两个因素的影响是不能忽略的，所以对式（8.4）进行修正得到式（8.14）：

$$LCOE = \frac{CAPEX + \sum OPEX - \sum VAT - V}{\sum AEP} \qquad （8.14）$$

式中，VAT 为固定资产增值税抵扣及退补金额；V 为回收资产残值。在式（8.14）中，针对我国实际情况，扣除了固定资产增值税抵扣及退补部分，同时补充了回收资产残值回收部分。

由于风电场初始投资金额较大，大部分风电场项目均需要进行融资。我国风电场常见的融资方案是银行贷款等债务性融资。因此，在构建 LCOE 模型时需要考虑贷款产生的建设期利息。在运营期付现成本中需要考虑财务费用（还本付息），需要对式（8.14）再次修正。修正后的公式中，CAPEX 还应包含建设期利息；OPEX 还应包含财务费用。

考虑融资后，LCOE 公式构成更加合理，但仍存在建设期计算时点不统一的问题。式（8.14）中，CAPEX 的计算时点在建设期初，OPEX 和 VAT 等均发生在运营期中，V 则是在运营期末。而且，建设期在一年以上时，初始投资是分年支付的，不能使用总投资金额直接计算。因此，在式（8.14）的基础上还需进一步修正，将计算时点统一为建设期初，即

$$\text{LCOE} = \frac{\displaystyle\sum_{t=1}^{T}\frac{\text{CAPEX}_t}{(1+r)^{t-1}} + \sum_{n=T+1}^{N+T}\frac{\text{OPEX}_n}{(1+r)^n} - \sum_{n=T+1}^{T+T_{\text{var}}}\frac{\text{VAT}_n}{(1+r)^n} - \frac{V}{(1+r)^{T+N}}}{\displaystyle\sum_{n=T+1}^{N+T}\frac{\text{AEP}_n}{(1+r)^n}} \tag{8.15}$$

式中，T 为建设周期；t 为建设期年份；N 为运营周期；n 为运营期年份；T_{var} 为固定资产增值税抵扣年限；r 为折现率。

8.2.3.3　我国沿海省份海上风电技术经济性分析

1. 我国沿海省份海上风能资源

我国海岸线绵长复杂，各沿海省份由于地理位置、地形条件等的不同，海上风能资源也呈现不同的特点。长江以南地区受台风影响，与长江以北地区的海上风能资源有较为明显的差异。长江以北地区年平均风速一般为 6.5～7.5m/s，安全等级为 IEC Ⅱ～Ⅲ类，采用适用风况条件的海上风电机组，年平均等效满负荷小时数一般为 2100～2700h；长江以南地区年平均风速一般为 7.0～8.5m/s，个别地区可达 9.0～10.0m/s，安全等级为 IEC Ⅰ～Ⅱ类或 S 类，对风电机组安全性要求较高，采用适用风况条件的海上风电机组，年平均等效满负荷小时数一般为 2200～3000h，个别地区甚至可达 3500h 以上。

沿海省份因其地理位置、地形、气候等自然条件不同，海上风能资源特点也各具差异。以长江为界，因南方台风影响，我国长江两岸沿海地区在平均风速、IEC 等级和年平均等效满负荷小时数上表现出一定的差异，南部具备显著的资源优势。我国部分沿海省份、地区及全国平均海上风能资源见表 8.3。

表 8.3   我国部分沿海省份、地区及全国平均海上风能资源表

沿海省份、地区及全国平均	平均风速/（m/s）	IEC/等级	年平均等效满负荷小时数/h
辽宁	6.5～7.6	Ⅱ～Ⅲ	2100～2600
河北	6.9～7.8	Ⅱ～Ⅲ	2300～2600
山东	6.8～7.5	Ⅱ～Ⅲ	2300～2600
江苏	7.2～7.8	Ⅱ～Ⅲ	2300～2700
上海	6.8～7.6	Ⅰ～Ⅱ	2300～2600
浙江	6.8～8.0	Ⅰ～Ⅱ+	2300～2800
福建	7.1～10.2	Ⅰ～Ⅱ+	2500～3500
广东	6.5～8.5	Ⅰ 或 S	2200～3000
海南	6.7～7.6	Ⅰ～Ⅱ	2300～2700
长江以北	6.5～7.5	Ⅱ～Ⅲ	2100～2700
长江以南	7.0～8.5	Ⅰ～Ⅱ	2200～3000
个别地区	9.0～10.0	S	3500 以上
全国平均	6.5～10	Ⅰ+～Ⅲ	2100～3500

2. 我国沿海省份海上风电建设特点

影响海上风电场投资的主要因素有距施工港口的距离、离岸距离、水深、IEC 安全要求，以及海底地形地质条件等。离岸距离越远、水深越深，IEC 安全要求越高，地质建设条件和风电机组基础形式越复杂，工程造价越高。

总体而言，长江以北地区，海上风电项目离岸距离相对较近、水深较浅（一般在 30m 以内）、IEC 等级多为 Ⅱ～Ⅲ类，建设条件相对较好，根据离岸距离、海底地形地质条件、距施工港口的距离不同，投资造价水平介于 15000～18000 元/kW。

长江以南地区，远海风电项目较多，离岸距离相对较远、水深较深，地质条件复杂、风电机组基础安全等级较高，导致投资造价水平较高，主要介于 17000～20000 元/kW。长江口地区海上风电投资受离岸距离影响大，风电场投资

为 17000～19000 元/kW。福建省海上风电场一般离岸较远，水深较深，且场址地基主要为淤泥、砂或二者的混合物，工程地质条件较为复杂，另外受台风的影响，极端风速高，对风电机组的抗风安全性要求提高，风电机组和基础价格增加，风电场总体造价较高。

结合各地区海上风电资源、建设条件，沿海省份（部分）海上风电场工程综合造价水平见表 8.4。

表 8.4　我国沿海省份（部分）海上风电资源情况及风电场工程综合造价水平

省份	水深/m	单位千瓦投资/元	开发程度
辽宁	0～30	17000～18500	少量开工建设
河北	0～30	16000～18000	少量开工建设
山东	0～40	16000～19000	推进前期工作
江苏	0～30	15000～17000	批量建设投产
上海	0～10	17000～19000	少量早期示范
浙江	0～40	16500～20000	少量建设投产
福建	0～40	18000～20000	逐步规模化建设
广东	0～30	17000～20000	批量建设前期
海南	0～50	17000～21000	缓慢
全国平均	0～50	15000～20000	—

3. 我国沿海省份海上风电技术经济性分析

根据我国沿海省份的海上风电资源情况及风电场工程综合造价水平，可以计算出不同区域海上风电场项目的投资收益回报率。以 400MW 海上风电场为例，根据我国沿海各地区海上风能资源、投资水平的评估情况，按照现行财税政策和电价政策[0.75 元/（kW·h）]，得出沿海省份当前不同建设条件下海上风电场工程全生命周期的资本金财务内部收益率水平，见表 8.5。

更一般地，在[0.75 元/（kW·h）]电价水平下，根据全国不同年利用小时数和建设成本，估算海上风电项目的内部收益率。表 8.6 列出了全国范围内，根据不同的单位千瓦投资和年利用小时数所计算的收益回报率。如表 8.6 所示，长江以北地区的海上风电项目建设难度低，单位千瓦投资一般不超过 17000 元，投资开发应多考虑当地风能条件。若该地区机组年利用小时数大于 2300h（或平均风速超过 6.5m/s），则具备一定的投资开发价值；长江以南地区的海上风电项目风能资源较为优越，投资开发应多考虑当地建设和施工条件带来的成本增加，单位千瓦投资多为 17000～20000 元，若该地区机组年利用小时数大于 2700h（或平均风速超过 7.5m/s），则具备较好的投资开发价值。

表 8.5　我国沿海省份 400MW 海上风电项目资本金财务内部收益率表

省份	平均单位千瓦投资/元	最低年利用小时数及对应 IRR		最高年利用小时数及对应 IRR		平均年利用小时数及对应 IRR	
		最低年利用小时数/h	IRR/%	最高年利用小时数/h	IRR/%	平均年利用小时数/h	IRR/%
辽宁	17750	2100	2.65	2600	7.72	2350	5.17
河北	17000	2300	5.74	2600	9.00	2450	7.35
山东	17500	2300	5.01	2600	8.13	2450	6.56
江苏	16000	2300	7.38	2700	12.25	2500	9.77
上海	18000	2300	4.43	2600	7.33	2450	5.83
浙江	18250	2300	4.02	2800	8.95	2550	6.46
福建	19000	2500	0.05	3500	14.73	3000	9.70
广东	18500	2200	2.75	3000	10.55	2600	6.59
海南	19000	2300	3.12	2700	6.84	2500	4.98
全国平均	17500	2100	2.95	3500	18.34	2800	10.27

表 8.6　400MW 海上风电项目资本金财务内部收益率表

单位千瓦投资/元	内部收益率/%								
	6.0m/s（2000h）	6.5m/s（2300h）	7.0m/s（2500h）	7.5m/s（2700h）	8.0m/s（2900h）	8.5m/s（3200h）	9.0m/s（3500h）	9.5m/s（3800h）	10.0m/s（4000h）
15000	5.51	9.37	12.06	14.88	17.82	22.35	26.92	31.44	34.39
16000	3.91	7.38	9.77	12.25	14.83	18.87	23.02	27.02	29.96
17000	2.53	5.74	7.90	10.12	12.41	16.01	19.76	23.59	26.15
18000	1.34	4.34	6.33	8.34	10.41	13.65	17.03	20.52	22.88
19000	0.27	3.12	4.98	6.84	8.73	11.66	14.73	17.91	20.08
20000	-0.70	2.04	3.79	5.54	7.29	9.98	12.77	15.68	17.68

8.2.3.4　海上风电场经济性算例分析

选取某典型海上风电场项目，从平准化度电成本、净现值和内部收益率三个方面进行详细的计算分析。

　　某海上风电场项目装机容量为 400MW，工程建设为期一年，配套新建两座 220kV 海上升压站，汇集于海上换流站后以一回±400kV 直流电缆送往陆上换流站。经济性计算模型所选取的参数如表 8.7 所示。

表 8.7　某海上风电场项目参数

参数	数值
规模/MW	400
上网电价（含税）/[元/（kW·h）]	0.75
单位千瓦造价/元	15500
上网小时数/（h/年）	2750
销售税金及附加税率/%	10
所得税税率/%	25
增值税税率/%	13
固定资产比例/%	90
自有资金占比/%	20
银行贷款年利率/%	5
建设周期/年	1
还款年限/年	15
质保期/年	5
折现率/%	8.00
残值率/%	5
维护成本/[元/（kW·年）]	80
人员工资/（万元/年）	800
工资增长率/%	2

1. LCOE

1）海上风电场 CAPEX 分析

　　该海上风电场项目静态投资 620000 万元，其中 20%为自有资金，其余部分为建设期内贷款融资，贷款利率为 5%，建设期利息总计 12400 万元，项目静态投资及建设期利息合计 632400 万元。

　　根据风电场的实际情况，固定资产折旧方法采用直线折旧法，折旧年限为 30

年，残值率为 5%。经过计算，该风电场的固定资产年平均折旧费为 17670 万元。

2）海上风电场 OPEX 分析

风电场的机组维修维护费用等约为平均每年 100 元/kW；人员工资及福利费用第一年按照 20 元/kW 计算，之后每年涨幅 2%。

增值税采用固定资产增值税抵扣和即征即退 50%政策、销售税及其附加计算基数为应上缴增值税额，而不是实际上缴增值税额。该项目固定资产增值税可抵扣金额为 32097 万元，可抵扣 3 年，即从运营期的第 4 年开始缴纳增值税、销售税及其附加。

所得税采用三免三减半政策，即运营期前三年免收所得税，运营期 4～6 年缴纳应缴所得税的一半，之后恢复正常。

建设期融资的还贷年限为 15 年，经过计算，从第 2～16 年，共计还贷538207 万元。

具体计算结果如表 8.8 和表 8.9 所示。

表 8.8　税额及运维成本明细　　　　（单位：万元）

年份次序	发电收入	增值税					运维成本		所得税
		增值税 1	抵扣额	增值税 2	增值税 3	销售税	工资	维护成本	
2	82500	9491	9491	0	0	0	800	0	0
3	82500	9491	9491	0	0	0	816	0	0
4	82500	9491	9491	0	0	0	832	0	0
5	82500	9491	3624	5867	2934	587	849	0	7558
6	82500	9491	0	9491	4746	949	866	0	7284
7	82500	9491	0	9491	4746	949	883	4000	6782
8	82500	9491	0	9491	4746	949	901	4000	13559
9	82500	9491	0	9491	4746	949	919	4000	13554
10	82500	9491	0	9491	4746	949	937	4000	13549
11	82500	9491	0	9491	4746	949	956	4000	13545
12	82500	9491	0	9491	4746	949	975	4000	13540
13	82500	9491	0	9491	4746	949	995	4000	13535
14	82500	9491	0	9491	4746	949	1015	4000	13530
15	82500	9491	0	9491	4746	949	1035	4000	13525
16	82500	9491	0	9491	4746	949	1056	4000	13520

续表

年份次序	发电收入	增值税					运维成本		所得税
		增值税 1	抵扣额	增值税 2	增值税 3	销售税	工资	维护成本	
17	82500	9491	0	9491	4746	949	1077	4000	13515
18	82500	9491	0	9491	4746	949	1098	4000	13509
19	82500	9491	0	9491	4746	949	1120	4000	13504
20	82500	9491	0	9491	4746	949	1143	4000	13498
21	82500	9491	0	9491	4746	949	1165	4000	13492
22	82500	9491	0	9491	4746	949	1189	4000	13487
23	82500	9491	0	9491	4746	949	1213	4000	13481
24	82500	9491	0	9491	4746	949	1237	4000	13475
25	82500	9491	0	9491	4746	949	1262	4000	13468
26	82500	9491	0	9491	4746	949	1287	4000	13462
27	82500	9491	0	9491	4746	949	1312	4000	13456
28	82500	9491	0	9491	4746	949	1339	4000	13449
29	82500	9491	0	9491	4746	949	1366	4000	13442
30	82500	9491	0	9491	4746	949	1393	4000	13436
31	82500	9491	0	9491	4746	949	1421	4000	13429

表 8.9 利息及还款金额明细　　　（单位：万元）

阶段	年份次序	年初借款本息	本年借款	建设期利息	生产期利息
建设期	1	0	496000	12400	0
运营期	2	508400	0	0	25420
	3	484840	0	0	24242
	4	460101	0	0	23005
	5	434126	0	0	21706
	6	406852	0	0	20343
	7	378214	0	0	18911
	8	348144	0	0	17407
	9	316571	0	0	15829
	10	283419	0	0	14171
	11	248610	0	0	12430
	12	212060	0	0	10603
	13	173682	0	0	8684

续表

阶段	年份次序	年初借款本息	本年借款	建设期利息	生产期利息
	14	133386	0	0	6669
运营期	15	91075	0	0	4554
	16	46648	0	0	2332

3）海上风电场 AEP 分析

海上风电场总装机容量为 400MW，预计平均年利用小时数为 2750h。AEP 为 110000 万 kW·h。

4）海上风电场 LCOE 分析

折现率取 8%，根据式（8.15）将折现时间点定为建设期初，计算得到的 LCOE 为 0.564 元/（kW·h）。

2. 净现值及内部收益率

通过分析项目逐年现金流，可以计算出项目投资内部收益率，如表 8.10 所示。

表 8.10 某海上风电场现金流明细　　　（单位：万元）

项目	年份次序	现金流入	现金流出	净现金流量	净现金流量现值	累计净现金流量现值
建设期	1	0	716720	−716720	−663630	−716720
	2	82500	800	81700	70045	−635020
	3	82500	816	81684	64843	−553336
	4	82500	832	81668	60028	−471668
	5	82500	8524	73976	50347	−397692
	6	82500	8754	73746	46472	−323946
	7	82500	8769	73731	43021	−250215
运营期	8	82500	18720	63780	34459	−186435
	9	82500	18733	63767	31899	−122668
	10	82500	18747	63753	29530	−58915
	11	82500	18761	63739	27337	4824
	12	82500	18775	63725	25306	68549
	13	82500	18790	63710	23426	132259
	14	82500	18805	63695	21686	195955

续表

项目	年份次序	现金流入	现金流出	净现金流量	净现金流量现值	累计净现金流量现值
	15	82500	18820	63680	20075	259635
	16	82500	18835	63665	18583	323299
	17	82500	18851	63649	17202	386948
	18	82500	18867	63633	15924	450580
	19	82500	18884	63616	14741	514196
	20	82500	18901	63599	13645	577796
	21	82500	18918	63582	12631	641378
	22	82500	18935	63565	11692	704942
运营期	23	82500	18953	63547	10823	768489
	24	82500	18971	63529	10018	832018
	25	82500	18990	63510	9274	895528
	26	82500	19009	63491	8584	959019
	27	82500	19028	63472	7946	1022491
	28	82500	19048	63452	7355	1085943
	29	82500	19068	63432	6808	1149375
	30	82500	19088	63412	6302	1212787
	31	111169	19109	92059	8471	1304846

内部收益率：14.17%；净现值：111674 万元

通过计算内部收益率得出，上网电价取 0.75 元/（kW·h），该海上风电内部收益率为 14.17%，超过一般项目基准折现率（8%），项目投资具备良好收益。

8.2.4　海上风电环境效益、社会效益分析

海上风电项目是一种具有可再生能源发电属性的基础设施建设项目，只从项目的经济效益进行分析评价，还不能全面真实反映项目产生的经济价值，需要对海上风电场工程建设项目的环境效益和社会效益进行分析评价，从而能够更加准确全面地认识海上风电项目投资所产出的全部经济和非经济效果。本节分析了海上风电环境效益和社会效益。

8.2.4.1　海上风电环境效益分析

随着石油和煤炭的大量开发，不可再生能源储量日益减少，面临着资源枯竭危机。开发新能源是应对化石能源枯竭危机的重要途径。风能是清洁可再生能源，在风电生产过程中，没有污染物排放，环境效益好。海上风电场建成后，可以提供大量的清洁电力替代常规火电，具有显著的节能减排和生态环境效益。

以实例分析中的海上风电场工程（8.2.3.4 小节）为例，其总装机容量为400MW，正常运行期年上网电量为 110000 万 kW·h。如果替代火电电源，且火电煤耗（标准煤）按每千瓦时 320g 计算，该海上风电场建成投运后，每年可节约标准煤约 35.2 万 t，进而减少 CO_2 排放量约 105.9 万 t，减少烟尘排放量约4762.7t（除尘器效率取 99%），减少 NO_2 排放量约 4069t，减少 CO 排放量约92.5t。由此可以计算，该海上风电项目建成后，单位装机容量年煤耗节约效果为880t/MW，单位装机容量年碳减排效果为 2647.5t/MW，单位装机容量年烟尘减排效果为 11.9t/MW，单位装机容量年 NO_2 减排效果为 10.2t/MW，单位装机容量年 CO 减排效果为 0.2t/MW。

8.2.4.2　海上风电社会效益分析

海上风电作为资本资源双密集型的基础设施项目，能创造多样化的就业机会，其产业链多以当地产业为基础，对当地经济具有强劲的拉动作用。欧洲是海上风电的先行者，风电对欧洲经济的影响对我国发展海上风电经济具有重要参考意义。

欧洲海上风电发展经验表明，海上风电项目建设有力提振了就业市场。2016～2030 年，欧盟地区海上风电从业人数将从 16 万人提高至超过 24 万人，届时全球海上风电产业从业人数将超 43.5 万人。IRENA 研究表明，对于运行 25年的 500MW 海上风电项目，需要 8645 个工作岗位。GWEC 据此估算，2021～2025 年新增 70GW 海上风电能够在全球海上风电供应链中创造 120 多万个直接就业岗位。按照海上风电单位建设成本为 1.8 万元/kW 进行测算，海上风电单位投资直接就业效果约为 1 人/百万元，即每投资 100 万元，能够创造 1 个直接就业岗位。对于汽车制造业而言，福特汽车公司曾宣布投资 10 亿美元，增加 700个就业岗位，由此估算汽车制造业单位投资直接就业效果约为 1 人/亿元。由此可见，海上风电投资对于增加就业具有显著的作用。

此外，海上风电项目建设能够优化地方产业结构。依托海上风电的快速发展，以传统油气业务为主的英国赫尔港、丹麦埃斯比约港等完成了向海上风电母港的升级，投资辐射效应明显，如丹麦埃斯比约港作为欧洲海上风电第一港，港口内聚集了装备制造、投资开发、施工总包、运行维护、物流运输、设计、工程咨询、检测认证等 200 多家企业，提供了大量工作岗位，创造了巨大的经济价值。海上风电项目建设还可以拉动直接投资，促进当地经济发展。2018 年，全球海上风电产业投资额为 257 亿美元，仅欧洲就吸引了约 115 亿美元的投资。至 2030 年，全球海上风电产业投资规模有望达到 5000 亿美元。

根据过去多年来欧洲海上风电的发展经验，同时结合我国实际情况进行分析，海上风电项目建设投资对我国经济，特别是沿海地区经济具有重要价值，主要体现在以下几方面。

1. 促进能源电力结构调整

我国沿海省份经济发达，总耗能约占全国的一半，而西电东送很难长期持续，必须采取"集中开发、远距离输送"与"分布式开发、就地消纳"双措并举。同时海上风电出力与西电东送季节互补，可以在东部经济中心就近消纳，配合西电东送、分布式能源和本地传统能源，形成"四足鼎立"式的能源供应格局，对加快能源转型进程、保证能源供给安全、降低能源经济成本具有重大意义，将为我国能源结构转型提供重要的战略支撑。

2. 有利于地区经济结构的升级

江苏如东、广东阳江等地都在打造世界级海上风电基地，将形成多个千亿级产业集群。其中，广东阳江将对标丹麦埃斯比约港，充分发挥阳江高新区面向中国南海的区位优势和丰富的港口资源优势，建设专业化、规模化海上风电总装与出运码头，建设风电场运营维护中心、海上风电场调度与应急保障中心、风力发电机组整机设备出口基地，力争在 2030 年形成集制造、安装和运维一体化的世界级海上风电装备出运母港。

3. 加快产业升级

海上风电涉及众多尖端装备制造领域，相比德国、丹麦等欧洲国家，我国海上风电从产品到技术都存在一定差距，关键核心技术多依赖进口。发展海上风电将助力我国在精密轴承、大型齿轮箱和大功率发电机等产品方面取得突破，并加快海洋测风、施工和专业船舶等具有前瞻性的技术研究。产品和技术的进步既可以创造经济收益，又将促进海上风电乃至技术相关的其他行业发展，形成良性循环。

4. 为实施海洋强国战略提供支撑

建设海上风电与我国发展海洋经济的国家战略高度契合，可以将海上风电与海洋牧场等有机融合发展，为海洋领域培育新的增长点。以山东省为例，2019年山东省实施了现代海洋牧场建设试点。其中，在海上风电发展与海洋产业相融合方面，积极开展海上风能、太阳能、波浪能等新能源高效利用和融合发展研究试点。同时，探索适合深远海的新能源供给路径。研究波浪能、太阳能、风能等清洁能源在深远海渔业生产中的应用，实现渔业生产电力的不间断供给。

8.2.5　海上风电平价上网经济性分析

"十四五"期间我国海上风电迎来平价上网时代，对于海上风电平价上网进行经济性分析十分重要。本节研究我国海上风电实现平价上网的可行性。首先分析了现阶段我国海上风电平价上网的经济性，然后探讨了我国海上风电降本空间，最后对"十四五"末我国海上风电平准化度电成本进行分析，并总结归纳推进我国海上风电平价上网的措施。

8.2.5.1　现阶段我国海上风电平价上网经济性分析

针对装机容量为 40 万 kW 的海上风电场进行分析。假定该海上风电场年利用小时数为 2800h，单位千瓦投资为 17500 元。假设平价上网的电价为 0.45 元/（kW·h），若要达到内部收益率在 8%以上，单位建设成本需要低于 11715 元/kW。目前，由于单位千瓦投资明显高于 11715 元，该项目不具有经济性。对于 0.45 元/（kW·h）电价，平准化度电成本和内部收益率随建设成本的变化如图 8.4 所示。

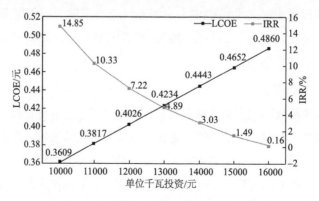

图 8.4　0.45 元/（kW·h）平价上网单位千瓦投资对发电经济性的影响

风电场年利用小时数是影响经济性的重要因素。当海上风电建设成本下降幅度不大时，通过提升年利用小时数，同样能够提升海上风电的经济性。对于 0.45 元/（kW·h）电价，海上风电场达到基准收益率 8% 时，单位千瓦投资和年利用小时数呈线性变化，年利用小时数每增加 242h 相当于单位千瓦投资降低约 1000 元，如图 8.5 所示。要实现平价上网，意味着单位建设成本需下降 5785 元/kW。对于当前阶段，当单位建设成本不能继续下降时，对应需提升年利用小时数 1400h，即海上风电场的年利用小时数需达到 4200h。然而，按照国内风能资源情况和风电机组技术现状，目前还难以达到如此高的年利用小时数。

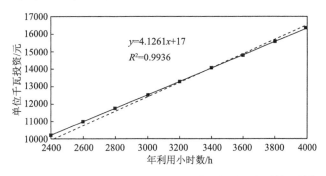

图 8.5　上网电价为 0.45 元/（kW·h）时，达到基准收益率的年利用小时数和单位千瓦投资的关系

8.2.5.2　我国海上风电降本空间分析

近些年，在国家层面及地方政府层面政策大力支持下，以及由于逐步成熟的设备技术和不断积累的开发经验，我国海上风电开发进入全新的时代。经过多年的发展，受益于产业链国有化及成本优势，并随着勘探设计、设备研发制造和工程建设运营经验的逐步积累，我国海上风电平均单位容量造价逐步下降。从 2010 年至 2020 年，海上风电平均单位容量造价从 23700 元/kW 左右降至 15700 元/kW 左右，十年间降幅超过 33%。

要降低成本需分析成本结构以及对应的降本空间。设备购置费和建设安装费用是建造成本中最大的两项，总体来看分别约占 50% 和 35%。因此，对于未来海上降本空间的分析，主要考虑这两部分的成本下降空间。

设备购置费约占总成本的 50%，具有进一步降低的可能性。其中，风电机组及塔筒约占设备购置费的 85%，单位成本为 7500～8500 元/kW，在整体设备购置费中占比较大。海上风电机组所处环境复杂恶劣，对机组的可靠性、防腐性、抗台风能力等性能提出较高要求。降低海上风电机组成本的关键一方面是通过技术进步提高风电机组性能，另一方面是依托规模效应，批量生产降低边际成本。整机中零部件成本占比最大的是叶片和塔筒。玻璃纤维和碳纤维是叶片生产的主要原材料，中厚板是塔筒生产的主要原材料，相关生产企业均属于成本导向型行业。因此，钢材和碳纤维等原材料价格对叶片、塔筒的制造成本及价格影响较大。总体来看，上述原材料价格整体呈现企稳或小幅下降的趋势。另外，未来随着补贴退出政策倒逼产业升级的作用逐步体现，海上风电将稳步增长，大容量风电机组技术成熟带来的成本价格下降，有望带来新一轮的降价潮。预计通过海上风电机组的批量化生产，设备单位千瓦价格将会有 4000～5000 元的下降空间。

海上线缆占设备购置费的 5%～10%，单位千瓦成本为 500～000 元。海上环境恶劣，对海上线缆的制作工艺、运输安装、后期维护等要求高。目前 35kV 海上线缆费用为 70 万～150 万元/km（考虑不同截面），220kV 海上线缆费用在 400 万元/km 左右。相比之下，陆上线缆费用仅为 25～70 元/km。随着海上风电的发展，国内大截面高压海上线缆制造能力也在不断提升。2015～2020 年，220kV 高压海上线缆价格已从 700 万元/km 下降到 400 万元/km，未来海上线缆价格有望进一步下降。

建设安装费用约占总成本的 35%。受制于海上复杂的施工条件，施工面临巨大挑战，同时由于缺乏施工所需的关键装备（如海上风电机组基础打桩、风电机组吊装等）专业可用的大型船机设备以及高昂的船运费用，相对陆上风电，海上风电的建设安装费用在总成本中占据的比重较大。目前，海上风电吊装能力仍受安装船数量的制约。如能提升单位时间内安装的机组功率，成本将会有较大下降空间。考虑未来离岸距离近、水深适宜的资源被逐步开发，部分海上风电项目将介于近海与深远海之间，施工难度增加，对造价控制造成不利影响。预计到 2025 年随着海上施工技术的不断成熟，建设安装费用将下降 10%，即单位千瓦价格有 650 元左右的下降空间。

从总体来看，预计 2025 年海上风电建设成本单位千瓦价格将会有 4650～5650 元的下降空间，即有 30%～35%的下降空间。

8.2.5.3　2025 年我国海上风电平准化度电成本预测

判断海上风电平价上网可行性的关键是对海上风电度电成本的准确分析和合理预测。为评估"十四五"末，我国海上风电平价上网的可行性，采用平准化度电成本分析方法，建立海上风电平准化度电成本模型，预测沿海省份海上风电的度电成本。

海上风电建设成本预计在 2020～2025 年有 30%～35%的下降空间，大功率、大叶片机型有望提升年利用小时数 10%～15%。由此，对"十四五"末沿海各省海上风电场的平准化度电成本进行预测，结果见表 8.11。从表中结果可知，若乐观估算（投资低、年利用小时数高），在"十四五"末除了辽宁、上海外，我国大多数地区海上风电平价上网具有一定的可行性；若保守估算（投资高、年利用小时数低），在"十四五"末仅从投资经济性上考虑，我国仍普遍不具备海上风电平价上网的条件。

表 8.11　"十四五"末沿海各省海上风电场的平准化度电成本预测

| 省份 | 单位千瓦投资/元 | | | | 等效小时数/（h/年） | | | | 保守估算 | | 乐观估算 | |
| | 2021 年 | | 2025 年（↓32.5%） | | 2021 年 | | 2025 年（↑12.5%） | | | | | |
	最低	最高	最低	最高	最低	最高	最低	最高	LCOE/[元/（kW·h）]	IRR/%	LCOE/[元/（kW·h）]	IRR/%
辽宁	17000	18500	11475	12487.5	2100	2600	2362.5	2925	0.4445	0.62	0.3576	7.81
河北	16000	18000	10800	12150	2300	2600	2587.5	2925	0.4067	3.17	0.3438	9.64
山东	16000	19000	10800	12825	2300	2600	2587.5	2925	0.4223	2.05	0.3438	9.64
江苏	15000	17000	10125	11475	2300	2700	2587.5	3037.5	0.3912	4.44	0.3216	13.40
上海	17000	19000	11475	12825	2300	2600	2587.5	2925	0.4223	2.05	0.3576	7.81
浙江	16500	20000	11137.5	13500	2300	2800	2587.5	3150	0.4379	1.05	0.3328	11.24
福建	18000	20000	12150	13500	2500	3500	2812.5	3937.5	0.4108	2.86	0.3017	17.36
广东	17000	20000	11475	13500	2200	3000	2475	3375	0.4533	0.13	0.3233	12.83
海南	17000	21000	11475	14175	2300	2700	2587.5	3037.5	0.4535	0.13	0.3481	8.99

8.2.5.4　2025 年我国海上风电平价上网分析

本节以煤电作为平价对象，分析 2025 年海上风电平价上网的可行性。

国家发展改革委于 2021 年 10 月 11 日发布《关于进一步深化燃煤发电上网电价市场化改革的通知》，指出发电侧煤电交易基准价由上浮不超过 10%、下浮原则上不超过 15%，扩大为上下浮动原则上均不超过 20%。据此，可以得到沿海各省煤电基准价、煤电上下浮价格，如表 8.12 所示。

表 8.12　沿海各省煤电基准价、煤电上下浮价格统计表　单位：元/（kW·h））

序号	省份	煤电基准价	煤电上浮价格	煤电下浮价格
1	辽宁	0.3749	0.4499	0.2999
2	河北	0.3682	0.4418	0.2946
3	山东	0.3949	0.4739	0.3159
4	江苏	0.3910	0.4692	0.3128
5	上海	0.4155	0.4986	0.3324
6	浙江	0.4153	0.4984	0.3322
7	福建	0.3932	0.4718	0.3146
8	广东	0.4630	0.5556	0.3704
9	海南	0.4298	0.5158	0.3438

2025 年沿海各省海上风电 LCOE 与各地煤电基准价上下浮动对比结果如图 8.6 所示。

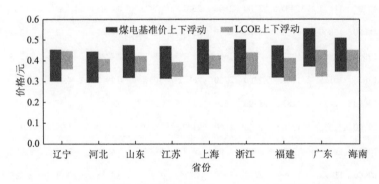

图 8.6　2005 年沿海各省煤电基准价、LCOE 上下浮动范围图

由图 8.6 可以看出在 2025 年，九个省份的海上风电基本能够实现平价上网。江苏、浙江、福建、广东和海南海上风电最低成本与煤电基准价下浮价格持平或低于下浮价格，具有与煤电竞价的空间。辽宁、河北、山东和上海的海上风电预期最高成本低于煤电基准价上浮价格，平价上网可能性较大。

8.2.5.5　推动海上风电平价上网的措施

2020 年初，财政部、国家发展改革委、国家能源局联合发布的《关于促进非水可再生能源发电健康发展的若干意见》，标志着风电平价上网时代的来临。平价上网机制是降低可再生能源补贴支出、倒逼压缩外部利润空间、优化产业链投资的有效途径。在平价上网背景下，海上风电产业将加大挖掘内在自生动力，推动技术进步、产业升级和成本降低，实现可再生能源补贴退出。以全生命周期度电成本作为优化项目开发与运营的关键是海上风电上网电价平价机制，未来一段时间内，整个海上风电行业良性发展的趋势必然是降本增效和提升经济性。

随着竞价机制的进一步推进，海上风电应努力做好投资预算管理和控制，尽可能降低投资，并通过优化设计方案和机组选型，实现工程发电效率提升和发电收入增加，同时做好风电场全生命周期度电成本控制，提出具有竞争力的申报电价并做好收益风险控制。因此，推进海上风电平价上网的措施主要有以下几点。

1. 海上风电机组大型化

机组大型化可以提高发电量，减少度电投资，降低运维成本，是降低海上风电项目度电成本的重要途径。目前，海上风电发展比较迅速的地区，如欧洲的一些国家，均已投入使用大容量的风电机组装置，而我国海上风电的单机容量过小。大容量机组在施工安装过程中单机投资虽然较高，但是对风电场来说，所需机组数量少，可以有效地降低海上风电场的建设成本，并且减少故障点，在运维过程中能够降低成本。发展大容量机组，可以促进海上风电机组产业链规模化，降低海上风电度电成本。截至 2020 年，单机容量为 4MW 的风电机组为我国海上风电主力机型，同时我国也在加速对大容量海上风电机组的探索，已经取得了一定的成就。在 2019 年项目中，中标机组容量多为 5MW、6MW，同时具有完全自主知识产权的 10MW 风电机组也已正式投产使用。突破关键技术壁垒将使大单机容量的海上风电机组广泛投用。深远海海域将是未来海上风电场的主要发展区域，海上风电场的机组数量将进一步提升。机组数量和单机容量的共同作用，将大幅增加海上风电的总装机容量，能够有效提升海上风电发电量，同时降低度电成本，促进海上风电规模化发展。

应当注意中国的风能资源情况与其他海上风电发展前列的国家有所不同，因此，我国应在致力于开发具有自主产权的风电机组的同时，选择与我国风能资源相适应、具有当地风能资源特色的大容量机组。只有结合我国风能资源实际条件，合理对标国外风电机组容量，开展海上风电机组选型，才能更有效地降低成本，促进其平价上网。

2. 海上风电项目规模化

海上风电集中连片式开发、规模化发展是降本增效的重要途径。规模化为风电机组排产、供应链协调带来便利，有利于降低设备成本、提高施工效率、降低施工成本、摊薄送出海缆与海域使用费、借助大数据/智慧化集中运维技术手段降低成本。海上风电规模性和平价性相互促进，为了扩大海上风电规模，必须大幅度降低成本，这样能够吸引投资和创新技术进入市场；当然，降低海上风电成本的突破点也包括规模效益。另外，在推动海上风电项目规模化发展的同时，还应提升海上风电在大规模集中连片运行的安全稳定水平。海上风电存在频率、电压耐受能力偏低的问题，这些问题与陆上风电相同。由于故障引发的海上风电机组大规模脱网等问题会随着海上风电装机规模的快速增长而日益突出，因此，应提高海上风电机组涉网性能研究，挖掘机组自身有功调频、无功调压能力，防止大规模脱网引发连锁故障问题的发生。

3. 提升资源勘探和风险控制能力

海上风电建设环境特殊，海床环境复杂，气候条件多变，需要严格的基础设施和精细的资源勘察支撑海上风电建设。较之陆上风电，海上风电运行环境更加恶劣，还将面临台风、腐蚀等新问题。除风电资源测量外，海上风能资源评估还需要对台风、海浪、海冰、海雾、海温以及海底地质结构等海洋气象、海洋水文、海洋地质进行全面的测量勘察。目前我国海上风电资源测量的全面性和精细度还难以支撑国家层面的开发布局以及产业指导。提升海上风电勘察与资源评估水平，对海域资源进行全方位评估，能够支撑海上风电科学规划，为项目环评、论证、决策等前期工作提供参考依据，从而实现精准投资和高效开发，进一步提升海上风电项目的收益水平和抗风险能力。

4. 全产业链配合协同

平价上网政策对我国海上风电发展产生了深远影响。短期来看，我国海上风电产业还处于起步、成长阶段，长期来看，平价上网政策倒逼海上风电产业升级发展。随着中央财政补贴退出，未能及时投产的存量项目、新增核准项目以及未来的深远海项目，必须从技术进步、管理创新和全产业链的高度配合协同等方面，全面增强自身竞争力，积极应对去补贴压力。

我国海上风电产业链仍需要协同发展和完善，需要共同承担降本压力，为早日实现海上风电的平价甚至低价而努力，支撑我国海上风电持续健康发展。例如，亟须实现大容量风电机组的研发与应用，提升海上风电场运行效率，提高投入产出比；突破专业技术，研发专业化设施，打破海缆卖方的市场垄断，优化海缆布局；开发更新运维设备，改变运维理念；开发具有自主知识产权的风电机组平台和控制系统，进一步降低成本。

5. 提升装备国产化水平

我国海上风电行业仍处在发展阶段，降低成本、实现平价上网的主要途径是关键技术的突破创新。目前，我国海上风电关键设备国产化率较低，依赖进口，已成为制约我国海上风电发展的重要因素，也是降低海上风电成本面临的瓶颈问题。与陆上风电相比，我国海上风电部分关键设备和大部件仍依赖进口，成本高昂。因此，加快海上风电关键技术的自主创新，提高关键设备的国产化率，是未来推进海上风电平价上网的重要举措。

6. 提高年利用小时数

随着海上风电机组年利用小时数的提升，发电量增加，发电成本降低。除了提升海上风电机组的单机容量和可靠性外，加强海上风电智能运维技术研发，也是提高海上风电年利用小时数的重要方面。通过借助智能传感设备、建立故障预警诊断系统，能够有效减少风电机组非计划停机时间。同时，随着海上风电技术的不断发展，海上风电产业未来将向深远海发展。深远海海域的风能资源丰富，将进一步增加未来海上风电年利用小时数。

7. 科学制定补贴政策

当前海上风电投资建设成本仍然较高，且无中央财政补贴的情况下，需要对海上风电相关政策进行进一步完善，为海上风电产业持续健康发展提供保障。

海上风电对沿海省份的经济、产业、就业带动能力强，有利于拉动当地经济发展，培育新兴产业，形成产业集聚效应并增加就业。地方政府和企业享受海上风电发展红利的同时，可积极通过地方补贴适当反哺开发成本较高的海上风电项目。通过地方政府的大力扶持，助力海上风电度过平价时代的初始爬坡期。

8.2.6　小结

海上风电在推动我国能源转型中具有重要作用。"十四五"期间我国海上风电迎来平价上网时代，使得发展海上风电需要更加深入地分析海上风电技术经济性，研究降本增效的措施。本章主要分析了我国海上风电发展的技术经济性。首先，分析了海上风电的建设投资成本、运营维护成本和财务成本的构成，并对其各项成本中的占比进行了量化分析。然后，构建了海上风电综合效益评价指标体系，并对海上风电的经济效益、环境效益和社会效益进行了分析。在经济效益分析方面，建立了全生命周期平准化度电成本分析模型，结合净现值和内部收益率等经济效益指标，对沿海省份海上风电和某典型海上风电场的经济性进行了分析。最后，分析了海上风电平价上网经济性。

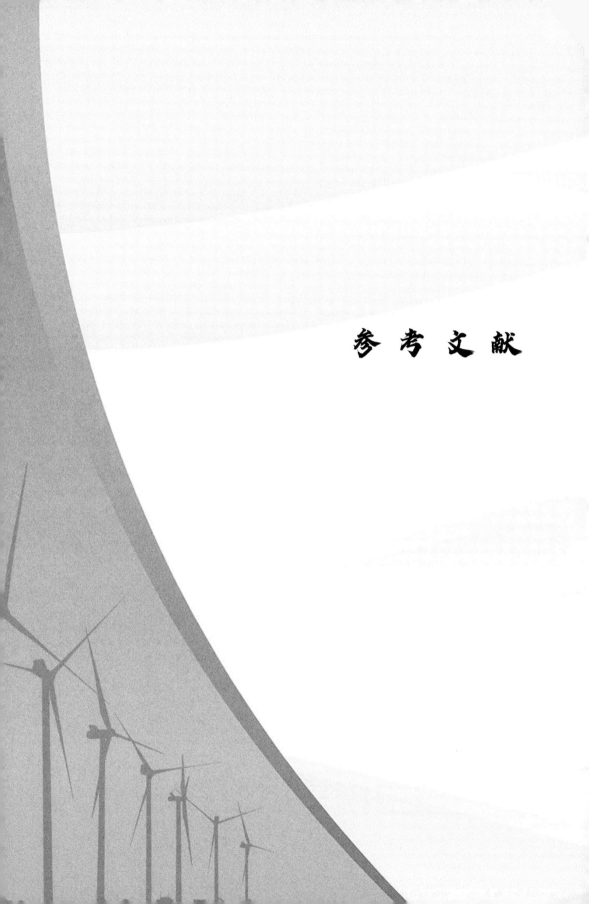

参 考 文 献

[1] 廖勇, 王国栋. 双馈风电场的柔性高压直流输电系统控制[J]. 中国电机工程学报, 2012, 32（28）: 7-15.

[2] 王锡凡, 卫晓辉, 宁联辉, 等. 海上风电并网与输送方案比较[J]. 中国电机工程学报, 2014, 34（31）: 5459-5466.

[3] 曹善军, 王金雷, 吴小钊, 等. 海上风电送出技术研究浅述[J]. 电工电气, 2020（9）: 66-69.

[4] 张开华, 张智伟, 王婧倩, 等. 海上风电场输电系统选择[J]. 太阳能, 2019（2）: 56-60.

[5] 刘吉臻, 马利飞, 王庆华, 等. 海上风电支撑我国能源转型发展的思考[J]. 中国工程科学, 2021, 23（1）: 149-159.

[6] 方韬. 英国海上风电发展模式及借鉴意义[J]. 中国能源, 2014, 36（12）: 26-30.

[7] 舟丹. 全球海上风电发展趋势[J]. 中外能源, 2019, 24（2）: 98.

[8] 王秀丽, 张小亮, 宁联辉, 等. 分频输电在海上风电并网应用中的前景和挑战[J]. 电力工程技术, 2017, 36（1）: 15-19.

[9] 李光辉, 王伟胜, 郭剑波, 等. 风电场经 MMC-HVDC 送出系统宽频带振荡机理与分析方法[J]. 中国电机工程学报, 2019, 39（18）: 5281-5297.

[10] 许国东, 叶杭冶, 解鸿斌. 风电机组技术现状及发展方向[J]. 中国工程科学, 2018, 20（3）: 44-50.

[11] 胡文森, 杨希刚, 李庚达, 等. 我国海上风电发展探析与建议[J]. 电力科技与环保, 2020, 36（5）: 31-36.

[12] 蔡旭, 陈根, 周党生, 等. 海上风电变流器研究现状与展望[J]. 全球能源互联网, 2019, 2（2）: 102-115.

[13] 张瑞刚, 王冰佳, 王杰彬, 等. 海上风电叶片行业优点及发展阻碍分析[J]. 船舶工程, 2020, 42（S1）: 523-525.

[14] 陆超, 谢小荣, 吴小辰, 等. 基于广域测量系统的电力系统稳定控制[J]. 电力科学与技术学报, 2009, 24（2）: 20-27.

[15] 孙华东, 许涛, 郭强, 等. 英国"8·9"大停电事故分析及对中国电网的启示[J]. 中国电机工程学报, 2019, 39（21）: 6183-6192.

[16] 潘雅娴, 蔡宗远, 刘抒彦. 英国海上风电输电运营商政策解读及对中国的启示[J]. 中外能源, 2019, 24（8）: 36-41.

[17] 牛峰, 陈双, 李亚, 等. 英国海上风电行业发展前景展望——基于差价合约制度的分析[J]. 海洋开发与管理, 2019, 36（9）: 68-74.

[18] 黄明煌, 王秀丽, 刘沈全, 等. 分频输电应用于深远海风电并网的技术经济性分析[J]. 电力系统自动化, 2019, 43（5）: 167-174.